TRAITÉ

SUR

LA CONNAISSANCE

ET LA CONSERVATION

DU CHEVAL,

OU

COURS D'HIPPIATRIQUE

A L'USAGE DES ÉCOLES D'ARTILLERIE.

CET OUVRAGE SE TROUVE :

A PARIS , chez ANSELIN , Libraire, rue et passage Dauphine, n. 36.
A STRASBOURG , chez LEVRAULT, Imprimeur, et même Maison, rue de la Harpe, n. 81, à Paris.

TRAITÉ

SUR

LA CONNAISSANCE

ET LA CONSERVATION

DU CHEVAL,

OU

COURS D'HIPPIATRIQUE

A L'USAGE DES ÉCOLES D'ARTILLERIE;

PAR A. HOUDAILLE,

ANCIEN ÉLÈVE DE L'ÉCOLE POLYTECHNIQUE, CAPITAINE INSTRUCTEUR D'ÉQUITATION
AU CORPS ROYAL DE L'ARTILLERIE, CHEVALIER DE L'ORDRE ROYAL DE LA LÉGION-
D'HONNEUR.

I.re PARTIE.

METZ.

VERRONNAIS, IMPRIMEUR – LIBRAIRE – ÉDITEUR
ET LITHOGRAPHE,
RUE DES JARDINS, N.º 14.
1836.

A Monsieur le Lieutenant-Général

COMTE CHARBONNEL,

Inspecteur Général d'Artillerie,

GRAND'-CROIX DE L'ORDRE ROYAL DE LA LÉGION-D'HONNEUR.

MON GÉNÉRAL,

Permettez à un Officier d'Artillerie qui a commencé sous vos ordres sa carrière militaire, de vous dédier cet Ouvrage ; c'est le résultat des études spéciales auxquelles il s'est adonné par goût autant que par devoir, et de l'expérience qu'il a pu acquérir dans les fonctions dont il est chargé.

J'ose espérer, mon Général, que vous le jugerez susceptible d'une application utile au service d'une arme, objet de mes constantes méditations, et à laquelle j'appartiens depuis près de vingt-cinq ans.

Je suis avec respect,

MON GÉNÉRAL,

Votre très-humble
et très-obéissant serviteur,

A. Houdaille,

*Capitaine-Instructeur d'équitation
au 9.ᵉ Régiment d'Artillerie.*

AVERTISSEMENT.

Chargé tous les ans, depuis 1826, de faire un Cours d'Hippiatrique successivement aux Écoles d'Artillerie de Strasbourg et de Metz, je me suis occupé à écrire celui-ci, non pour le publier, mais seulement pour me dispenser de relire chaque année les nombreux ouvrages qui m'ont aidé à le composer, et qui me servaient antérieurement à préparer mes leçons. Aujourd'hui que, d'après le nouveau Réglement sur le Service dans les Écoles d'Artillerie, les cours à MM. les Officiers sont remplacés par de simples interrogations, je crois devoir céder aux instances qui m'ont été faites depuis long-temps, et qu'un grand nombre de mes camarades viennent de me renouveler, de publier cet ouvrage. En me soumettant à leur désir, je n'ai d'autre ambition que celle de leur épargner

les ennuis inséparables de longues recherches, et de leur
exprimer ainsi ma reconnaissance pour les témoignages flat-
teurs dont ils ont bien voulu m'honorer pendant le cours
de mes leçons.

Valence, le 25 mars 1836.

TRAITÉ

SUR

LA CONNAISSANCE

ET

LA CONSERVATION

DU CHEVAL.[1]

Introduction.

EXPOSITION ET DIVISION.

Ce traité est divisé en deux parties principales bien distinctes l'une de l'autre : la connaissance du cheval et sa conservation ; chacune ensuite de ces deux parties est subdivisée : la première, en connaissance intérieure et connaissance extérieure, et la seconde, en conservation du cheval en santé, et conservation du cheval malade.

Après avoir posé cette division générale, je vais revenir un instant sur chacune des subdivisions qu'elle

[1] Je ne me suis point occupé de l'emploi du cheval qui est l'objet de l'ordonnance de cavalerie et de celle sur la conduite des voitures, ordonnances auxquelles il n'est permis de rien changer.

renferme, afin de les bien définir, et que, fixant avec précision le point de départ et le but que je me propose d'atteindre, je trace en même temps la marche que j'ai suivie dans cet ouvrage et l'étendue que j'ai cru devoir lui donner.

D'abord, la connaissance intérieure, qui embrasse à la fois l'anatomie et la physiologie, nous fera connaître l'organisation du cheval; sans négliger aucune des parties dont elle se compose, j'insisterai cependant plus particulièrement sur les os et les muscles : les uns, par leur inflexibilité et leur mode d'articulation, comme agents passifs de la locomotion; les autres, par leur disposition sur la charpente osseuse et leur faculté contractile, comme agents actifs. Je terminerai l'anatomie par l'étude des viscères et des fonctions, c'est-à-dire, par l'examen approfondi de tous les moyens que la nature emploie pour se conserver et se reproduire.

De là, je passerai à la connaissance extérieure, et cette seconde subdivision offrira d'autant plus d'intérêt, que l'on sentira aussitôt l'application que l'on en pourra faire, soit que l'on fasse des achats pour son propre compte, ou bien que l'on soit appelé à donner son opinion dans les réceptions ou remontes auxquelles on est quelquefois tenu d'assister. Je l'exposerai, en conséquence, avec tous les développements dont elle est susceptible; ainsi, non seulement j'y considérerai le cheval dans ses formes et contours, mais je l'examinerai aussi dans ses aplombs, proportions et allures : indices presque toujours certains de ses bonnes ou de ses mauvaises qualités. Je poursuivrai cette première partie du traité par la connaissance de l'âge, par la description des robes et des races, par le développement des règles à suivre dans le choix des chevaux de remonte, et je la terminerai par une exposition nette et concise des principes du droit commercial appliqué au commerce des chevaux.

J'ai dit que la seconde partie du traité serait consacrée à la conservation du cheval, et j'ai ajouté que, sous ce point de vue, je le considérerais d'abord à l'état de santé, puis à celui de maladie; j'aurai par conséquent à exposer : premièrement, les moyens d'entretenir l'animal bien portant, ce qui constitue l'hygiène vétérinaire; et, secondement, les soins à lui donner lorsqu'il est malade, ce qui constitue la médecine vétérinaire.

La première de ces deux subdivisions s'occupera des causes générales et particulières qui influent sur la conformation du cheval, sur ses organes et sur sa santé; elle décrira les différentes espèces d'aliments dont il se nourrit, donnera les moyens d'en connaître les bonnes ou les mauvaises qualités, et la manière la plus avantageuse de les lui administrer; elle indiquera aussi les précautions à prendre pour le soustraire, au moins en partie, à la funeste influence des changements de saison, de climat et de localité, et, enfin, à tous les maux auxquels l'expose journellement son état de domesticité. Je terminerai l'hygiène par les théories de l'embouchure et de la ferrure, dont une judicieuse application contribue de la manière la plus puissante à la conservation du cheval, ainsi qu'à la durée de ses services.

Enfin, je passerai à cette dernière subdivision du cours qui doit donner les moyens de rendre au cheval la santé, lorsque des causes connues ou non connues la lui ont fait perdre. Cette partie qui est la plus importante pour le médecin vétérinaire, serait sans doute aussi fort utile à MM. les Officiers d'Artillerie, presque toujours détachés à l'armée ou dans les cantonnements sans vétérinaire ; je ne me propose cependant que d'en exposer les principes généraux. J'y ajouterai, toutefois, la description des principales maladies qui affectent le cheval, les symptômes auxquels on peut les reconnaître, et les premiers traitements à leur opposer : traitements qui, s'ils ne guérissent pas toujours l'animal, suffiront du moins pour arrêter les progrès du mal et donner le temps d'attendre l'arrivée du vétérinaire.

Tels sont la marche et l'ensemble des connaissances que je me propose de parcourir.

CONSIDÉRATIONS GÉNÉRALES.

Avant d'entreprendre l'anatomie, je vais entrer dans quelques considérations générales qui serviront en quelque sorte d'introduction au cours, et qui me paraissent indispensables à quiconque veut se rendre compte des phénomènes qui constituent la vie.

DIVISION DES CORPS.

Tous les corps de la nature se partagent en deux grandes classes : les uns inorganiques, ne jouissant que des propriétés communes à la matière ; les autres organisés et vivants, obéissant à des lois particulières quoique soumis aux lois générales qui régissent l'univers. Les premiers se distinguent en corps simples et corps composés, les seconds en végétaux et animaux. Le caractère distinctif des corps inorganiques réside dans l'homogénéité de leur substance, la simplicité de leur composition, l'indépendance parfaite de leurs molécules et leur inaltérabilité. Celui des êtres organisés et vivants réside au contraire dans la multiplicité, la volatilité de leurs éléments, dans la coexistence nécessaire des solides et des liquides ; il réside aussi dans leur développement par intususception, tandis que l'accroissement des corps inorganiques ne s'opère que par juxta-position ou addition des couches successives. Ces caractères généraux suffisent pour établir une ligne de démarcation bien prononcée entre les corps inorganiques et les corps organisés. Voyons maintenant comment, parmi ces derniers, nous pourrons distinguer les végétaux des animaux. Les différences qui les séparent les uns des autres sont souvent bien tranchées, mais aussi quelquefois elles le sont si peu, qu'il est fort difficile de les saisir.

Il y a, en effet, une différence bien petite entre certains zoophytes et certains végétaux ; et, assurément, la différence est plus grande entre l'homme qui occupe la partie la plus élevée de l'échelle animale, et le polype qui en forme le dernier échelon, qu'entre ce dernier animal et certaines plantes, telles, par exemple, que les algues marines, qui lui ressemblent si souvent par leur forme, et qui, comme lui, ont des mouvements de contraction et de relâchement. Nous remarquons cependant, en général, que la nature des végétaux, quoique plus composée que celle des corps inorganiques, l'est infiniment moins que celle des animaux; la proportion des liquides est plus grande dans ces derniers; et comme, d'ailleurs, l'azote, qui est un principe gazeux et volatil, en forme la base, tandis que le carbone, qui est un élément fixe, forme celle des premiers, il est facile de concevoir pourquoi les substances animales perdent si vite leur forme et leur volume après leur mort, tandis que les végétaux, au contraire, conservent les leurs si long-temps.

Mais ce qui distingue éminemment les animaux des végétaux, c'est l'existence, chez les premiers, d'une cavité dans laquelle s'opère la digestion alimentaire; l'absorption des sucs nutritifs a lieu du dedans au dehors, tandis que, dans le végétal, cette absorption ne s'opère que du dehors au dedans. Les plantes, en effet, se nourrissent par leurs racines et leurs feuilles qui absorbent les sucs nutritifs tout formés. Ainsi, nous admettrons comme caractère essentiel de l'animalité l'existence du tube digestif, et nous remarquerons, en passant, que c'est celui de nos organes qui jouit le premier de la vie et qui la perd le dernier. En effet, le cœur ne bat déjà plus depuis long-temps, que des mouvements ondulatoires, péristaltiques, agitent encore les intestins : remarque bien importante en médecine, car ces viscères étant les derniers dans lesquels la vie s'éteint, c'est sur eux que l'on doit porter de préférence les stimulants capables de la rappeler dans les cas d'asphyxie.

DE LA VIE.

Après avoir reconnu les caractères généraux qui différencient les corps inorganiques des corps organisés, et, parmi ces derniers, les animaux des végétaux, fixons un instant nos regards sur la vie, afin de la bien constater et de pouvoir alors en donner une définition exacte. Or, si nous considérons attentivement tous les êtres de la nature qui en jouissent, nous reconnaissons qu'il se passe en eux une multitude d'actions, de phénomènes, en vertu desquels ils s'entretiennent et perpétuent leurs espèces. La somme de tous ces phénomènes, pour chacun d'eux, depuis le moment de sa naissance jusqu'à celui de sa mort, compose sa vie; et comme ces phénomènes, plus ou moins nombreux et variés, se succèdent sans interruption, et que quelques-uns se représentent à des intervalles plus ou moins éloignés, nous pouvons définir la vie en disant qu'elle est une collection de phénomènes qui se succèdent et se renouvellent pendant un temps limité dans les corps organisés : définition, comme on le voit, qui peut s'appliquer aussi bien aux végétaux qu'aux animaux, puisqu'il s'opère, dans les uns aussi bien que dans les autres, une série de phénomènes en vertu desquels ils naissent, croissent, s'entretiennent et se reproduisent ; seulement, ces phénomènes étant la conséquence de l'organisation propre à chaque espèce, sont bien moins nombreux et moins variés chez les végétaux, dont l'organisation est beaucoup plus simple en général que celle des animaux. Chez les premiers, la vie se manifeste par des propriétés moins apparentes, elle se borne aux phénomènes de la nutrition et de la reproduction, tandis que chez les animaux elle se complique d'une multitude d'actions diverses, qui toutes concourent à étendre le cercle de leur existence. Cette observation s'applique également aux animaux comparés entre eux, c'est-à-dire, que la vie dans les différentes espèces se compose de phénomènes d'autant plus simples, que l'organisation propre à chacune d'elles est elle-même plus simple : ce dont il est facile, au surplus, de se convaincre, en jetant un coup d'œil sur la série des êtres qui entrent dans l'échelle animale. En parcourant cette échelle, depuis le polype qui, par la simplicité de son organisation, en forme le dernier échelon, jusqu'à l'homme qui en occupe le sommet, on reconnaît que la vie, bornée dans le premier, comme dans le végétal, aux phénomènes de la nutrition et de la reproduction, s'étend et s'agrandit à mesure que l'on se rapproche du sommet de l'échelle.

En continuant cet examen des propriétés qui caractérisent la vie et annoncent sa présence, nous reconnaissons enfin qu'elle est d'autant plus dépendante de l'organisation, que celle-ci est plus compliquée ; car nous voyons que l'on peut couper en morceaux les êtres qui occupent la partie la plus déclive de l'échelle animale, sans anéantir leur existence qui semble même s'en multiplier, tant est simple leur organisation ; tandis que si vers le milieu de l'échelle on peut encore soustraire impunément quelques parties du corps des animaux qui s'y trouvent, ces mêmes parties, au sommet, emportent toujours avec elles la vie de l'animal.

PROPRIÉTÉS VITALES.

Nous avons dit que la vie était une collection de phénomènes qui se succédaient et se renouvelaient pendant un temps limité dans les corps organisés; ces phénomènes sont le résultat du travail des organes qui agissent les uns sur les autres, et sur les substances avec lesquelles ils sont en rapport. Mais pour que les organes puissent se comporter de la sorte, il faut nécessairement qu'ils soient doués de deux propriétés fondamentales: celle de sentir, qui les avertit qu'ils sont en contact, et celle de se contracter ou de se dilater, qui leur donne le pouvoir de manifester l'impression qu'ils en ressentent. Sensibilité et contractilité sont donc les deux propriétés essentielles à la vie, et sans lesquelles il n'y a point d'existence. Ces deux propriétés, nous les attribuons à une cause unique que nous appelons principe vital: principe inconnu dans sa nature, mais apprécié par ses effets, et que nous devons admettre tout aussi bien que nous admettons l'existence de celui qui entraine tous les corps de la nature les uns vers les autres, et auquel nous donnons le nom d'attrac-tion; nous désignons ensuite plus particulièrement par l'expression de force vitale la faculté plus ou moins grande que possèdent les organes de sentir et de ma-nifester les sensations. Ainsi, principe vital et force vitale ne sont pas tout à fait synonymes: principe vital est la cause première qui donne la sensibilité et la contractilité; et force vitale, la faculté plus ou moins grande de recevoir l'action de ce principe. Tant que les organes jouissent de ces deux propriétés, l'animal auquel ils appartiennent vit; il s'éteint à mesure qu'elles s'affaiblissent, et meurt à l'instant même où elles cessent d'exister; les corps n'obéissant plus alors à des forces particulières, tombent sous l'empire des lois générales qui régissent l'univers. L'on peut donc encore dire que la vie est un combat prolongé, tout entier à l'avantage des forces vitales dans l'état de santé, incertain dans l'état de maladie, mais finissant toujours par faire rentrer tous les êtres dans le domaine des lois universelles.

Nous ajouterons à ces considérations physiologiques sur la vie une dernière observation, c'est que le principe vital semble agir avec d'autant plus d'énergie, que la sphère de son activité est plus bornée. Ainsi, la circulation est plus rapide, le pouls plus fréquent, les déterminations plus promptes et plus énergiques chez les hommes d'une petite stature. L'histoire nous apprend, en effet, que les plus grands hommes de l'antiquité et des temps modernes étaient d'une taille au-dessous de la moyenne, et de fréquentes observations faites à différentes époques dans les hospices où l'on reçoit des vieillards, ont constamment démontré qu'ils étaient généralement peuplés d'hommes d'une grande taille: d'où l'on est en droit de conclure que, chez les hommes petits, les forces vitales agissant avec plus d'énergie que chez les grands, s'usent beaucoup plus vite et résistent, par conséquent, moins long-temps à la puissance destructive du temps.

CLASSIFICATION DES FONCTIONS.

Dans l'examen que nous venons de faire des propriétés vitales, nous avons reconnu qu'elles produisaient une série de phénomènes qui constituaient la vie, que ces phénomènes étaient le résultat du travail qui s'opérait dans chaque organe ou chaque système d'organes, travail d'après lequel tous les animaux croissent, s'entretiennent et se reproduisent. L'on a donné le nom de fonctions à ce travail des organes, et les fonctions prennent des dénominations différentes et particulières suivant le genre d'organes qui les exécute : ainsi l'on appelle digestion, fonction de la digestion, le travail de l'estomac et des intestins ; respiration, celui des poumons et de leurs dépendances, etc.

Toutes les fonctions ont deux objets bien différents : la conservation de l'individu et celle de son espèce. La conservation de l'individu ou vie individuelle comprend toutes les fonctions au moyen desquelles l'animal se nourrit et s'entretient ; la conservation de l'espèce se compose de toutes celles en vertu desquelles il se reproduit et perpétue son espèce. Ainsi donc, deux grandes divisions des fonctions : les fonctions d'entretien et les fonctions de reproduction. Il existe bien une troisième espèce de fonctions, mais on peut n'en point former une classe à part, parce qu'elles appartiennent à la fois à la vie individuelle et à la vie de l'espèce : ce sont les fonctions de relation. Ces fonctions sont celles qui mettent l'animal en rapport avec tous les objets qui l'environnent, soit en l'avertissant de leur présence par l'intermédiaire des sens, soit en le rapprochant ou l'éloignant de ces mêmes objets par celui des organes locomoteurs, suivant qu'il en reçoit des impressions agréables ou pénibles. Cette troisième espèce de fonctions est le résultat de deux propriétés indispensables à la vie : celle de percevoir, c'est-à-dire, de se rendre compte des sensations, et celle de se mouvoir à volonté, et ces deux propriétés sont essentiellement liées l'une à l'autre; car si l'on pouvait supposer, en effet, un être revêtu d'organes locomoteurs, mais privé de sensations, cet être entouré de corps qui menacent sa fragile existence, mais n'ayant aucun moyen de les distinguer, courrait infailliblement à sa perte ; si l'on pouvait le supposer, au contraire , privé de la faculté de se mouvoir à volonté, mais doué de celle de percevoir, son existence ne serait plus qu'une succession d'angoisses semblables à celles que nous éprouvons lorsque, dans un songe effrayant, nous voulons fuir un péril ou repousser un ennemi , et qu'un pouvoir inconnu nous arrête et paralyse tous nos efforts.

Nous aurons l'attention d'expliquer ces différentes fonctions au fur et à mesure que nous décrirons les organes qui les exécutent.

PREMIÈRE PARTIE.

I.ʳᵉ SUBDIVISION.

CONNAISSANCE INTÉRIEURE.

ANATOMIE ET PHYSIOLOGIE.

L'anatomie est la science qui a pour objet la connaissance de toutes les parties qui entrent dans la composition du corps des animaux. On la divise en anatomie générale et en anatomie descriptive. La première a pour objet la description des tissus simples et élémentaires qui, par leurs combinaisons variées, composent tous les organes; la seconde prend les organes tout formés et les étudie sous le rapport de leur nombre, de leur position, de leurs formes et de leurs usages. Nous ne nous occuperons que de cette dernière, que l'on divise ordinairement en ostéologie ou étude des parties dures, et sarcologie ou étude des parties molles.

Toutes ces parties, dures et molles, ont pour base première des corps simples ou éléments chimiques que l'on n'isole que par la décomposition ; ainsi, suivant que l'on emploie tel ou tel réactif, on obtient du carbone ou de l'azote, de l'hydrogène ou du phosphore, du fer, de la soude, etc. Mais ces éléments chimiques ne s'y trouvant jamais que combinés deux à deux, trois à trois, etc., etc., forment ce que l'on appelle les éléments organiques; tels sont la gélatine, l'albumine, la fibrine, l'osmazôme, l'urée, etc. Ces différentes substances, ou éléments organiques, diversement combinées entre elles, composent les solides et les liquides qui constituent les organes; les solides en forment, en quelque sorte, la trame, la charpente, et contiennent les liquides qu'ils recèlent dans leurs interstices, les élaborent, s'en approprient une partie et rejettent l'autre au dehors comme nuisible ou superflue.

DES SOLIDES.

Long-temps on a cru que les solides étaient composés d'une seule espèce de fibre qu'on appelait fibre élémentaire, mais aujourd'hui on en admet généralement quatre qui, quoique composées des mêmes éléments chimiques : le carbone, l'hydrogène, l'azote et l'oxigène, n'en sont cependant pas moins considérées comme fibres élémentaires ou éléments organiques différents, tous nos moyens d'analyse n'étant point encore parvenus à les transformer les unes dans les autres.

Ces fibres, qui sont des filaments plus ou moins déliés, plus ou moins extensibles, forment, par leur disposition et leur entrelacement, la base de tous les tissus qui entrent dans la composition du corps des animaux, tels que les os, les cartilages, les ligaments, les muscles

les glandes, les vaisseaux, etc., etc. Comme nous traiterons séparément de ces différents tissus, nous ne les définirons qu'au fur et à mesure.

DES FLUIDES.

Les fluides, que l'on désigne plus particulièrement par le nom d'humeurs, sont contenus dans les solides et forment la plus grande partie de la masse totale du corps. Plus considérables dans la jeunesse que dans l'âge adulte et la vieillesse, ils se présentent sous trois états différents: gazeux, vaporeux et liquides. A l'état de gaz, ils proviennent ordinairement de l'estomac et des intestins; à celui de vapeurs, ils sont le résultat de certaines exhalations; et à celui de liquides, ils sont le produit du système glandulaire. A ce dernier état, ils sont dits sécrétoires ou circulatoires, suivant qu'après avoir été sécrétés, ils servent à entretenir la lubréfaction des parties environnantes, ou à entrer dans le torrent de la circulation.

OSTÉOLOGIE.

C'est, avons-nous dit, l'étude des parties dures; cette étude prend le nom d'hippostéologie lorsqu'elle ne s'occupe que des os du cheval. Les os sont des organes durs et blanchâtres destinés à soutenir les parties molles et à garantir les principaux viscères de l'injure des corps extérieurs; ils sont en quelque sorte la charpente du corps de l'animal dont ils dessinent la forme première.

Les os sont formés de deux substances dont l'une, qui présente un tissu aréolaire et parsemé de vaisseaux sanguins, en constitue le canevas et se nomme parenchyme. L'autre, dure et compacte, résultat de la combinaison d'un phosphate et d'un carbonate de chaux, s'interpose dans les interstices du parenchyme et donne à l'os la dureté qui lui est propre. Une éponge qui, après avoir été plongée dans un bain de plâtre jusqu'à parfaite imbibition, en aurait été retirée et séchée, représenterait assez bien un os: l'éponge en serait le parenchyme, et le plâtre la combinaison des deux sels. Si d'ailleurs on voulait s'assurer directement de cette disposition particulière des os, on n'aurait qu'à en plonger un dans une certaine quantité d'acide étendu d'eau; les sels s'y combineraient avec l'acide et laisseraient le parenchyme à nu; si on le plongeait dans une dissolution alcaline, le parenchyme s'y dissoudrait et ne laisserait plus qu'une masse blanchâtre et friable, qui serait précisément la partie salino-terreuse de l'os.

Dans le jeune âge, c'est le parenchyme qui domine dans les os; mais en vieillissant, les sels s'y accumulent et les rendent plus blancs, plus durs et plus cassants.

Les os sont généralement percés dans le sens de leur longueur par un canal cylindroïde qui recèle une substance blanchâtre nommée substance médullaire ou moëlle; elle y est soutenue par une espèce de réseau de la nature du parenchyme. Les os sont aussi pourvus de deux membranes dont l'une, appelée périoste, empêche à l'extérieur l'épanchement du sac osseux, et dont l'autre à l'intérieur enveloppe la moëlle.

Les os diffèrent entre eux sous plusieurs points de vue : les uns sont pairs et irréguliers, les autres sont impairs et symétriques; ils sont ou grands, ou moyens, ou petits, longs ou courts, arrondis ou aplatis; il en est qui sont durs et lourds, d'autres spongieux et fort légers. Lorsqu'on veut décrire un os, on se sert des caractères qui lui sont propres, et l'on dit: tel os est long ou court, grand ou petit; il a telle particularité à son corps et telle autre à ses extrémités.

Les os se distinguent aussi par certaines saillies que l'on nomme éminences. Ces éminences se distinguent en apophyses et en épiphyses; les premières sont continues à l'os, tandis que les épiphyses en sont séparées par une couche cartilagineuse intermédiaire, laquelle s'ossifiant avec l'âge, transforme toutes les épiphyses en apophyses. Ce changement qui n'a lieu que lorsque le cheval a toutes ses dents, et même plus tard dans les chevaux fins, mérite d'être pris en considération; car si l'on soumettait un cheval à des travaux trop pénibles avant que ce changement fût complet, les épiphyses n'ayant point encore assez de solidité pour résister aux tiraillements qu'exerceraient sur elles les muscles et les tendons, se dérangeraient de la position que la nature leur a assignée, et la ruine la plus prompte du cheval en serait la conséquence inévitable.

Les éminences sont articulaires ou inarticulaires. Les premières se nomment têtes lorsqu'elles sont arrondies, condyles quand elles sont aplaties, et pivots quand elles se terminent en pointes; elles servent à former les articulations. Les éminences inarticulaires donnent implantation à des muscles et à des ligaments, et sont appelées crêtes, épines ou mamelons, suivant la forme qu'elles affectent.

Les cavités que l'on trouve à la surface des os sont aussi articulaires ou inarticulaires, suivant qu'elles concourent à la formation des articulations, ou qu'elles donnent seulement implantation à des ligaments ou à des tendons ; ces cavités prennent différents noms tirés également de leur forme: ainsi l'on appelle cotyloïde celle qui est ronde, glénoïde celle qui est ovale, etc.

Les éminences et les cavités sont revêtues d'une enveloppe cartilagineuse qui les rend plus lisses, adoucit les frottements et facilite le jeu des articulations.

DES ARTICULATIONS.

Les éminences et les cavités, par leur réunion, forment les articulations. Il y en a de trois sortes: les immobiles, les mobiles et les mixtes. Les premières résultent de la réunion de deux ou de plusieurs os qui se soudent très-promptement, de manière à ne plus former qu'un seul et même os, exemple: les os de la tête; les mobiles, au contraire, restent en jeu toute la vie, et ne perdent de leur étendue que par suite d'usure ou d'accidents; elles peuvent avoir lieu de quatre manières: par genou, par coulisse, par pivot ou par charnière.

L'articulation par genou est celle qui permet des

mouvements en tous sens, exemple: le fémur dans la cavité cotyloïde.

L'articulation par coulisse résulte de deux os qui glissent l'un sur l'autre, exemple: la rotule sur le fémur.

L'articulation par pivot se forme de deux os qui s'emboîtent et tournent l'un sur l'autre, exemple: la première sur la seconde vertèbre.

L'articulation par charnière est celle de deux os qui se fléchissent l'un sur l'autre; on la distingue en charnière parfaite et charnière imparfaite.

La charnière parfaite peut avoir des mouvements de flexion et d'extension, mais toujours dans le même plan: telle est celle des os du bras et de l'avant-bras. La charnière imparfaite ajoute à ces mouvements de légères déviations sur les côtés: c'est ainsi que les deux mâchoires forment une charnière imparfaite.

Enfin les articulations mixtes sont celles qui ne permettent que de très-légers mouvements, et l'on en trouve un exemple dans la colonne vertébrale. Dans ce genre d'articulation, le cartilage qui revêt les abouts articulaires se continue d'un os à l'autre, en sorte qu'il n'y a de mouvement possible que celui qui est permis par la souplesse de ce cartilage.

Tels sont les modes d'articulation des os les uns avec les autres; mais il est facile de sentir que les abouts, ou rayons articulaires, auraient couru les risques de se briser ou au moins de s'user promptement par les chocs et les frottements qui ont lieu dans la marche, si la nature n'avait paré à cet inconvénient en les revêtissant d'une substance très-résistante, quoique un peu molle, que l'on nomme cartilage incrusté. Elle a fait plus, elle y a placé la synovie pour les lubréfier; et, afin que cette synovie, qui est une liqueur douce et onctueuse, puisse s'y maintenir et s'y renouveler, elle a enveloppé les articulations d'une espèce de bandage, que l'on appelle capsule synoviale, et qui a la propriété, non seulement de sécréter la synovie et de la conserver, mais aussi d'affermir l'articulation.

SQUELETTOLOGIE.

La squelettologie est l'étude du squelette, et le squelette est l'assemblage de tous les os d'un même animal soutenus et fixés dans leur position naturelle. On le nomme squelette naturel, lorsque l'on a conservé les ligaments articulaires, en sorte que tous les os y sont attachés par les moyens que la nature a employés; et squelette artificiel, lorsque ces ligaments ont été remplacés par des fils de fer ou de laiton : ce dernier a l'avantage de laisser voir l'intérieur des articulations.

Pour faciliter l'étude du squelette, on le divise en tête, tronc et membres. La tête est la boîte osseuse qui est située à l'extrémité antérieure de l'encolure ; elle renferme les cinq sens : la vue, l'ouïe, l'odorat, le goût et le toucher, qui, dans le cheval, réside en partie au bout du nez et sur les lèvres.

Le tronc est cette région qui s'étend de la tête à

la queue, ayant dans son milieu longitudinal la colonne vertébrale formée d'os nommés vertèbres. Il
présente trois grandes cavités : la poitrine ou thorax,
le ventre ou abdomen, et le bassin ou cavité pelvienne.

Les membres sont les prolongements du corps destinés à le soutenir. Ils sont au nombre de quatre ;
les deux antérieurs se nomment thoraciques, et les
deux postérieurs abdominaux.

DE LA TÊTE.

La tête se divise en crâne et mâchoires.

CRANE.

Le crâne est formé de sept os (1) qui s'articulent
par suture, de manière à ne former très-promptement
qu'un seul et même os. Ces sept os sont : l'occipital,
le frontal, le pariétal, les temporaux, le sphénoïde
et l'ethmoïde.

L'occipital, os impair et tubéreux, s'articule avec
la première vertèbre du cou par le moyen d'une
charnière imparfaite qui permet au cheval de lever la
tête, de la baisser, et de la porter à droite et à gauche.
Cet os donne attache au ligament cervical dont nous
parlerons bientôt.

(1) Tous les os situés sur le plan médian sont divisés par une
suture médiane, mais l'habitude est de les considérer comme os
impairs, et voilà pourquoi l'on ne compte que sept os pour le
crâne, quinze pour la mâchoire antérieure, et un pour la mâchoire
postérieure.

Le pariétal, os impair et aplati, situé au-dessous de l'occipital.

Le frontal, os impair et aplati, faisant suite au pariétal, et servant avec ce dernier de base au front.

Les temporaux, os pairs et très-irréguliers, situés de chaque côté du crâne; ils donnent attache aux cartilages qui forment la base des oreilles, renferment les organes essentiels de l'audition, se réunissent au frontal pour former l'arcade orbitaire, et l'on appelle fosse temporale l'espace compris entre le pariétal, le frontal et l'arcade orbitaire. Enfin, les temporaux s'articulent par charnière imparfaite avec l'os de la mâchoire postérieure, et lui servent de point d'appui dans l'acte de la mastication.

Le sphénoïde, os impair, situé intérieurement; il s'articule avec tous les os du crâne qui semblent s'appuyer dessus, et c'est de là que lui vient son nom qui signifie coin.

L'ethmoïde, os impair, lamelleux et caverneux, situé à la partie inférieure du crâne qu'il sépare des cavités nasales; on l'appelait anciennement os cribleux et spongieux, parce qu'il est percé d'une infinité de petits trous qui lui donnent en effet l'apparence d'un crible ou d'une éponge. Cette conformation de l'ethmoïde, sans donner plus d'étendue aux fosses nasales, multiplie non seulement les surfaces que l'air doit parcourir dans l'acte de la respiration, mais les rend aussi plus propres à retenir plus long-temps les molécules odorantes.

DES MACHOIRES.

On en distingue deux : la mâchoire antérieure et la mâchoire postérieure. La première est composée de quinze os, en y comprenant ceux qui concourent à la formation des voies aériennes.

L'os du nez ou sus–nasal, os impair, plat et allongé, faisant suite au frontal et servant de voûte aux fosses nasales.

Les lacrymaux, os impairs et très-irréguliers, servant de base aux larmiers, et concourant à la formation de l'orbite.

Les zygomatiques, os pairs, situés en dehors des lacrymaux.

Le grand maxillaire, os impair et trifacié, concourant à la formation des cavités nasales et de la voûte du palais, et donnant implantation aux dents molaires supérieures.

Le petit maxillaire, os impair, faisant suite au grand maxillaire, et donnant implantation aux incisives et crochets supérieurs.

Les cornets, os impairs, lamineux et caverneux, roulés en forme de cornets et situés dans l'intérieur des fosses nasales dont ils augmentent l'étendue.

Le vomer, petit os impair, plat et allongé, destiné à soutenir la cloison cartilagineuse qui sépare les cavités nasales.

Les palatins, petits os pairs, presque demi–circulaires, formant une partie de la voûte du palais.

Les ptérygoïdiens, très-petits os pairs, plats et allon·
gés, s'articulant avec les palatins dont ils semblent n'être
que des apophyses. Et enfin l'os hyoïde qui embrasse
la langue et s'attache aux temporaux.

La mâchoire postérieure est formée d'un seul os
symétrique nommé simplement maxillaire, représentant
un V dont les deux branches s'articulent avec les temporaux par charnière imparfaite. Ces deux branches
laissent entre elles un écartement qui prend le nom
d'auge à l'extérieur, et de canal à l'intérieur. Elles
donnent implantation à toutes les dents de cette mâchoire, et l'on remarque au-dessous de leur réunion
une apophyse nommée apophyse génienne, qui sert de
base au menton.

Nous ne parlerons pas ici des dents, parce que nous
nous proposons d'en donner un traité complet dans
la connaissance extérieure, à l'effet de déterminer l'âge
du cheval.

DU TRONC.

Le tronc est la seconde division du squelette; il
s'étend de la tête à la queue, et comprend la colonne
vertébrale, le sternum, les côtes et le bassin.

La colonne vertébrale présente trois parties ou régions bien distinctes. La première, formée de sept
vertèbres dites cervicales, sert de base à l'encolure; la
seconde, qui en contient dix-huit nommées dorsales,
sert de base au dos, et la troisième, qui n'en a que
six, forme le rein ou les lombes, d'où leur vient le
nom de vertèbres lombaires. Toutes ces vertèbres sont

traversées par un canal qui contient la moëlle épinière, que l'on appelle aussi prolongement rachidien.

Les vertèbres cervicales diffèrent de toutes les autres par une plus grande longueur, et en ce qu'elles n'ont point d'apophyses aussi prononcées. La première se nomme atloïde, parce qu'elle semble supporter la tête avec laquelle elle s'articule par charnière imparfaite; la seconde se nomme axoïde, parce qu'elle s'articule avec la première par pivot; les cinq dernières n'offrent rien de remarquable, et ne se désignent que par le rang qu'elles occupent.

Les vertèbres dorsales diffèrent principalement des vertèbres cervicales par de longues apophyses nommées apophyses épineuses, aplaties latéralement et terminées par une grosse tubérosité.

Celles des troisième, quatrième, cinquième et sixième, qui sont les plus élevées, forment le garrot.

Les vertèbres lombaires diffèrent essentiellement de toutes les autres par de très-longues apophyses prolongées horizontalement, et nommées pour cette raison apophyses transverses.

Toutes ces vertèbres, à l'exception des deux premières cervicales, sont réunies par un cartilage intermédiaire, fibreux à la circonférence et lamelleux au centre. Dans le jeune âge, ce cartilage est épais et mou, mais il se durcit progressivement et devient tout à fait dur dans l'extrême vieillesse, époque à laquelle il détermine la soudure des vertèbres. Lorsque cet inconvénient, qui est quelquefois le résultat de l'usure ou d'accidents particuliers, se présente, le cheval n'a plus aucune souplesse dans les mouvements , il se tourne difficilement, et ses réactions devenant excessivement dures , le cavalier qui le monte n'en retire plus aucun agrément. Il faut remarquer aussi que toutes les vertèbres étant pourvues de nombreuses apophyses, qui sont d'abord épiphyses, la colonne vertébrale se trouve singulièrement compromise, lorsqu'on exige des jeunes chevaux de selle un travail au-dessus de leurs forces et de leur âge.

Le sacrum est un os allongé, d'une forme triangulaire, qui fait suite aux vertèbres lombaires, et sert de base à la croupe. Il offre, dans sa longueur, un conduit intérieur qui fait suite au canal rachidien. Le sacrum, dans le jeune âge, se compose de quatre petites vertèbres qui se soudent très-promptement pour ne former qu'un seul et même os.

Les coxigiens font suite au sacrum; ils sont au nombre de quinze à dix-huit, et réunis par un cartilage intermédiaire, sans aucun point de contact: c'est pour cette raison que les mouvements de la queue sont si libres, si variés et si étendus.

Le sternum est un os impair, allongé, spongieux, mi-osseux, mi-cartilagineux, servant de base à la poitrine, et de point d'appui aux côtes. Cet os se durcit avec l'âge, mais il ne s'ossifie jamais complètement , et la partie cartilagineuse prédomine pendant toute la vie de l'animal.

Les côtes, ainsi nommées parce qu'elles occupent les côtés du squelette, sont au nombre de trente-six, dix-huit de chaque côté. Elles s'articulent par une de leurs extrémités avec les vertèbres dorsales, et par l'autre avec le sternum. Les neuf premières, de chaque côté, aboutissent directement au sternum, et sont nommées pour cette raison côtes sternales ou vraies côtes, et les autres, qui n'y aboutissent que par des prolongements cartilagineux, sont dites côtes asternales ou fausses côtes.

Le coxal est un os impair qui forme le bassin ou cavité pelvienne. Dans le jeune âge, il est formé de six os qui se soudent très-promptement. Les deux supérieurs se nomment ilions et forment le sommet de la croupe, les deux postérieurs servent de base à la pointe des fesses et prennent le nom d'ischions, et l'on appelle pubis les deux inférieurs qui se réunissent. Cette réunion des pubis présente, dans la femelle, un cartilage qui en permet l'écartement au moment du part.

Les trois régions : iléale, ischiale et pubienne, forment, à leur réunion, la cavité cotyloïde dans laquelle s'emboîte l'os de la cuisse.

DES MEMBRES.

MEMBRES ANTÉRIEURS OU THORACIQUES.

Les membres antérieurs sont formés par la réunion de dix-neuf os.

Le scapulum, os aplati, large et allongé, fixé par des muscles et des ligaments sur le côté moyen du thorax, servant de base à l'épaule, et garni, à sa partie supérieure, d'un large cartilage qui facilite les mouvements et adoucit les frottements sur les parties molles environnantes. Sa face externe est traversée par une éminence longitudinale ou crête, nommée apophyse acromione; son extrémité inférieure présente une cavité ovale et peu profonde dans laquelle s'articule l'os du bras: cette cavité se nomme glénoïde, et l'éminence qui se remarque en avant prend le nom de caracoïde.

L'humérus est un grand os cylindroïde et comme tordu sur lui-même, qui s'articule par genou avec le scapulum. Il présente en avant et à sa partie supérieure plusieurs éminences nommées trochiter, d'un mot qui signifie tourner, parce qu'elles donnent attache aux muscles rotateurs du bras.

Le cubitus fait suite à l'humérus avec lequel il s'articule par charnière parfaite, et forme la base de l'avant-bras. L'éminence que l'on remarque à sa partie supérieure et postérieure se nomme apophyse olécrâne, et forme le coude à l'extérieur.

Les carpiens, ou os du genou, sont au nombre de sept et forment une articulation peu mobile et très-compliquée. Ils sont disposés sur deux rangs, quatre dans le rang supérieur et trois dans l'inférieur; un de ceux de la rangée supérieure, placé sur le côté externe de l'articulation, se nomme os crochu ou sus-carpien. Il donne passage à des tendons et augmente leur force en les éloignant du centre de l'articulation.

Le canon, ou grand métacarpien, s'articule par charnière parfaite avec la rangée inférieure des os du genou. On remarque à sa partie postérieure deux os minces et allongés, nommés petits métacarpiens ou péronés, qui se terminent par un petit bouton qu'il ne faut pas confondre ou prendre pour un suros dans l'animal vivant.

Les sésamoïdes, petits os placés en arrière de l'extrémité inférieure du canon, sont destinés à maintenir et à éloigner les tendons fléchisseurs du pied du centre de l'articulation, et par conséquent à leur donner plus de force.

Le paturon, ou premier phalangien, est un os gros, court, et très-dur, qui s'articule avec le canon par charnière parfaite.

La couronne, ou deuxième phalangien, est un os très-court et presque carré, qui s'articule par charnière parfaite avec le paturon et l'os du pied.

L'os du pied, ou troisième phalangien, sert de base au pied et présente à peu près la forme du sabot. Cet os se distingue des autres non seulement par sa forme, mais encore par sa structure et par deux prolongements cartilagineux dont il est pourvu sur les côtés. Il est percé d'une multitude de petits trous qui donnent passage à de nombreux vaisseaux qui y portent la vie et la sensibilité.

Le naviculaire, ou petit sésamoïde, est un petit os qui est situé sous l'os du pied, où il donne implantation aux muscles et tendons fléchisseurs de cette partie.

MEMBRES POSTÉRIEURS OU ABDOMINAUX.

Chaque membre postérieur est formé de dix-neuf os.

Le fémur; c'est le plus gros et le plus lourd de tous les os du squelette, servant de base à la cuisse et s'articulant par genou avec le coxal. Le fémur est garni à sa partie supérieure de deux fortes éminences dont l'une, celle qui est en dehors, se nomme trochanter, et dont l'autre porte le nom de trochantin ; toutes les deux donnent implantation aux muscles rotateurs de la cuisse.

La rotule, os court et très-irrégulier, principalement destiné à augmenter les mouvements de la jambe. Elle s'articule par coulisse avec le fémur et le tibia. Cet os est très-sujet à la luxation, et lorsque cet accident arrive, c'est toujours en dehors.

Le tibia est un grand os prismatique qui fait suite au fémur, avec lequel il s'articule par charnière parfaite. On remarque à sa partie postérieure un os long et grêle nommé péroné, qui n'est nullement sensible sur l'animal vivant.

Les tarsiens, ou os du jarret, au nombre de six, sont intermédiaires au tibia et au canon. Deux de ces os sont très-remarquables. Le plus grand, que l'on appelle calcanéum, forme la pointe du jarret, et de sa longueur ou de son inclinaison sur le tibia, dépend la largeur de cette partie. Le calcanéum donne passage, à son extrémité supérieure, aux tendons qui déterminent l'extension du membre en arrière. Son extrémité inférieure s'articule avec un des tarsiens qui présente une gorge assez profonde, et que, pour cette raison, on appelle os de la poulie.

Le canon, les sésamoïdes, les trois phalangiens et le petit naviculaire, ne diffèrent en rien de ceux des membres antérieurs.

DES CARTILAGES.

Les cartilages sont des parties mi-molles, mi-dures, d'un blanc bleuâtre, flexibles, compressibles et très-élastiques. On en distingue trois sortes : les uns garnissent les éminences et les cavités articulaires pour en adoucir les frottements, et se nomment cartilages incrustés ; les autres séparent les os de leurs épiphyses et portent le nom de cartilages d'ossification ; et les troisièmes sont dits de prolongement, parce qu'ils garnissent en effet les prolongements de certains os, soit pour les empêcher de blesser les parties environnantes, comme celui qui revêt la partie supérieure du scapulum, soit pour les fixer à d'autres, comme ceux qui réunissent les côtes asternales au sternum.

Pour compléter ce que nous avons à dire sur les cartilages, il nous suffira de passer en revue les plus remarquables.

Il existe dans l'intérieur du nez, et dans le sens de sa longueur, un cartilage qui sépare les deux cavités nasales l'une de l'autre. Ce cartilage qui se continue jusqu'à l'extrémité de l'os du nez, s'y divise en forme d'X pour former les ailes du nez et les fausses narines. Ce sont ces ailes qui, en brisant la colonne d'air expirée, produisent le hennissement. Des voyageurs assurent et quelques hippiatres répètent que les Arabes du désert sont dans l'habitude de couper les ailes du nez de leurs chevaux, pour les empêcher de hennir et les mettre ainsi dans l'impossibilité de prévenir les caravanes, sur lesquelles il est de leur intérêt de pouvoir tomber à l'improviste.

Les oreilles sont formées par trois cartilages : l'un, nommé conque, constitue l'oreille proprement dite ; l'autre, arrondi comme un anneau, lui sert de base, et le troisième, qui est presque aplati, repose sur le pariétal et fixe le tout aux parties environnantes : on l'a nommé scutiforme, parce qu'on a cru lui trouver de la ressemblance, pour la forme, avec un bouclier.

La mâchoire supérieure forme avec les temporaux une charnière imparfaite, résultant de la réunion de deux éminences qui s'articulent par l'intermédiaire d'un cartilage très-mince au milieu et plus épais à la circonférence.

L'articulation du fémur au tibia est du même genre ; ce dernier n'ayant point de cavités pour recevoir les condyles du fémur, il était nécessaire qu'il y eût à cette articulation un cartilage très-épais qui en formât, pour ainsi dire, d'artificielles.

Nous avons déjà parlé des cartilages qui séparent les vertèbres et terminent les fausses côtes.

Le larynx, qui forme l'ouverture des voies aériennes, est composé de cinq anneaux cartilagineux.

La trachée-artère en contient cinquante-deux ou cinquante-trois.

L'os du pied se termine latéralement par des cartilages qui lui servent d'intermédiaires avec les parties environnantes.

Enfin, les cartilages ont beaucoup de rapport avec les os en la substance desquels ils se changent souvent, et cela arrive plus particulièrement dans les chevaux vieux ou usés, l'âge et la fatigue amenant toujours dans les tissus une sécheresse qui produit de la dureté, et, par suite, de la raideur ou manque de souplesse.

DES LIGAMENTS.

Les ligaments sont des faisceaux de fibres d'un tissu blanc ou jaune, serrés, peu extensibles, et difficiles à rompre. Ils servent à maintenir et à affermir les articulations, soit en les enveloppant de toutes parts sous la forme de bandeaux ou de capsules, soit en occupant leur centre ou leurs côtés sous la forme de cordons.

Le plus remarquable de tous les ligaments est celui que l'on désigne sous le nom de ligament cervical. Les ligaments sont en général très-résistants ; celui-ci, au contraire, est extrêmement élastique; attaché à la partie postérieure de l'occipital, il s'étend le long des vertèbres cervicales et vient se fixer près des premières dorsales. L'action de ce ligament est permanente; c'est lui qui maintient constamment la tête dans sa position naturelle, et lorsque la tête se lève ou se baisse, c'est par suite de la contraction et du relâchement simultanés des muscles qui garnissent la partie supérieure et inférieure de l'encolure. Aussi qu'arrive-t-il lorsque ce ligament est détruit, ou lorsqu'il a perdu ses points d'attache? l'action des muscles ne pouvant pas être permanente, chaque muscle étant essentiellement soumis à un mouvement alternatif de contraction et de relâchement, le ligament cervical n'existant plus pour maintenir la tête, le cheval bat sans cesse à la main, et devient d'un emploi désagréable à la selle.

3

L'articulation de l'humérus avec le scapulum est enveloppée par un large ligament qui forme capsule synoviale. Il en est de même des articulations des genoux, de la cuisse, des jarrets et des boulets. La tête du fémur est en outre maintenue dans la cavité cotyloïde par un gros ligament appelé ligament rond, qui occupe le centre même de l'articulation. Lorsqu'à la suite d'un violent effort, ce ligament se distend au point de permettre à la tête du fémur de sortir de cette cavité, il est bien rare que le cheval ne soit pas perdu pour le service.

Le fémur est fixé au tibia par quatre ligaments, dont deux externes et latéraux, et deux antérieurs, nommés ligaments croisés, parce qu'ils ont, en effet, cette disposition.

Les os du canon et du paturon sont maintenus dans une flexion modérée par un ligament très-fort, qui, partant de la partie supérieure et postérieure du canon, se divise en deux près et au-dessus des sésamoïdes, et va en s'aplatissant garnir les parties postérieures et latérales du paturon. C'est ce ligament que l'on appelle le suspenseur du boulet, parce qu'en effet il supplée à l'action des muscles et des tendons, qui n'auraient ni la force ni la permanence nécessaires pour contenir cette articulation dans une flexion habituelle.

DES MUSCLES.

L'étude des muscles doit suivre immédiatement celle des os et de leurs dépendances, parce qu'ils concourent à la même fonction, celle de la locomotion.

Les muscles, agents actifs de la locomotion, sont des parties rouges qui forment ce que l'on appelle vulgairement la chair.

Ils sont composés de deux espèces de fibres différentes par leur couleur, leurs propriétés et leurs usages : l'une, que l'on nomme fibre musculaire, plissée en zig-zag, constitue une masse d'un rouge plus ou moins intense dans laquelle afflue une grande quantité de nerfs et de vaisseaux sanguins : c'est la partie qui a la propriété de se contracter et de se relâcher ; l'autre, blanchâtre, très-résistante et sans élasticité, porte le nom de tendon quand elle est arrondie, et celui d'aponévrose, lorsqu'elle est aplatie. Les tendons et les aponévroses sont donc composés de la même espèce de fibres; mais dans les tendons ces fibres sont parallèles, tandis qu'elles sont entrecroisées dans les aponévroses.

Les tendons font suite à la partie rouge du muscle dans laquelle ils s'implantent par une de leurs extrémités, tandis que l'autre s'attache aux os. Il résulte, par conséquent, de cette disposition, que le rôle des tendons, rôle purement passif puisqu'ils ne sont point élastiques, est de porter au loin l'action des muscles.

Les aponévroses, quoique de même nature que les tendons, n'ont pas le même but; elles font bien également suite aux muscles, mais elles s'épanouissent aussitôt, et, dans cet état, elles se fixent aux os qu'elles entourent, ou bien encore elles servent d'enveloppes à des faisceaux de muscles, dont elles augmentent la force en en rapprochant les fibres. Les aponévroses remplissent donc, dans ce dernier cas, le même objet que les bandelettes dont les athlètes s'entouraient les bras avant de combattre, et les ceintures dont s'enveloppent encore aujourd'hui les hommes qui, par état, ont besoin de déployer une grande force musculaire.

Les muscles ont plusieurs sortes de mouvements. Ces mouvements sont le résultat de la vie, et prennent le nom de mouvements involontaires lorsqu'ils sont entièrement indépendants de la volonté de l'animal, comme ceux du cœur, de l'estomac et des intestins; on les appelle volontaires lorsqu'ils sont uniquement le produit de sa volonté, comme ceux des muscles qui font mouvoir la machine, et mixtes, s'ils sont en partie volontaires et en partie involontaires. Ces derniers mouvements ont lieu constamment pendant la vie, mais l'animal peut les modifier jusqu'à certain point: il peut, par exemple, respirer par des mouvements d'inspiration et d'expiration très-prompts ou très-lents; il peut même suspendre un instant cette action, comme lorsque quelque chose l'étonne, l'effraie, ou fixe fortement son attention; mais le mouvement organique l'emporte bientôt sur sa volonté.

Les mouvements volontaires sont les seuls qui nous intéressent dans un cours d'hippiatrique, parce que ce sont ceux en vertu desquels l'animal se déplace, se transporte d'un lieu dans un autre, fuit ou recherche l'approche des êtres qui l'environnent, les attire ou les repousse loin de lui. Ces mouvements sont le résultat de la contraction et du relâchement alternatifs de la fibre musculaire : ainsi, lorsque deux os sont articulés l'un à la suite de l'autre, la contraction du muscle qui règne entre leurs extrémités libres détermine la flexion de l'un sur l'autre, et le relâchement de ce même muscle laisse à ces deux os la faculté de reprendre leur première position : voilà précisément le principe de la locomotion ; les rayons articulaires des membres se fléchissent et s'étendent alternativement, et font ainsi cheminer la masse qu'ils supportent.

On distingue trois parties dans un muscle : son milieu, que l'on nomme ventre, et ses deux extrémités : celles - ci sont tendineuses ou aponévrotiques et s'attachent aux os. Examinons ce qui se passe dans cette action. Lorsqu'un muscle se contracte, il prend d'abord des points d'appui par une de ses extrémités, et c'est toujours par celle qui peut le faire sur l'os le plus lourd, ou sur celui qui offre le plus de résistance : cette extrémité se nomme origine. L'autre se fixe alors sur le plus léger ou sur celui qui offre le moins de résistance ; celle-ci se rapproche nécessairement de la première par l'effet de la contraction, et fléchit ainsi l'os auquel elle s'attache sur celui qui sert de point d'appui : cette extrémité prend le nom d'insertion. Ainsi, lorsque les muscles qui s'étendent depuis le haut de l'humérus jusqu'à l'extrémité inférieure du cubitus se contractent pour fléchir l'avant-bras sur le bras, ils prennent d'abord des points d'appui le plus près possible de l'épaule, et c'est là qu'est placée leur origine ; leur insertion est près du poignet. Cependant il est des circonstances où l'origine peut devenir insertion, et réciproquement l'insertion devenir origine : c'est ainsi que, lorsque ayant le bras tendu je saisis une poignée immobile, si je fais une contraction musculaire assez violente pour déterminer la flexion du bras et de l'avant-bras, mon poignet étant fixe, c'est l'humérus qui se fléchit réellement sur le cubitus, et, dans ce cas, l'origine se trouve au cubitus et l'insertion à l'humérus.

Ce qui différencie encore l'origine de l'insertion, c'est que, quelle que soit l'étendue du mouvement, l'origine a toujours le même nombre de points d'attache, tandis que l'insertion en perd ou en gagne en même temps que l'attitude change. Dans la flexion de l'avant-bras sur le bras, l'origine conserve constamment la même étendue, mais l'insertion, qui se borne d'abord à l'extrémité du cubitus, augmente progressivement jusqu'à occuper toute la longueur de cet os : ceci explique pourquoi il faut d'autant plus de force pour étendre le bras d'une personne, que les deux rayons articulaires, l'humérus et le cubitus, sont plus rapprochés.

Cette distinction entre l'origine et l'insertion a donné l'idée d'une nomenclature de muscles aussi simple que facile. Anciennement on leur donnait des noms dont quelques-uns rappelaient à la vérité la propriété la plus remarquable ou la forme des muscles qu'ils désignaient; mais la plupart de ces noms ne disaient rien, étaient bizarres et difficiles à retenir. La nomenclature des muscles aujourd'hui est la chose du monde la plus simple, dès l'instant que l'on connaît celle du squelette. Le nom de chaque muscle se tire de son origine et de son insertion les plus habituelles, il est par conséquent toujours formé de deux mots, dont l'un, terminé en *o*, indique le point fixe, et l'autre, en *ien*, *al* ou *aire*, le point mobile ; celui du point fixe précède toujours celui de l'insertion : ainsi, le muscle qui, par sa contraction, fléchit le bras sur la poitrine, et que l'on appelait autrefois grand pectoral, nous l'appelons aujourd'hui sterno-huméral, parce qu'il prend habituellement son origine au sternum et son insertion à l'humérus ; celui qui écarte au contraire le bras de la poitrine, et auquel on donnait le nom de deltoïde, à cause de sa forme triangulaire, nous lui donnons celui de acromio-huméral, parce qu'il prend ses points d'appui à l'apophyse acromione, et son insertion à l'humérus.

Cette nomenclature, à la fois simple et facile, offre le double avantage de ne point surcharger la mémoire, et de montrer, pour ainsi dire, les objets qu'elle indique. Cependant, comme il arrive souvent qu'un muscle est chargé de plusieurs fonctions, qu'il fait mouvoir plusieurs os ensemble ou simultanément, et que son nom pourrait devenir trop long ou trop compliqué, on le désigne seulement par les expressions de releveur, d'abaisseur, d'adducteur et abducteur, de fléchisseur, d'extenseur, etc. ; ces noms suffisent même dans la pratique de l'équitation. On désigne aussi par les expressions de congénères tous les muscles qui concourent au même objet, et par celle d'antagonistes tous ceux qui opèrent des mouvements en sens contraires : ainsi tous les fléchisseurs d'un membre sont congénères entre eux et antagonistes des extenseurs.

Enfin, il y a des muscles pairs et impairs, simples et composés. Les muscles pairs sont disposés de chaque côté du plan médian du corps de l'animal, les impairs sont sur ce plan ; les simples ne font mouvoir que deux os, et les composés en font mouvoir au moins trois.

Comme il nous serait inutile et beaucoup trop long de décrire séparément tous les muscles, nous nous bornerons à indiquer les plus essentiels à connaître ; et pour que l'étude en soit encore plus simple et plus facile, nous les réunirons par groupes plus ou moins nombreux.

MUSCLES SOUS-CUTANÉS.

Ces muscles, peu nombreux, sont ainsi nommés à cause de leur position sous la peau, à laquelle ils adhèrent en certains endroits ; ce sont eux qui lui impriment ces frémissements dont l'animal se sert pour chasser les insectes qui le tourmentent pendant les grandes chaleurs.

Ces muscles, dont l'action est très-apparente sur la poitrine, sur les épaules et sur l'abdomen, sont à peine sensibles à la tête, à l'encolure et à la croupe, suffisamment défendues par les crins.

MUSCLES DE L'ENCOLURE.

Ces muscles, disposés par couches successives, composent, de chaque côté de l'encolure, une masse charnue, épaisse et séparée de la masse opposée par le ligament cervical. Ils sont de deux sortes. Les uns, très-courts, ne règnent que d'une vertèbre à l'autre, soit pour que ces deux vertèbres puissent se mouvoir l'une sur l'autre, soit pour les rendre immobiles et en faire des points d'appui solides pour les mouvements de la tête. On leur donne le nom général d'inverté-braux. Ils sont en partie recouverts par d'autres muscles beaucoup plus longs, et qui, d'après leur situation, sont fléchisseurs, abaisseurs ou releveurs de la tête et de l'encolure. Dans la nouvelle nomenclature, ils prennent les noms de axoïdo-occipital, atloïdo-mas-toïdien, cervico-acromien, dorso-occipital, etc.

MUSCLES DU DOS.

Les muscles du dos font suite non interrompue à ceux de l'encolure; ils sont de trois sortes. Les uns, que l'on nomme transverse-épineux, sont situés sur les parties latérales de l'épine dorso-lombaire et disposés à la suite les uns des autres, se dirigeant obliquement de bas en haut et d'arrière en avant, tirant par conséquent en arrière les apophyses épineuses, et favorisant ainsi l'enlevé de l'avant sur l'arrière-main.

La seconde espèce de ces muscles comprend ceux qui occupent les intervalles que laissent entre elles les apophyses épineuses, et sont nommés inter-épineux; ils ont pour fonction spéciale de voûter ou de creuser le dos, suivant que la contraction musculaire s'exerce à la base ou au sommet des apophyses.

Enfin, le plus remarquable de cette région est celui que l'on appelle long dorsal ou ilio-spinal; très-long,

très-gros et l'un des plus forts, il occupe l'espace triangulaire que l'on remarque de chaque côté de l'épine
dorso-lombaire. Ce muscle, dont l'action énergique est
en raison de sa masse et de ses points d'appui , doit
être regardé comme l'agent central de tous les mouvements qui se rattachent à la progression. Lorsque le
cheval se cabre, le long dorsal prend son origine au
coxal et son insertion au garrot, d'où lui vient le nom
de ilio-spinal; on l'appellerait spino-iléal, s'il prenait,
au contraire, son origine au garrot, ce qui arrive
lorsque l'animal détache la ruade.

MUSCLES DU THORAX ET DE L'ABDOMEN.

Les muscles du thorax et de l'abdomen servent à
la fois aux mouvements des membres antérieurs sur le
tronc, et à la respiration ; ceux de l'abdomen servent
en outre à soutenir les organes digestifs.

Parmi les muscles du thorax, on remarque plus
particulièrement les inter-costaux en dehors et le diaphragme en dedans. Les inter-costaux sont placés entre
les côtes, et facilitent la respiration en élevant toutes
les côtes sur la première qui est fixe. Le diaphragme
est un muscle aplati, formant une cloison qui sépare
la poitrine de l'abdomen ; sa circonférence est musculaire et son centre aponévrotique. Ce centre, qui dans
l'état ordinaire tombe en avant, se porte en arrière
par suite de la contraction de la portion musculaire,
et augmente ainsi la capacité de la poitrine aux dépens de celle de l'abdomen : c'est ce qui arrive à chaque

inspiration, ou bien lorsque l'animal fait effort pour fienter.

On remarque encore parmi les muscles de l'abdomen la tunique abdominale, qui est une large expansion fibreuse et ligamenteuse, de la nature du ligament cervical; elle a pour objet de soulager les muscles qui supportent les viscères situés dans la cavité abdominale.

MUSCLES DE LA CROUPE ET DES FESSES.

Ces muscles, les plus volumineux dans le cheval, occupent la partie supérieure et postérieure du coxal pour former la croupe et les fesses : le plus remarquable de tous est le sphincter, qui a la forme d'un anneau membraneux. Ce muscle fait suite au rectum et termine l'anus; c'est lui qui, par sa contraction, retient les excréments dans le rectum, et leur permet d'en sortir en se relâchant.

MUSCLES DES MEMBRES.

Ces muscles, terminés par de longs prolongements tendineux, sont presque tous extenseurs et fléchisseurs, ce qui doit être, puisqu'à l'exception des mouvements de rotation et de circonduction de l'humérus sur le scapulum, et du fémur dans la cavité cotyloïde, toutes les autres jointures ont lieu par charnière.

Parmi les fléchisseurs, il faut remarquer ceux du pied qui sont apparents à l'extérieur; l'un se nomme sublime ou perforé, et l'autre profond ou perforant. Ce sont ces deux espèces de cordes qui règnent le long de la partie postérieure des canons. Le sublime ou perforé est en dehors du perforant jusqu'à la hauteur des sésamoïdes, où ce dernier traverse le perforé, qui, après avoir formé une espèce d'anneau, se bifurque et va se fixer en s'aplatissant aux côtés latéraux de l'os de la couronne.

Le perforant, après avoir traversé le sublime, continue son trajet jusqu'à l'os du pied auquel il s'attache.

Le suspenseur du boulet, dont nous avons parlé à l'article des ligaments, passe entre ces deux tendons et le canon.

DU TISSU CELLULAIRE.

C'est le nom que l'on donne à une membrane très-fine, molle et spongieuse, très-répandue dans tout le corps, dont elle entoure et sépare les différentes parties, et qui, par son élasticité, permet aux organes de changer de forme dans leurs contractions et leurs relâchements. Ce tissu, enfin, se remarque facilement lorsque l'on déchire un muscle, ou bien lorsque l'on y introduit de l'air à l'aide d'un chalumeau; il est très-abondant sous la peau et dans les muscles.

Le tissu cellulaire forme ainsi une infinité de cellules, dont les unes entourent ou divisent les organes, et dont les autres renferment la graisse : on lui donne plus particulièrement, dans ce dernier cas, le nom de tissu adipeux.

La graisse est une espèce de suc huileux produit par la surabondance des principes nutritifs; elle a pour fonction de garantir les organes, de diminuer la susceptibilité nerveuse, et de servir à la nutrition, ainsi qu'on le remarque dans les animaux hibernants, qui, dormant ou s'engourdissant pendant une partie de l'année, ne vivent que de leur graisse jusqu'à leur réveil, époque à laquelle ils sont cependant très-maigres.

En médiocre quantité, la graisse assouplit le jeu des muscles, donne aux formes des contours plus gracieux, et devient ainsi le garant de la santé; en trop grande abondance, elle nuit à l'effet des contractions musculaires, rend l'animal pesant, et constitue cet état que l'on désigne par l'expression d'obésité.

SPLANCHNOLOGIE.

C'est le nom que l'on donne à l'étude des viscères, et l'on appelle viscères les organes essentiels à la vie: ainsi le cœur, l'estomac et les intestins sont des viscères, parce qu'on ne peut les soustraire du corps de l'animal sans le faire périr aussitôt.

Le travail des viscères se nomme fonctions. Nous avons déjà dit que les fonctions avaient deux objets bien distincts : la conservation de l'individu et celle de son espèce.

Nous allons étudier séparément chacun de ces deux ordres de fonctions, et nous commencerons par celles qui se rattachent à la vie individuelle. Ces fonctions, que l'on appelle fonctions d'entretien, se passent toutes à l'intérieur; toutes concourent au même but : l'assimilation des aliments en la propre substance de l'animal qui s'en nourrit. Cette assimilation est le résultat d'une série d'opérations toutes différentes les unes des autres, et exécutées par des organes différents. D'abord, les aliments sont introduits dans le canal digestif où l'action de la digestion en sépare la partie nutritive, qui, absorbée, transportée dans le sang, se combine avec lui dans les poumons par l'action vivifiante de l'air atmosphérique, pour se rendre ensuite dans toutes les parties du corps, qui se l'approprient chacune à sa manière. De là résultent ces six fonctions : la digestion, l'absorption, la respiration, la circulation, la sécrétion et la nutrition, ou assimilation définitive, qui peut être considérée comme le complément de toutes les fonctions d'entretien.

DE LA DIGESTION.

Nous comprenons sous ce titre tous les changements que subissent les aliments, depuis leur entrée par la bouche jusqu'à leur sortie par l'anus. Ces changements sont le résultat du travail d'un grand nombre d'organes que nous distinguons en principaux et accessoires. Les premiers, tous situés les uns à la suite des autres, forment un long canal qui s'étend depuis la bouche jusqu'à l'anus. Dans ce canal viennent s'ouvrir les conduits excréteurs de plusieurs glandes qui l'avoisinent, et qui sécrètent des liqueurs propres à altérer, fluidifier, animaliser les substances alimentaires. Ces glandes et ces conduits forment les parties accessoires.

ORGANES PRINCIPAUX.

DE LA BOUCHE.

C'est la première cavité ; elle s'étend depuis le bord des lèvres jusqu'au fond du gosier.

La bouche est tapissée dans toute son étendue par une membrane muqueuse, dite buccale, qui revêt la face interne des lèvres et des joues : elle forme les gencives, se propage sous la voûte du palais où elle est ridée, très-épaisse et vasculaire, par conséquent très-sujette à s'engorger ; elle enveloppe la langue de toutes parts, et, ici, elle est parsemée d'une multitude de houppes nerveuses qui lui donnent la faculté de percevoir les impressions du goût ; au fond de la voûte palatine, elle devient libre, tombe sur la langue dont elle enveloppe la base, et forme ainsi une espèce de cloison, nommée voile du palais, qui sépare la bouche en deux cavités : l'antérieure est la bouche proprement dite, et la postérieure est la cavité gutturale ou gosier.

Au fond de cette seconde cavité, également tapissée par des prolongements de la membrane buccale, on remarque deux ouvertures placées l'une en arrière de l'autre : la première forme l'entrée des voies aériennes ou le larynx, et l'autre celle de l'œsophage ou le pharynx. Le larynx est constamment ouvert, et le pharynx ne se dilate que pour donner passage aux aliments ; et lorsque cela arrive, le larynx se ferme, en sorte que ces deux ouvertures ne sont jamais libres en même temps.

Expliquons maintenant l'usage du voile du palais. Cette membrane est disposée de telle manière, que lorsqu'elle se retire en arrière, elle s'étend sur l'ouverture des voies aériennes, déjà formées par un cartilage qui suffirait seul pour empêcher les aliments d'y pénétrer. C'est même pour cette raison qu'il est impossible au cheval de respirer par la bouche, et qu'il est naturel de le voir se défendre lorsqu'on lui pince les naseaux. Lorsque ensuite le voile du palais retombe sur la langue, comme il ne peut pas se porter assez en avant pour rétablir une communication entre le gosier et la bouche, il en résulte que si les aliments pouvaient remonter de l'estomac dans l'arrière-bouche, chose généralement impossible, ils seraient forcés de sortir par les naseaux : c'est une raison qui s'oppose au vomissement par la bouche dans l'espèce chevaline.

DE L'OESOPHAGE.

L'œsophage fait suite au pharynx; c'est un long canal musculo-membraneux qui conduit les aliments dans l'estomac. Situé d'abord dans le plan médian, à mesure qu'il descend et s'approche du thorax, il se dévie progressivement à gauche, de manière à pénétrer dans la poitrine entre la première côte de gauche et la trachée; il continue alors son trajet jusqu'au diaphragme qu'il traverse, pénètre obliquement dans l'estomac, de telle manière que, lorsque ce viscère se contracte, l'ouverture de l'œsophage se ferme et empêche les aliments de remonter dans le gosier : raison qui explique pourquoi le cheval bien constitué ne peut pas vomir.

DE L'ESTOMAC.

L'estomac, que l'on nomme encore ventricule, est un viscère creux qui présente à peu près la forme d'une cornemuse; il est situé dans l'abdomen en arrière du diaphragme, un peu à gauche, et entre le foie, la rate et les intestins ; sa position n'est pas fixe, elle varie, ainsi que son volume, d'après la plus ou moins grande quantité d'aliments qu'il contient. Il présente à l'extérieur deux courbures, dont l'une, très-considérable, est convexe, et l'autre, beaucoup plus petite, est concave. On remarque, à l'endroit où ces deux courbures se réunissent, deux ouvertures que l'on nomme, l'une œsophagienne et l'autre pylorique ; la première est celle qui termine l'œsophage, et la seconde est celle où les intestins prennent naissance.

L'estomac est formé de trois membranes superposées ; la plus extérieure est musculaire : c'est celle qui, par ses contractions, presse les aliments et leur facilite le passage du pylore ; la seconde est nerveuse, et la troisième, celle qui repose immédiatement sur les substances renfermées dans l'estomac, est muqueuse : c'est le prolongement de cette membrane qui tapisse la bouche et l'œsophage ; sa fonction principale, ici, est de sécréter un suc, nommé suc gastrique, qui est indispensable à la digestion.

DES INTESTINS.

C'est ainsi que l'on nomme le tube qui commence à l'estomac et se termine à l'anus ; l'irrégularité de sa grosseur l'a fait diviser en intestins grêles et gros intestins. Les premiers qui font suite à l'estomac, sur lequel ils reposent, sont attachés aux lombes par un ligament large qui n'est qu'une production du péritoine dont il sera question plus bas. Les intestins grêles se subdivisent en trois parties nommées : duodénum, jéjunum et iléon ; ils forment une longueur de soixante-cinq à soixante-dix pieds.

Les gros intestins se partagent également en trois parties : le cœcum, le colon et le rectum. Les deux premiers, qui sont très-gros, très-volumineux, reposent immédiatement sur les parois de l'abdomen, et occupent toute l'étendue qui existe depuis le diaphragme jusqu'au bassin ; ils ont ensemble quinze à dix-huit pieds de longueur. Enfin le rectum est le dernier et le plus court des intestins ; il traverse horizontalement le bassin et va se terminer à l'anus.

L'organisation des intestins résulte, comme celle de l'estomac, de la réunion de trois membranes superposées : la première, celle qui est extérieure, est musculaire, la seconde est nerveuse, et la troisième, celle qui tapisse intérieurement le viscère, est muqueuse. La longueur totale du tube intestinal est d'environ dix-sept à dix-huit fois la hauteur du cheval, prise du garrot à terre. Les intestins grêles sont unis, tandis que les gros intestins sont bosselés.

ORGANES ACCESSOIRES.

DES GLANDES SALIVAIRES.

Préposées à la sécrétion de la salive, ces glandes se subdivisent en parotides, maxillaires et sous-linguales, et ne diffèrent entre elles que par leur forme, leur volume et leur situation respective.

Ces glandes sont formées d'une substance ferme et blanchâtre, dont la texture offre une multitude de grains unis en lobes irréguliers ; leurs conduits excréteurs se rendent directement dans la bouche , où ils versent la salive sécrétée par la glande de laquelle ils émanent.

DES PAROTIDES.

Ce sont les plus considérables des glandes salivaires; elles occupent l'intervalle situé sur le côté de l'articulation de la tête avec l'encolure, et s'étendent depuis la base de l'oreille jusqu'au niveau du larynx. Elles sont pourvues chacune d'un long canal excréteur, qui s'ouvre, dans la bouche, au milieu des molaires, et qui résulte de la réunion successive de tous les conduits émanés des diverses granulations dont elles sont composées. Ces glandes donnent une très-grande quantité de salive, et sont situées de la manière la plus avantageuse pour fournir cette liqueur pendant l'acte de la mastication, puisqu'elles sont alors pressées et par conséquent stimulées par le mouvement des mâchoires.

DES GLANDES MAXILLAIRES.

Celles-ci sont situées dans la cavité inter-maxillaire; bien moins considérables que les parotides, elles se prolongent cependant depuis la face inférieure de l'atloïde jusque vers le milieu de la partie fixe de la langue; leurs canaux excréteurs s'ouvrent dans la bouche de chaque côté du frein de la langue.

DES SOUS-LINGUALES.

Ces glandes, plus petites encore que les précédentes, sont situées sous la membrane qui revêt le canal de la langue, dans le fond duquel elles aboutissent par une série de petits mamelons placés les uns à la suite des autres, de manière à former deux petites crêtes, que l'on aperçoit facilement en tirant la langue de la bouche et la portant de côté.

DU PÉRITOINE.

Le péritoine est une membrane mince, séreuse et très-étendue, qui revêt toute la surface interne de l'abdomen, forme divers replis, et fournit des enveloppes à presque tous les viscères renfermés dans cette cavité. Celle qui entoure l'estomac se nomme épiploon; ceux de ses prolongements qui soutiennent les intestins se nomment en général mésentères , mais ils prennent différents noms, suivant les différentes portions d'intestins qu'ils supportent: on les appelle méso-cœcum, méso-colon et méso-rectum , suivant qu'ils soutiennent le cœcum, le colon ou le rectum.

LE FOIE.

Le foie est une glande d'un volume considérable, située contre le diaphragme, en avant de l'estomac et sur le côté droit de l'abdomen. Il est formé d'un tissu propre ou parenchyme, granuleux et brunâtre, traversé par une grande quantité de vaisseaux sanguins et de nerfs, et soutenu par une expansion du péritoine. Il a pour fonction de sécréter la bile qu'il verse dans l'intestin grêle au moyen d'un conduit que l'on appelle hépato-intestinal. La bile est une liqueur d'un jaune verdâtre, d'une saveur légèrement amère, qui, se mêlant avec les aliments, facilite la séparation des parties nutritives de celles qui ne le sont pas.

DU PANCRÉAS.

Le pancréas est une glande formée d'une substance jaunâtre et grenue, semblable à celle des glandes salivaires. Elle est située en travers de l'estomac, au-dessous de la première vertèbre lombaire, et sécrète une liqueur nommée suc pancréatique, qui a beaucoup d'analogie avec la salive, et qui est versée dans l'intestin grêle.

DE LA RATE.

La rate est une autre glande, d'un tissu mou, spongieux, et d'une couleur rougeâtre et violacée, qui occupe l'hypocondre droit. Son usage n'est point encore bien connu; cependant, comme elle se gorge de sang après la digestion, tandis qu'elle se vide aussitôt que l'estomac se remplit d'aliments, il est à présumer qu'elle sert de réservoir au sang qui est nécessaire à la digestion stomacale, et auquel d'ailleurs elle imprime certaines propriétés qui le rendent plus propre à ce travail.

CONSIDÉRATIONS PHYSIOLOGIQUES SUR LA DIGESTION.

Tous les organes que nous venons de décrire coopèrent à la digestion, fonction qui a pour but de réparer les pertes continuelles qu'éprouve l'économie animale. Cette fonction, pour être mise en activité, exige la présence de substances étrangères, que l'on distingue en aliments solides et aliments liquides. Les premiers calment la faim, et les seconds apaisent la soif. La faim et la soif sont les deux sensations qui avertissent l'animal du besoin qu'a son corps de réparer les pertes continuelles qui résultent du travail ou simplement du mouvement vital.

La faim reconnaît trois degrés : ce n'est d'abord qu'un sentiment léger, un certain besoin de manger que l'on nomme appétit ; si ce besoin n'est pas satisfait, l'animal ressent bientôt une chaleur et des tiraillements intérieurs qui constituent la faim proprement dite ; s'il tarde plus encore de manger, c'est l'inanition qui se manifeste d'abord par des douleurs vives, un trouble marqué dans l'exercice des fonctions, suivi d'un délire furieux qui conduit en peu de temps l'animal à la mort.

Le besoin de manger se renouvelle d'autant plus souvent, et l'animal meurt d'autant plus promptement de la faim, qu'il est plus jeune et plus vigoureux, ou qu'il est soumis à des travaux plus violents.

La soif est un sentiment de sécheresse, de chaleur, de constriction, qui se manifeste d'abord dans l'arrière-bouche, et qui se propage bientôt dans l'œsophage et l'estomac. Ce sentiment résulte des déperditions continuelles qui s'opèrent par la transpiration et par les exhalations intérieures, lesquelles enlèvent au sang les parties aqueuses qui tempèrent son activité. La soif est encore plus impérieuse que la faim, et s'endure moins patiemment ; si l'on n'y satisfait pas, le sang et les humeurs, en s'épaississant, deviennent de plus en plus existants par le rapprochement de leurs principes, et l'animal succombe bientôt dans des douleurs horribles.

EXPLICATION DE LA DIGESTION.

Cette fonction comprend sept principales opérations: l'appréhension des aliments, la mastication, l'insalivation, la déglutition, le travail de l'estomac, celui des intestins, l'absorption, et l'expulsion des matières fécales.

Le cheval attire les aliments avec les lèvres, il les coupe avec les incisives, et les ramasse avec la langue, qui les pousse sous les molaires où ils sont broyés. Dès l'instant que les aliments arrivent dans la bouche, leur saveur excite les glandes salivaires qui sécrètent aussitôt une quantité plus ou moins considérable de salive qui les pénètre et les imbibe en même temps qu'ils sont triturés par les molaires. Cette première opération terminée, le cheval suspend le mouvement des mâchoires, ramasse avec sa langue les substances ainsi broyées et imprégnées de salive, en forme une espèce de pelote, nommée bol alimentaire, qui, poussée dans l'arrière-bouche par une pression d'avant en arrière, franchit le pharynx et enfile l'œsophage, dont la contraction ondulatoire ou péristaltique le transporte énergiquement et subitement jusque dans l'estomac. A mesure que les aliments y parviennent, ils s'y rangent suivant l'ordre de leur déglutition, et la faim s'apaise peu à peu. Lorsqu'elle est satisfaite, la première digestion commence. La membrane interne de l'estomac, stimulée par la présence des substances alimentaires, sécrète abondamment le suc gastrique, qui, se mêlant avec elles, les dissout et en forme une pâte homogène appelée chyme, ressemblant parfaitement à une purée verte ou jaune, suivant la couleur des substances ingérées. Aussitôt que la chymification est complète, le pylore se dilate, et le chyme, poussé par une légère pression de l'estomac, passe dans les intestins grêles, où il se mêle avec les sucs biliaires et pancréatiques. La séparation du chyle d'avec les parties excrémentielles est le résultat de ce mélange. Le chyle, qui est une matière blanchâtre et laiteuse, surnage, et est absorbé par les canaux lymphatiques du mésentère à mesure qu'il se forme, et que les aliments s'avancent vers les gros intestins. Pendant qu'ils séjournent dans ces derniers, ils achèvent de se dépouiller de leurs parties nutritives et deviennent purement matières fécales; alors ils commencent à se durcir, acquièrent une odeur pénétrante, et se séparent en tas, qui se moulent dans les cellules du colon de manière à former les crottins. Ceux-ci, devenant de plus en plus consistants, passent dans le rectum où [ils s'accumulent jusqu'à ce qu'ils y produisent un sentiment de gêne suffisant pour provoquer leur expulsion. L'animal prend alors une position qui favorise la concentration [des forces capables de vaincre la résistance du sphincter, et les matieres fécales sont expulsées.

DE L'ABSORPTION.

Nous ne devons parler ici que de l'absorption du chyle, fonction en vertu de laquelle la partie nutritive des aliments est absorbée dans les intestins par un système de vaisseaux qui la transportent dans le torrent

de la circulation. Ces vaisseaux, que l'on nomme indifféremment lactés, chylifères ou lymphatiques', partent
des intestins, à l'intérieur desquels ils s'ouvrent par des
bouches inhalantes ou suçoirs qui pompent le chyle
à mesure qu'il se forme; ils cheminent ensuite entre
les deux lames du mésentère, et, dans leur trajet, ils
traversent un ou plusieurs des ganglions qui existent
en grand nombre entre ces deux lames. Ils se rendent
enfin, les uns dans un réservoir situé sous les lombes,
et les autres dans un canal que l'on nomme canal
thoracique, et qui, partant du réservoir sous-lombaire,
traverse le diaphragme, longe au-dessous des vertèbres
dorsales, et vient s'ouvrir dans l'oreillette droite du
cœur, où ils versent constamment le chyle, qui entre
aussitôt dans le torrent de la circulation.

DE LA CIRCULATION.

La circulation consiste dans le transport continuel
du sang du cœur dans toutes les parties du corps,
et son retour de la circonférence au centre d'où il
était parti. Ce mouvement a pour but de soumettre ce
fluide, altéré par son mélange avec la lymphe et le chyle,
au contact de l'air atmosphérique dans les poumons,
et de le transporter ensuite dans toutes les parties du
corps, dont il opère l'accroissement ou répare les pertes.

Pour bien entendre le mécanisme de cette fonction,
il est nécessaire de connaître tous les organes ou viscères qui s'y rapportent. Nous commencerons par le
cœur qui en est l'agent central.

DU CŒUR.

Le cœur est un viscère creux, d'une forme conoïde, situé au-dessous de la sixième vertèbre dorsale. Il est principalement formé d'une masse charnue, musculaire, composée de fibres diversement entrecroisées et jouissant au plus haut degré de la faculté contractile. Il présente dans son intérieur quatre cavités superposées, et distinguées en deux droites et deux gauches.

Les deux supérieures se nomment oreillettes, et les deux inférieures ventricules. Les deux oreillettes sont placées un peu sur le côté droit, tandis que les ventricules s'inclinent légèrement à gauche. L'oreillette droite est percée de cinq ouvertures, dont deux servent d'orifice aux veines caves, une à la veine cordiaque, une à la veine bronchique, et la cinquième est celle qui établit une communication entre l'oreillette et son ventricule. Ce dernier est percé d'une seconde ouverture, qui est celle de l'artère pulmonaire.

L'oreillette gauche, moins grande que la droite, offre aussi cinq ouvertures, dont quatre pour les veines pulmonaires, et la cinquième qui lui est commune avec son ventricule. Ce ventricule a, comme le droit, une seconde ouverture, qui est celle de l'aorte. Il est à remarquer que les deux orifices qui communiquent des oreillettes aux ventricules sont munis, du côté de ces derniers, chacun d'une petite valvule ou soupape qui ne permet pas au sang de refluer des ventricules aux oreillettes.

Le cœur, ainsi formé, a la propriété de se contracter

et de se relâcher alternativement, de manière que, lorsque les deux oreillettes se resserrent pour faire passer le sang qu'elles contiennent dans leurs ventricules respectifs, ces derniers se relâchent au contraire pour le recevoir: c'est à ce mouvement alternatif de contraction et de relâchement que l'on a donné le nom de systole et de diastole.

Le mouvement de systole, en produisant le resserrement des cavités cordiaques, devient cause essentielle de l'impulsion du sang dans toutes les parties du corps, tandis que le mouvement de diastole, en laissant aux cavités la faculté de reprendre leur forme naturelle, lui permet de recevoir de nouvelles ondées de sang.

DU PÉRICARDE.

Le péricarde est une membrane blanche, parfaitement transparente pendant la vie, qui enveloppe le cœur et l'empêche, en le fixant, d'aller heurter contre les parois du thorax. Sa surface interne laisse suinter une humeur douce et vaporeuse qui entretient à la fois la chaleur et la souplesse du viscère.

DES ARTÈRES.

Les artères sont des vaisseaux fermes, cylindriques, contractiles, peu dilatables et faciles à déchirer; leur grosseur varie depuis un pouce jusqu'à la plus grande ténuité, mais sans jamais devenir coniques. Elles reçoivent le sang du cœur par deux gros troncs, et le portent dans toutes les parties du corps en se divisant en rameaux, branches et ramuscules infiniment déliés.

Le tronc artériel, qui part du ventricule gauche du cœur pour livrer passage au sang, est garni de trois petites valvules dont la partie libre opposée au cœur empêche le sang de refluer vers ce viscère. Il se divise, à trois ou quatre pouces, en deux branches ou troncs, dont l'une se dirige en avant et porte le nom d'aorte antérieure, et dont l'autre, qui est chargée de fournir le sang aux parties postérieures, prend le nom d'aorte postérieure. Ces deux branches donnent naissance à toutes les artères, et comme celles-ci sont contractiles et dilatables, la dilatation qu'elles éprouvent à chaque ondée de sang que le cœur leur envoie produit le pouls.

DES VEINES.

Les veines sont d'autres vaisseaux chargés de rapporter au cœur le sang que les artères ont versé dans les parties du corps. Elles suivent généralement le trajet des artères; mais, beaucoup plus nombreuses que ces dernières, il en est qui sont isolées et rampent sous la peau.

Les veines, d'abord très-fines et très-multipliées, se réunissent en se rapprochant du cœur dans l'oreille droite duquel elles se versent par quatre gros troncs. Elles sont pourvues de valvules dans toute leur étendue, excepté cependant celle des poumons, et ces valvules y sont isolées dans les petites et par paires dans les plus grandes.

C'est l'absence des valvules dans les veines pulmonaires qui permet au sang d'y refluer du centre à la circonférence: phénomène que produit ordinairement une émotion subite, et qui se manifeste par l'augmentation du teint ou par la pesanteur de la tête.

DES LYMPHATIQUES.

Les lymphatiques sont des vaisseaux éminemment absorbants. Nous avons déjà parlé de ceux qui sont préposés au transport du chyle dans le réservoir sous-lombaire et le canal thoracique, ainsi nous ne devons plus nous occuper que de ceux qui se trouvent répandus dans tous les organes.

Ces vaisseaux, très-fins à leur naissance, très-contractiles et valvuleux, ont plusieurs fonctions. Il en est qui partent des ramuscules artériels, et vont transmettre aux organes le sang qui est nécessaire à l'accroissement ou à l'entretien de l'animal ; d'autres reprennent aux organes ce sang privé de ses principes vivifiants, pour le verser dans les veines ; d'autres encore s'emparent des molécules qui sont détachées des organes par le mouvement de la vie ; enfin, il en est qui entrainent dans le torrent de la circulation la lymphe et les sérosités qui s'exhalent sans cesse de toutes les parties du corps où ils aboutissent : ces derniers se jettent tous les uns dans les autres, et diminuent en nombre en même temps qu'ils augmentent de calibre. Après un trajet plus ou moins long, ils se convergent de toutes parts, se réunissent sur différents points, et se présentent alors à un système de petits ganglions qui naissent de l'agglomération d'une grande quantité de lymphatiques. Ces ganglions ont pour fonctions de faire subir à la lymphe une modification dont la nature n'est pas encore bien connue.

Les lymphatiques, avant de pénétrer dans les ganglions, se divisent tout à coup en vaisseaux de la dernière ténuité; ces mêmes petits vaisseaux se réunissent ensuite du côté opposé du ganglion, et vont charrier la lymphe dans le réservoir sous-lombaire et dans le canal thoracique, qui la jette enfin dans le torrent de la circulation.

DU SANG.

Le sang en général est un fluide rouge et visqueux, produit par l'élaboration du chyle. Celui que les veines rapportent au cœur, et que le ventricule droit envoie dans les poumons, est noirâtre et pesant; sa température n'est que de 30 degrés du thermomètre de Réaumur. Celui que les vaisseaux artériels transportent dans toutes les parties du corps est d'un rouge vermeil, écumeux, plus léger et plus chaud de 2 degrés que celui des veines; il est aussi plus facilement coagulable et donne un caillot plus considérable, il renferme par conséquent moins de sérosités.

DE LA LYMPHE.

Quant à la lymphe, c'est un fluide incolore qui provient de tous les débris qui se détachent des organes par l'action vitale. Quelques anatomistes prétendent cependant qu'elle prend sa source dans le sang, qui, parvenu dans les dernières radicules artérielles, se partagerait en deux parties, dont l'une, rouge, servant à la nutrition, serait rapportée au cœur par les veines, et dont l'autre, séreuse, absorbée par les lymphatiques et transformée en lymphe par l'action des ganglions, serait reversée dans cet état dans le torrent de la circulation.

EXPLICATION DE LA CIRCULATION.

Rien de plus simple maintenant que l'explication du phénomène de la circulation. Je suppose le sang transporté par les artères dans toutes les parties du corps. Dès qu'il s'est dépouillé de ses principes vivifiants, les veines s'en emparent directement ou par l'entremise des lymphatiques, et le transportent dans l'oreillette droite du cœur. Là, il se mêle avec le chyle et la lymphe, et passe dans le ventricule correspondant; celui-ci, par sa contraction, le chasse dans l'artère pulmonaire qui le conduit dans les poumons. Lorsque le sang y a reçu de nouvelles propriétés, par sa combinaison avec l'air atmosphérique qui s'y trouve, les veines pulmonaires s'en emparent à leur tour et le portent dans l'oreillette gauche; celle-ci le verse dans le ventricule qui lui correspond, et ce dernier, enfin, en se contractant au même instant, le chasse dans le système des artères qui le transportent de nouveau dans toutes les parties du corps.

DE LA RESPIRATION.

L'appareil respiratoire a par sa conformation beaucoup d'analogie avec celui de la digestion. Il se compose, ainsi que ce dernier, d'un long réservoir qui reçoit l'air atmosphérique, et le rejette après en avoir soutiré l'oxigène, qui peut être regardé comme le principe régénérateur du sang.

Nous allons décrire successivement toutes les parties qui coopèrent à cette importante fonction.

DES CAVITÉS NASALES.

Ces cavités, divisées régulièrement de chaque côté du plan médian sans nulle communication, se distinguent en narines et sinus.

Les narines sont les cavités qui partent du bout du nez et se prolongent jusqu'à l'arrière-bouche. Elles sont recouvertes par une membrane muqueuse que l'on appelle membrane nasale ou plus communément pituitaire. Cette membrane, dont la surface libre est parsemée de follicules et de papilles très-érectiles, présente une teinte d'un rouge plus ou moins foncé, quelquefois blanchâtre. Elle sécrète constamment un fluide visqueux connu sous le nom de mucus nasal, qui varie suivant l'état de santé ou de maladie de l'animal.

Les sinus sont des cavités qui existent entre les lames des os de la tête, et qui ne se forment que lorsque ces os ont acquis un certain accroissement. Ils se développent d'abord à la partie inférieure du front, et se propagent insensiblement dans l'intérieur du frontal, du pariétal, des lacrymaux, des os du nez, et jusque dans le sphénoïde. Disposés de chaque côté de la tête, les sinus droits sont séparés des gauches par deux cloisons médianes, et ne communiquent qu'avec la narine du même côté. Ils sont divisés en une infinité de compartiments irréguliers par une multitude de lames osseuses excessivement minces, et recouvertes par des prolongements de la pituitaire. Cependant ces prolongements en diffèrent en ce qu'ils sont blancs, minces et peu vasculaires. Ils sécrètent et exhalent un fluide vaporeux qui lubrifie ces cavités et augmente la température de l'air qu'ils reçoivent par les narines.

DU LARYNX.

Le larynx est l'orifice supérieur du canal qui conduit l'air dans les poumons; situé dans l'arrière-bouche, entre la base de la langue et le pharynx, il résulte de l'assemblage de cinq cartilages articulés entre eux de manière à former une ouverture mobile, appelée glotte, qui par ses différentes inflexions sert à moduler la voix.

Le plus remarquable de ces cinq cartilages est celui que l'on nomme épiglotte; il a la forme d'une feuille de laurier, et s'applique exactement sur l'orifice du larynx au moment du passage des aliments.

DE LA TRACHÉE-ARTÈRE ET DES BRONCHES.

La trachée-artère est un long tube composé de cerceaux cartilagineux, et à l'intérieur de laquelle résident deux couches superposées, l'une musculeuse et l'autre membraneuse. Elle s'étend depuis le larynx jusqu'au niveau de la base du cœur; là, elle se divise en deux canaux, nommés bronches, qui se rendent de chaque côté dans les poumons, et s'y ramifient de toutes parts en divisions extrêmement déliées, toutes terminées par une petite vésicule où l'air vient se rendre.

Les bronches et leurs ramifications sont, ainsi que la trachée, toutes cartilagineuses; elles sont revêtues intérieurement d'une membrane qui sécrète un fluide muqueux absolument identique à celui que sécrète la pituitaire.

DES POUMONS.

Les poumons sont deux viscères d'un rouge pâle, mous, légers, spongieux, cellulaires, très-élastiques et très-expansibles, qui occupent les parties latérales du thorax. Les poumons résultent de l'assemblage de vaisseaux sanguins et lymphatiques, de canaux aérifères, de lobules spongieux et d'un tissu lamineux qui en forme le parenchyme; ils sont enveloppés par une membrane séreuse nommée plèvre. La plèvre tapisse chaque côté de la cavité thoracique et se replie sur chaque poumon, de manière à former deux sacs qui, en s'adossant l'un contre l'autre, forment une cloison appelée médiastin. C'est entre les deux lames du médiastin que le cœur est placé et que passe une portion de l'œsophage.

EXPLICATION DE LA RESPIRATION.

Voici maintenant comment s'opère cette importante fonction, si étroitement liée avec celle de la circulation. Toutes les côtes, à l'exception de la première de chaque côté, s'élèvent, le diaphragme se porte en même temps en arrière, et la poitrine, par suite de cette double action, prenant une plus grande capacité, les poumons se dilatent et reçoivent l'air que la pesanteur de l'atmosphère y refoule aussitôt. Cet air, avant d'arriver dans les poumons, traverse différentes cavités vaporeuses dans lesquelles il s'échauffe, se purifie et s'animalise en quelque sorte. Cette élévation de température s'accroît encore par la portion d'air qui s'échappe des sinus à chaque inspiration, et qui est sans cesse remplacée par une portion équivalente d'air venant du dehors. Parvenu dans les poumons, l'air se répand dans toutes les divisions bronchiques et de là dans les vésicules aériennes, où il se fait un véritable échange de principes entre le sang et lui. L'air expiré ne contient plus, en effet, qu'une faible portion d'oxigène, tandis qu'il s'est chargé d'une quantité assez considérable d'acide carbonique; le sang, au contraire, à sa sortie des poumons, est plus oxigéné qu'avant d'y entrer, et contient beaucoup moins de carbone.

Dès que ce phénomène est accompli, les côtés s'abaissent, le diaphragme se porte en avant et l'air est chassé au dehors pour être immédiatement remplacé. Cette entrée et cette sortie alternatives de l'air dans les poumons se désignent par les mots d'inspiration et d'expiration.

DES SÉCRÉTIONS.

On entend par ce mot la fonction par laquelle les glandes séparent du sang les matériaux nécessaires à la formation de certaines liqueurs propres à chacune d'elles. Ainsi, la fonction des glandes salivaires est d'en extraire la salive, celle des reins l'urine, et celle des testicules le sperme.

Les glandes sont des organes lobuleux, formés par un assemblage de nerfs et de vaisseaux de toutes espèces réunis par un tissu cellulaire et parenchymateux. Entourées par une membrane qui les isole entièrement des organes qui les avoisinent, elles sont aussi pourvues de conduits excréteurs par lesquels s'écoulent les liqueurs sécrétées. Toutes, à l'exception du foie, ne reçoivent que du sang artériel. Ce sang, après avoir fourni à la glande qui le reçoit les matériaux propres à la formation de la liqueur qu'elle sécrète, est transporté par les veines dans le torrent de la circulation, tandis que la liqueur sécrétée est absorbée par un système de vaisseaux qui la versent dans les conduits excréteurs chargés de la livrer aux différents organes, si elle doit servir à l'entretien du corps, ou de l'expulser au dehors si elle est nuisible ou superflue.

Jusqu'à présent il n'a pas été possible d'expliquer comment s'opérait la fonction de la sécrétion; on a remarqué, cependant, que cette action n'était pas généralement continue, et que les glandes étaient soumises à des alternatives de travail et de repos. Toutes se réveillent lorsqu'une irritation s'exerce sur elles ou dans leur voisinage et détermine leur action directe ou sympathique. Ainsi la salive est sécrétée en plus grande quantité pendant la mastication, la bile coule en plus grande abondance dans le duodénum au moment où le chyme y parvient. Il est aussi des glandes qui se réveillent et sécrètent alors des fluides plus abondants au seul souvenir de certaines impressions, ou lorsque notre âme est douloureusement affectée. Ainsi nos glandes salivaires ont une singulière activité, et nous disons que l'eau nous vient à la bouche, lorsque nous nous rappelons un mets qui a vivement chatouillé notre sensualité, et nos larmes coulent en abondance lorsqu'une douleur vive et profonde vient accabler notre âme.

Nous avons déjà décrit une grande quantité de glandes, nous en décrirons encore à mesure que nous avancerons dans l'étude des fonctions. Ici, pour terminer ce que nous avons à dire sur les sécrétions, nous allons parler de la sécrétion et de l'excrétion des urines.

DE LA SÉCRÉTION ET DE L'EXCRÉTION DES URINES.

L'urine est le résultat d'une véritable sécrétion qui s'opère dans deux glandes nommées reins, placées en dehors du péritoine, sous les lombes, l'une à droite et l'autre à gauche. Chaque rein présente à peu près la forme d'un haricot; il est formé d'un parenchyme ferme, rougeâtre, pourvu d'une enveloppe membraneuse, d'un canal excréteur et d'un grand appareil vasculaire. On trouve dans l'intérieur de chaque rein un réservoir auquel on a donné le nom de bassinet ou sinus rénal, destiné à recevoir l'urine à mesure qu'elle est sécrétée, et duquel part un canal excréteur appelé urétaire, qui se rend directement dans la vessie.

DE LA VESSIE.

La vessie est un réservoir musculo-membraneux, situé dans la région la plus basse du bassin; sa tunique charnue qui est externe en opère le resserrement, et produit par conséquent l'expulsion de l'urine. La tunique interne sécrète continuellement une humeur qui, se mêlant à l'urine, lui fait éprouver différentes altérations. La vessie est pourvue, enfin, d'un canal excréteur, appelé urètre, par lequel l'urine est expulsée au dehors.

DE L'URÈTRE.

Ce canal, très-long dans le mâle, sort du bassin entre les deux ischions, se recourbe sous le pubis pour se diriger ensuite en avant, et se termine à l'extrémité de la verge. Cette disposition de l'urètre rend, dans le cheval, l'expulsion de l'urine assez difficile; l'animal, pour l'opérer, est obligé de prendre une position qui nécessite un moment de repos. S'il est à l'écurie, il se campe et conserve cette position jusqu'à ce qu'il ait fini d'uriner; s'il est en marche, il témoigne qu'il a besoin de s'arrêter; quelquefois alors il fait un léger temps d'arrêt, commence à uriner et peut achever de satisfaire à ce besoin, mais en marchant lentement. Il est nécessaire qu'un cavalier sache reconnaître lorsque son cheval a besoin d'uriner; car si l'animal n'avait pas la possibilité de satisfaire à cette nécessité, et que la vessie vînt à se remplir trop abondamment, il pourrait en résulter les accidents les plus graves et quelquefois même la mort. Les juments n'offrent pas cet inconvénient ; chez elles, le canal de l'urètre, étant très-court et aboutissant directement à la vulve, elles peuvent opérer le rejet de l'urine sans renverser le coxal et sans s'arrêter. Cette facilité d'uriner chez les juments est un avantage qui peut être pris en considération dans un jour de bataille.

DE L'URINE.

L'urine est une liqueur essentiellement aqueuse, âcre et salée, d'une odeur forte et piquante. Dans les reins qui la sécrètent, elle est claire et limpide, mais pendant son séjour dans la vessie, elle se trouble, se colore, devient plus odorante, et se charge de matières animales. Ces changements, bien connus, ont fait distinguer deux sortes d'urine, l'une de crudité, l'autre de coction. Cette dernière est ordinairement celle que l'on rend le matin.

L'urine, à mesure qu'elle est sécrétée, se rend dans le sinus rénal et de là dans la vessie, où elle parvient goutte à goutte et s'y accumule jusqu'à ce qu'elle détermine dans ce viscère un sentiment qui fasse naître le besoin de son expulsion.

DE LA NUTRITION.

La nutrition peut être regardée comme le complément des fonctions qui ont fait jusqu'à présent l'objet de notre étude. L'aliment, altéré par une série d'opérations propres à chaque fonction, animalisé et rendu semblable à la substance même de l'animal qui s'en nourrit, est transporté dans toutes les parties du corps, qui se l'approprient pour s'accroître ou réparer les pertes qu'elles éprouvent sans cesse par le mouvement de la vie. C'est dans cette identification parfaite que consiste la fonction de la nutrition, dont le résultat définitif doit être regardé comme une véritable transubstantiation de la partie nutritive des alimens en la propre substance de l'animal.

Toutes les molécules qui se détachent continuellement des organes par les actions combinées de l'air, du calorique et des frottements intérieurs, en un mot, par le fait même de la vie, sont enlevées par les veines et les lymphatiques qui les transportent dans le torrent de la circulation; mais la manière dont s'effectue l'assimilation définitive, l'accroissement ou la rénovation des organes, est une de ces opérations où tout devient conjectural. Tout ce que l'on sait, c'est que les molécules détachées sont à l'instant même remplacées, à moins que l'excès du travail, les privations, les maladies ou la vieillesse, n'empêchent l'entier accomplissement de cette opération.

On a voulu déterminer en combien de temps le corps se renouvelait, on dit vulgairement que c'est dans l'intervalle de sept années, mais il est évident que ce changement doit dépendre des circonstances dans lesquelles se trouve l'animal. Il sera plus rapide dans l'enfance et la jeunesse que dans l'âge mûr, et ne s'accomplira que très-lentement dans la vieillesse; il sera aussi plus ou moins accéléré suivant le sexe, le tempérament, le travail et le régime auxquels l'animal sera soumis, suivant même le climat qu'il habitera.

On s'assure de la rénovation totale des organes en mêlant de la racine de garance aux aliments des animaux. Cette racine a la propriété de teindre les os en rouge, et ce phénomène s'opère du dedans au dehors, de manière qu'en en donnant pendant un certain temps, les os finissent par devenir entièrement rouges. Plus tard, si on arrête l'expérience, les os redeviennent blancs, et toujours du dedans au dehors. Or, si les parties les plus dures, les plus solides, les moins exposées à l'action des frottements intérieurs et extérieurs, sont dans un mouvement continuel de composition et de décomposition, il est naturel de croire que celles dont les molécules ont entre elles un moins grand degré de cohérence, sont également et peut-être plus rapidement soumises aux mêmes effets. Cette expérience de la racine de garance peut donc servir à déterminer la période du renouvellement total des organes dans les différentes espèces d'animaux.

Enfin, pour qu'un organe puisse se nourrir et s'entretenir, il faut qu'il jouisse de la sensibilité, de la chaleur et du mouvement, autrement il dépérit, se dessèche et s'atrophie. Il faut, de plus, que les substances qui doivent servir d'aliments soient altérables et fermentescibles, c'est-à-dire, susceptibles d'éprouver un mouvement intestin et spontané, propriété qui n'appartient qu'aux substances végétales et animales.

DES FONCTIONS DE GÉNÉRATION OU DE REPRODUCTION.

Les fonctions de génération ou de reproduction sont confiées à deux ordres d'organes appartenant aux deux sexes, dont ils constituent la principale, mais non pas l'unique différence. La femelle, en effet, ne diffère pas seulement du mâle par ses organes génitaux, mais encore par sa taille généralement moins élevée, par la délicatesse de son organisation, par la prédominance des systèmes lymphatiques et cellulaires qui effacent les saillies et donnent à la jument des formes plus arrondies et des contours plus gracieux. Ces différences ne sont pas généralement remarquées en France dans l'espèce chevaline, parce que l'on a l'habitude d'y châtrer les chevaux, ce qui les prive d'une partie de leurs forces, de leur énergie, et fait disparaître à l'extérieur ces interstices musculaires qui en sont le plus souvent les indices les plus certains.

Sans étendre plus loin ces considérations physiologiques, nous allons passer à la description des organes génitaux, et nous commencerons par ceux du mâle.

APPAREIL GÉNITAL DU MALE.

Les organes qui composent l'appareil génital du mâle sécrètent le sperme, lui impriment les qualités dont il a besoin pour vivifier le germe, et transmettent cette liqueur dans le lieu où elle devient fécondante. En conséquence, l'étude de cet appareil comprendra :

1.º La description des parties qui sécrètent le sperme : ce sont les testicules et leurs dépendances ;

2.º Celle des réservoirs qui le tiennent en réserve : ce sont les vésicules séminales ;

3.º La description de l'organe qui le transmet dans l'utérus, c'est-à-dire, le membre ou pénis.

DES TESTICULES.

Les testicules sont des organes pairs et parenchymateux, très-vasculaires, et préposés à la sécrétion du sperme. Ils sont recouverts par cinq enveloppes superposées, et nommées du dehors au dedans : scrotum, dartos, tunique charnue, tunique péritonéale et tunique corticale.

Le scrotum est l'enveloppe extérieure formée par la peau ; il est traversé par une ligne médiane que l'on nomme raphée.

Le dartos est la seconde enveloppe des testicules ; c'est une membrane fibreuse, de la nature du ligament cervical ; elle forme deux poches qui contiennent chacune un testicule.

La tunique charnue, troisième enveloppe testiculaire, est une expansion aponévrotique du muscle ilio-testiculaire qui sert de suspenseur aux testicules.

La tunique péritonéale dérive d'un long repli formé par le péritoine ; elle sécrète continuellement une humeur séreuse qui sert à lubrifier les cinq membranes.

La tunique corticale forme deux capsules qui contiennent immédiatement les testicules dans lesquels elle pénètre par une multitude de filaments.

Enfin, le testicule est formé d'un tissu parenchy-

mateux qui ressemble à une substance molle, brunâtre
et marbrée de blanc, et qui est parsemée d'une infinité de ramuscules artérielles et veineuses, de nerfs et
de lymphatiques. Le parenchyme testiculaire renferme
en outre une multitude de petits canaux, nommés
conduits séminifères, qui se réunissent dans la partie
supérieure de chaque testicule, où ils pénètrent la tunique corticale sous la forme d'un petit cordon nommé
corps d'hygmore. Ce petit cordon, qui est ainsi formé
par la réunion des conduits séminifères, sort de la
tunique corticale, et forme, en se contournant sur lui-
même et au bord du testicule, une sorte de ganglion
que l'on nomme épididyme. Il continue ensuite son
trajet, passe par l'anneau inguinal, et porte dans la
vésicule séminale correspondante le sperme qui en est
expulsé par suite de l'érection du membre, ou absorbé
par les lymphatiques pour rentrer dans le torrent de
la circulation.

Dans le jeune âge, les testicules sont beaucoup plus
gros en proportion que dans un âge avancé ; c'est
pour cette raison qu'ils ne franchissent l'anneau inguinal qu'à six ou huit mois.

VÉSICULES SÉMINALES.

Les vésicules séminales sont deux petites poches
longues destinées à tenir le sperme en réserve ; elles
sont placées dans le bassin au-dessus des anneaux in-
guinaux, et de manière que leurs extrémités postérieures se rapprochent et s'allongent pour former deux
conduits très-courts, que l'on nomme conduits éjacu-

lateurs. Les vésicules séminales sont garnies intérieurement d'une membrane qui sécrète une humeur glaiseuse qui se mêle au sperme et en forme la plus grande partie. C'est par ce mélange que le sperme acquiert plus de blancheur dans les vésicules séminales.

DES PROSTATES.

Les prostates, au nombre de trois, sont des glandes qui sécrètent une humeur filante et transparente destinée à lubrifier les canaux éjaculateurs et à faciliter l'éjaculation. La principale, la plus grande, située au-dessus du col de la vessie, soutient les conduits éjaculateurs qui la traversent. Les deux autres se trouvent plus avancées et situées de chaque côté des conduits éjaculateurs dans lesquels elles versent aussi une liqueur propre à les lubrifier. C'est cette liqueur des prostates qui précède toujours l'émission du sperme, et que les castra répandent en si grande abondance.

DU MEMBRE OU PÉNIS.

Le membre, que l'on appelle aussi verge ou pénis, destiné à opérer l'acte du coït, et à projeter le sperme dans l'utérus, est composé de trois parties distinctes: le corps caverneux, l'urètre et la tête; il est soutenu par le fourreau et deux ligaments suspenseurs.

Le corps caverneux est la partie la plus considérable du membre; il est formé par un tissu fibreux à l'extérieur, et spongieux à l'intérieur, d'une nature très-érectible, très-extensible et très-contractile; il est parsemé d'une infinité de ramuscules artérielles qui y portent le sang en abondance dans le moment de l'érection.

L'urètre est le long canal qui s'étend depuis le col de la vessie jusqu'au bout du membre ; il donne passage aux urines et à la liqueur séminale que les conduits éjaculateurs y versent.

La tête est la proéminence qui termine le membre ; elle est formée par un tissu spongieux, très-érectile, et revêtue extérieurement par une membrane muqueuse pourvue de nombreuses papilles auxquelles elle doit son extrême sensibilité et cette propriété absorbante si remarquable chez l'homme.

Le fourreau est un repli de la peau qui sert d'enveloppe au membre. Cette peau, recouverte d'un léger duvet à l'extérieur, se recourbe sur elle-même pour former à l'intérieur du fourreau une multitude de replis qui sécrètent une humeur sébacée d'une odeur très-prononcée.

Enfin, les deux ligaments suspenseurs se présentent sous la forme de deux longs et gros cordons, fibreux et blanchâtres, qui s'attachent à l'extrémité postérieure du sacrum ; ils se réunissent au-dessous du sphincter, suivent le canal de l'urètre et vont s'implanter dans la tête de la verge.

APPAREIL GÉNITAL DE LA FEMELLE.

L'appareil génital de la femelle se compose,

1.º De la vulve et du vagin, qui sont destinés à l'acte du coït ;

2.° De l'utérus et des ovaires, qui servent à la fécondation et à la gestation;

3.° Et des mamelles, qui sont les organes essentiellement destinés à l'alimentation du nouveau-né.

DE LA VULVE.

On donne le nom de vulve à l'ensemble des parties extérieures de la génération chez la femelle; elle comprend les lèvres et le clitoris.

Les lèvres sont les parties latérales de la vulve; elles sont composées d'un tissu susceptible de prendre un certain développement pendant les chaleurs et l'acte du coït.

Le clitoris est un corps caverneux, très-érectile, qui paraît être le siège du plaisir que ressent la femelle dans l'accouplement. Il est situé, dans la jument, au-dessous de l'ouverture du vagin.

DU VAGIN.

Le vagin est un long et grand canal membraneux, très-extensible, situé sous le rectum, et prolongé depuis la vulve jusqu'au col de l'utérus qu'il embrasse exactement. Le péritoine le lie au rectum et à la vessie; on remarque à son entrée et inférieurement le méat urinaire.

DE L'UTÉRUS.

L'utérus, autrement dit matrice, est un viscère creux, musculo-membraneux, destiné à contenir les produits de la fécondation. Ce réservoir forme la continuité du vagin, et se trouve fixé dans la cavité pelvienne par deux ligaments sous-lombaires. Il présente un corps et deux branches; le corps fait suite au vagin, et les branches au corps. Ces branches se dirigent, l'une à droite, et l'autre à gauche; elles se contournent ensuite et s'élèvent vers les lombes. A l'extrémité de chaque branche se trouve un conduit que l'on appelle trompe utérine ou trompe de fallope. Ces trompes, d'abord très-étroites, vont en s'élargissant aboutir aux ovaires.

DES OVAIRES.

Les ovaires sont des organes pairs et parenchymateux, d'une forme ovoïde, très-vasculaires, parsemés d'une grande quantité de granulations, et situés à l'extrémité des trompes utérines. Ces organes sont essentiels à la génération, puisque les femelles qui en sont privées sont infécondes et n'entrent plus en chaleur. Mais comment s'opère le phénomène de la conception? L'ovaire sécrète-t-il une liqueur dont le mélange avec le sperme produit le nouvel être, ou bien s'en détache-t-il, au moment du coït, une granulation qui serait le germe ou l'œuf que le sperme vivifie? C'est ce que l'on ne sait point encore. Cependant l'on a remarqué que l'acte de la fécondation produisait sur l'un des ovaires une petite tumeur qui se cicatrisait promptement, et que ces organes avaient autant de cicatrices que l'animal avait engendré de fois, ce qui a porté à croire que le sperme avait la propriété, en se projetant sur les ovaires, d'en détacher un germe qu'il animait et que la femelle était ensuite chargée de nourrir. Cette hypothèse est aujourd'hui la plus généralement admise.

DES MAMELLES.

Les mamelles sont les organes préposés à la sécrétion du lait; chaque mamelle présente un corps et un mamelon. Le corps, qui en est la partie principale, est hémisphérique, et recouvert d'une peau fine et sans ride; il a pour base une glande qui sécrète le lait; cette glande est parsemée d'une multitude de vaisseaux sanguins, et de nerfs qui la rendent excessivement sensible. Le mamelon est la partie la plus saillante; il est situé au milieu de la mamelle et présente divers orifices qui sont les ouvertures des conduits galactrophores ou lactifères.

Tels sont les organes qui dans le mâle et la femelle produisent les fonctions de génération. Pour en compléter l'histoire, il nous resterait encore à parler des différents systèmes qui ont tour à tour prévalu sur le phénomène de la conception, ainsi qu'à décrire ce qui se passe pendant le temps de la gestation et de l'allaitement; mais ces détails, bien que très-curieux et très-intéressants, ne pouvant pas être d'une utilité réelle à MM. les Officiers d'artillerie auxquels ce cours est spécialement destiné, nous ne les donnerons pas, et passerons de suite aux fonctions de relation.

DES FONCTIONS DE RELATION.

Les fonctions de relation, ainsi que nous l'avons déjà dit, sont celles qui mettent l'animal en rapport avec tous les objets qui l'environnent, soit en l'avertissant de leur présence par l'intermédiaire des sens, soit en le rapprochant ou l'éloignant de ces mêmes objets par l'entremise des organes locomoteurs, les attirant ou les repoussant loin de lui, suivant qu'il en reçoit des impressions agréables ou pénibles. Pour en donner une histoire complète, il est donc nécessaire d'examiner tous les moyens que la nature emploie pour donner aux animaux la faculté de sentir, de percevoir, et celle de se mouvoir à volonté, de décrire par conséquent et d'expliquer le mécanisme des cinq sens et des organes de la locomotion. Nous avons déjà parlé de ces derniers, ainsi nous n'avons plus à nous occuper que des sens.

Nous commencerons cette étude par la description de l'encéphale, qui est le centre commun sur lequel toutes les impressions produites sur les sens par les objets extérieurs viennent en quelque sorte se peindre pour être perçues, analysées, et pour donner à l'animal ces déterminations réfléchies ou instinctives qui le portent à agir de telle ou de telle autre manière.

DE L'ENCÉPHALE.

L'encéphale est un viscère mou, pulpeux, presque glandulaire, renfermé dans la cavité du crâne. Il est formé de deux substances principales, l'une blanche et l'autre grise; la première se trouve au centre de l'organe, et la seconde lui sert en quelque sorte d'enveloppe. La masse encéphalique est partagée dans sa longueur et dans la direction de la ligne médiane en deux parties symétriques, l'une à droite et l'autre à gauche; outre cela, elle est encore divisée en quatre portions distinctes par leur situation, leur volume, leur forme et leur structure, savoir : le cerveau proprement dit, le cervelet, le mésocéphale et le prolongement rachidien ; le tout est enveloppé par deux membranes superposées que l'on nomme, la plus extérieure méninge, et celle qui repose immédiatement sur le viscère méningine.

DU MÉNINGE.

Le méninge, plus communément dure-mère, à cause de sa consistance, est une membrane compacte, épaisse, fibreuse et très-serrée, qui revêt la surface interne du crâne à laquelle elle adhère fortement. Elle forme deux replis principaux dont l'un partage le cerveau par son milieu longitudinal, et l'autre le sépare du cervelet ; elle se prolonge ensuite et enveloppe le prolongement rachidien et les nerfs encéphaliques.

DE LA MÉNINGINE.

La méningine, dite encore pie-mère, parce qu'elle repose sur le viscère même qu'elle semble garantir de toute injure extérieure, est une membrane fine, transparente et très-vasculaire, qui en suit exactement toutes les anfractuosités, et enveloppe également le prolongement rachidien et les nerfs qui partent directement de la masse encéphalique.

DU CERVEAU.

Le cerveau est la portion la plus considérable de la masse encéphalique ; il occupe la grande cavité du crâne qu'il remplit exactement, et se trouve situé en avant du cervelet. Il est divisé en deux lobes par le méninge et la méningine, l'un à droite et l'autre à gauche; chaque lobe est formé de deux matières, l'une grise et l'autre blanche; la grise enveloppe la blanche que l'on appelle mésolobe. Derrière le cerveau se trouve une petite glande, nommée glande pinéale, dont on ignore les usages, mais que Descartes regardait comme le siège de l'âme. Ce qu'il y a de certain, c'est que cette glande est presque toujours atrophiée ou cicatrisée chez les idiots et chez les personnes dont les facultés intellectuelles ont subi une profonde altération.

DU CERVELET.

Le cervelet est un organe sphéroïde et grisâtre logé dans la fosse occipitale. Quoique son volume n'équivaille qu'au sixième de celui du cerveau, il est divisé en quatre petits lobes. Il paraît devoir présider à l'acte de la génération, car on a remarqué qu'il était généralement très-développé chez les individus fortement poussés à cette fonction, et comme atrophié chez ceux qui n'y sont nullement portés.

DU MÉSOCÉPHALE.

Le mésocéphale est formé d'une substance presque entièrement blanche et plus ferme que celle du cerveau et du cervelet; il est situé entre le cerveau, le cervelet et le sphénoïde, et donne naissance au prolongement rachidien.

DU PROLONGEMENT RACHIDIEN.

Le prolongement rachidien est la substance qui,

partant du mésocéphale, traverse toutes les vertèbres et va se terminer dans le sacrum.

Il existe des artères et des veines dans toutes ces parties. Les unes sont chargées de transporter au cerveau ainsi qu'à ses dépendances le sang qui leur est nécessaire, et les autres ramènent dans l'oreillette droite du cœur le sang dépouillé de ses principes vivifiants.

DES NERFS.

Le cerveau et ses dépendances donnent naissance aux nerfs ; ces nerfs se présentent sous la forme de petits cordons blancs, pulpeux dans leur intérieur, sans cavité apparente, et recouverts par des prolongements des membranes encéphaliques qui prennent alors le nom de névrilèmes ; les névrilèmes accompagnent les nerfs jusqu'à la peau, où ils les quittent afin que leur sensibilité soit plus marquée.

Tous les nerfs qui partent du cerveau se portent à la tête ; ils sont spécialement chargés de l'exercice des sens et prennent le nom de nerfs encéphaliques ; ils sont au nombre de douze de chaque côté, ce qui les fait désigner par paires.

Les autres nerfs, nommés nerfs invertébraux, sont produits par la moëlle épinière et se distribuent dans toutes les parties du corps, où ils portent, les uns la sensibilité, et les autres le mouvement. Ainsi, lorsque les premiers n'existent plus ou ne communiquent plus avec l'organe central duquel ils dérivent, les parties du corps qu'ils traversent n'ont plus aucune sensibilité et peuvent être impunément lacérées, et lorsque ce sont les autres, ces mêmes parties ne sont plus susceptibles de se mouvoir à volonté, et tombent ainsi dans une paralysie complète.

La plupart des nerfs, à mesure qu'ils s'éloignent de leur origine, se divisent en conservant à peu près le même volume dans l'intervalle de leurs divisions; ils se réunissent ensuite, s'entrelacent et forment des espèces de nœuds appelés ganglions, d'où ils ressortent pour se diriger dans toutes les parties où ils portent la sensibilité et transmettent les déterminations du cerveau. Cette opération se fait avec une si grande rapidité, qu'il a été impossible jusqu'à présent de l'expliquer d'une manière satisfaisante. Quelques auteurs ont regardé les nerfs comme des cordes élastiques dont les vibrations, déterminées par l'action des objets extérieurs, se propageaient depuis les extrémités jusqu'à l'encéphale; d'autres les ont considérés comme des canaux dans lesquels circule un fluide extrêmement subtil qu'ils ont appelé fluide nerveux, lequel est soumis à deux mouvements: l'un continuel, se faisant selon les lois de la circulation; l'autre, infiniment plus rapide, mais imprimé momentanément, soit par l'action des objets extérieurs, et se dirigeant alors de l'extérieur à l'intérieur, soit par les affections de l'âme, et se portant de l'origine des nerfs vers leurs extrémités; la première direction donne la volonté, la seconde la transmet.

DES ORGANES DE LA VISION.

Dans l'étude des parties propres à l'exercice de cette fonction, il faut distinguer l'œil, qui est l'organe immédiat de la vision, de ses parties accessoires qui sont : les paupières, les graisses, les muscles, et les organes de la sécrétion et de l'excrétion des larmes, tels que glandes et caroncules lacrymales, canal et réservoir lacrymaux.

DE L'OEIL.

L'œil, formé de diverses membranes et d'humeurs diaphanes, représente une espèce de globe que l'on nomme bulbe de l'œil, lequel repose sur un coussinet de graisse, et se fixe et se meut dans son orbite par l'entremise de sept muscles. Ce bulbe n'est point un sphéroïde parfait, mais il a la forme d'un corps qui serait composé de deux segments de sphères inégales accolés l'un à l'autre, et dont le plus grand se trouve à la face postérieure de l'œil.

DES MEMBRANES DE L'OEIL.

La première membrane de l'œil, celle qui est la plus extérieure, se nomme cornée, et comme elle est opaque dans le segment postérieur et transparente dans le segment antérieur, on la divise en cornée opaque ou sclérotique et cornée lucide ou vitre de l'œil.

La cornée opaque ou sclérotique donne attaque aux muscles directeurs de l'œil; la cornée lucide est susceptible de prendre différents degrés de sphéricité, suivant que le regard se porte sur des objets plus ou moins éloignés. Ces deux membranes se réunissent sur un cercle membraneux et blanchâtre que l'on nomme ligament ciliaire ou ligament irien.

La choroïde recouvre intérieurement la sclérotique; elle s'étend jusqu'au ligament irien et tombe alors en forme de cloison devant la cornée lucide, où elle prend le nom d'iris.

L'iris est percée dans son milieu d'une ouverture nommée pupille. Cette membrane porte à l'extérieur le nom d'iris, et à l'intérieur celui d'uvée; elle jouit d'une contractilité très-énergique.

La rétine qui tapisse le fond du bulbe est une expansion du nerf optique. C'est sur elle que se peignent les objets dont elle porte l'impression au cerveau. Elle se termine par un cercle noirâtre et dentelé, nommé procès irien, qui réunit l'uvée à l'hyaloïde.

Cette dernière membrane contient l'humeur vitrée et le cristallin. Au niveau du cercle irien, elle se divise en deux lames qui forment une chambre au chaton qui contient le cristallin et le sépare de l'humeur vitrée.

DES HUMEURS DE L'OEIL.

L'œil renferme trois sortes d'humeurs: l'humeur vitrée qui est contenue dans l'hyaloïde, l'humeur aqueuse qui est située entre la cornée lucide et le cristallin, occupant par conséquent les deux chambres que forme l'iris, et la troisième qui est le cristallin.

Les deux premières humeurs, l'humeur vitrée et l'humeur aqueuse, sont absolument de même nature, toutes les deux transparentes et solubles dans l'eau, mais la première est beaucoup plus épaisse que l'autre; elles sont sécrétées par les membranes qui les contiennent, et l'humeur aqueuse se renouvelle avec la plus grande facilité, lorsqu'une cause quelconque en **a** produit l'écoulement.

Enfin le cristallin est un corps de forme lenticulaire, de nature albumineuse, et parfaitement transparent.

DES PARTIES ACCESSOIRES.

DES MUSCLES DE L'OEIL.

Nous avons dit que l'œil était mu dans son orbite par l'action de sept muscles. Ces muscles portent les noms suivants:

1.º Droit supérieur ou releveur,

2.º Droit inférieur ou abaisseur,

3.º Droit externe ou abducteur,

4.º Droit interne ou adducteur,

5.º Grand oblique, qui fait pirouetter l'œil de bas en haut du côté de l'angle nasal;

6.º Petit oblique, qui le fait pirouetter en sens contraire;

7.º Droit postérieur ou contracteur, qui attire l'œil dans le fond de l'orbite.

Indépendamment de ces sept muscles, il en existe trois autres qui entretiennent le jeu des parties extérieures: c'est l'orbiculaire des paupières qui s'étend circulairement autour des paupières, le fronto-sourcilier qui provient du milieu du front, et l'orbito-palpébral qui provient du fond de l'orbite.

On nomme gaîne fibreuse la poche pyramidale qui renferme les muscles et le coussinet graisseux.

DES PAUPIÈRES.

L'on distingue encore, parmi les parties environnantes, les paupières qui se prolongent sur la face antérieure du bulbe; elles l'essuient, le préservent d'une action trop vive de la lumière, le dérobent à son impression pendant le sommeil, et le garantissent de l'offense des corps extérieurs. On en distingue trois dans le cheval : la paupière supérieure, la paupière inférieure, et le corps clignotant. Cette dernière jouit d'un mouvement qui lui permet de passer en travers de l'œil pour l'essuyer et le dérober à l'action de la lumière pour un temps qui n'est que instantané dans l'état sain. Toutes les trois sont tapissées intérieurement d'une membrane nommée conjonctive, extrêmement délicate, et qui laisse suinter une humeur muqueuse qui entretient la lubréfaction et la souplesse des paupières. Les paupières sont garnies en outre, à leur bord libre, de cartilages nommés tarses, qui les empêchent de se rider, et sur lesquels se trouvent les points ciliers par lesquels s'échappe une humeur sébacée, destinée à prévenir l'inflammation de ces parties, et qui est sécrétée par les glandes de Méibomius, petits follicules qui se trouvent sur les tarses.

DES GLANDES LACRYMALES.

Les glandes lacrymales sont placées sous l'arcade orbitaire, et sécrètent les larmes qui s'écoulent continuellement et lentement par des canaux nommés hygrophtalmiques ; ces canaux descendent presque parallèlement dans l'épaisseur de la conjonctive supérieure.

DE LA CARONCULE LACRYMALE.

La caroncule lacrymale est une petite excroissance

noirâtre et couverte de poils très-fins, située près de l'angle nasal, entre les points lacrymaux. Ces points sont les deux ouvertures toujours béantes par lesquelles les larmes s'écoulent; le point supérieur les absorbe, et l'inférieur les reçoit et les conduit dans le sac ou réservoir lacrymal, petite poche membraneuse qui se termine par un conduit nommé canal lacrymal, et par lequel les larmes s'échappent près de l'ouverture des naseaux. Il est nécessaire de connaître ces deux ouvertures, afin de ne pas les confondre avec des chancres, comme cela s'est vu quelquefois.

THÉORIE DE LA VISION.

La vision est l'action d'apercevoir les objets, ou bien encore de percevoir l'impression produite par leur image qui vient se peindre sur la rétine par l'entremise de la lumière.

La lumière est un fluide très-subtil, très-élastique, impalpable, qui émane du soleil et des corps lumineux (1). Formée de molécules excessivement ténues, elle diverge dans l'espace qu'elle parcourt avec une étonnante rapidité; ses rayons s'élancent toujours en ligne droite, et se croisent sans se confondre ni s'altérer.

Tout point lumineux peut être considéré comme le sommet commun d'une multitude de cônes lumineux qui éclairent l'espace en tous sens. Si l'on ne considère que

(1) Il y a deux théories de la lumière, celle de l'émission et celle des ondulations. Je préfère la première parce qu'elle me rend mieux compte des principaux phénomènes de la vision. Je ne donne au surplus ici, que ce qu'il est indispensable de savoir.

l'un de ces cônes, chaque molécule de lumière qu'il renferme peut être considérée, à son tour, comme le sommet d'une infinité d'autres cônes dont la lumière est par conséquent moins intense; et cette diminution de la lumière, à mesure que l'on s'éloigne du point lumineux, se fait en raison directe du carré de la distance: ce qu'il est facile au surplus de démontrer, en supposant un cône de lumière terminé successivement par plusieurs plans parallèles. Les sections obtenues seront éclairées par le même nombre de rayons; or, ces sections seront d'autant plus grandes, et par conséquent moins éclairées, qu'elles seront plus éloignées du sommet. Leurs surfaces sont d'ailleurs entre elles comme les carrés de leurs distances à ce sommet; donc l'intensité de la lumière sur chacune d'elles est dans un rapport inverse, ou, ce qui revient au même, l'intensité de la lumière diminue en raison du carré de la distance du point lumineux au point éclairé.

La lumière éprouve différents effets en arrivant sur les corps: elle traverse les uns et se réfléchit sur les autres. Ceux qu'elle traverse se nomment transparents ou diaphanes, et ceux qui la réfléchissent sont dits opaques; ces derniers, en renvoyant la lumière, lui font faire un angle de réflexion égal à l'angle d'incidence. Les miroirs ou les corps parfaitement polis la réfléchissent pure et telle qu'ils la reçoivent, tandis que les corps bruts ou dépolis en absorbent une partie, et renvoient l'autre, à laquelle ils impriment une modification telle, que si l'on en rassemble tous les rayons en un foyer, ils y représentent l'image de ces corps.

Lorsqu'un faisceau de rayons lumineux tombe sur un corps diaphane, il le traverse, mais dans une direction qui dépend de la direction primitive ainsi que de la forme et de la densité de ce corps. S'il tombe normalement, il n'éprouve aucune déviation ; si c'est obliquement, il s'éloigne sensiblement de la direction primitive pour se rapprocher de la perpendiculaire ou normale à la surface du corps traversé, et sa déviation est d'autant plus grande, que la densité du corps est plus considérable : ce phénomène constitue ce que l'on appelle la réfraction.

La lumière, telle qu'elle nous vient du soleil, se compose de molécules de différentes couleurs, qui jouissent de cette propriété de n'avoir pas toutes le même degré de réfrangibilité. Ainsi, que l'on dirige un rayon de lumière sur un prisme, et que l'on reçoive son image du côté opposé, on reconnaîtra qu'il était composé de molécules de sept couleurs que l'on nomme couleurs primitives : ces couleurs se placeront dans l'ordre suivant : le rouge, l'orangé, le jaune, le vert, le bleu, l'indigo et le violet, ce qui indique que leur degré de réfrangibilité augmente depuis le rouge jusqu'au violet.

D'après cette composition de la lumière, il est bien facile de se rendre compte de la coloration des corps. Chacun d'eux, absorbant une partie des rayons lumineux qui tombent dessus, réfléchit l'autre partie, qui par ses diverses combinaisons produit nécessairement une variété dans les couleurs.

Après avoir donné des notions qui nous ont paru

nécessaires à l'intelligence de la théorie que nous allons exposer, suivons la marche des rayons lumineux depuis l'objet éclairé jusqu'au fond de l'œil.

De tous ces rayons, un certain nombre seulement parvient sur la cornée et forme ainsi un cône de lumière ; ce cône s'appelle objectif, et celui de ces rayons qui passe à la fois par son sommet et par le centre de l'œil, se nomme axe optique ou visuel.

Tous les autres rayons, en arrivant sur la cornée lucide, se réfractent et se convergent ; les uns s'arrêtent sur l'iris, les autres franchissent la pupille ; ces derniers se réfractent encore en traversant le cristallin et forment un second cône opposé au premier. Ce second cône porte l'image du point lumineux et la dépose sur la rétine qui en transmet l'impression au cerveau. Mais, si nous considérons alternativement et successivement tous les points d'un corps et l'endroit où ils se peignent sur la rétine, il nous sera facile de nous convaincre que ceux qui se trouvent d'un côté de l'axe optique, soit en dessus, soit en dessous, soit à droite, soit à gauche, se trouveront sur la rétine du côté opposé, en sorte que l'image du corps y sera peinte renversée.

Plusieurs difficultés se présentent donc à cette théorie de la vision : 1.º puisque nous avons deux yeux, pourquoi ne voyons-nous pas les objets doubles ? 2.º pourquoi ne les voyons-nous pas renversés, puisqu'ils se peignent ainsi sur la rétine ? On répond à la première objection que, bien que l'image de chaque objet se peigne à la fois dans les deux yeux, nous n'éprouvons cependant qu'une sensation simple, parce que les deux sensations sont en harmonie ou se confondent, et ne doivent servir, en s'ajoutant l'une à l'autre, qu'à rendre l'impression plus forte et plus durable. Quant à la seconde objection, on ne peut la lever qu'en admettant que l'erreur de la vision ayant une fois été redressée par le toucher, il n'est plus nécessaire que ce dernier sens vienne au secours du premier, pour redresser les nouvelles erreurs dans lesquelles il pourrait nous entraîner.

Pour que les images puissent se peindre d'une manière nette et précise au fond de l'œil, plusieurs conditions sont indispensables. Il faut, premièrement, que les moyens de convergence de l'œil puissent se mettre en rapport avec les distances qui existent entre les objets et lui; car, s'il n'en est pas ainsi, les rayons réfractés dans l'œil se croisant en avant ou en arrière de la rétine, il est évident que l'image ne s'y peint que d'une manière confuse. C'est précisément pour obvier à cet inconvénient, que la nature a donné à l'œil les moyens d'augmenter ou de diminuer jusqu'à un certain point sa sphéricité et même la densité de ses humeurs. Ainsi, lorsque les objets sont très-éloignés, les muscles de l'œil se relâchent, la cornée lucide s'aplatit, les humeurs se raréfient et la convergence diminue; s'ils sont au contraire très-rapprochés, les muscles se contractent, attirent le bulbe dans le fond de l'orbite, opèrent ainsi une pression qui condense les humeurs, gonfle la cornée lucide et augmente par conséquent la convergence.

Lorsque les yeux jouissent d'une force de réfraction trop énergique, tels que ceux qui sont trop bombés ou qui ne peuvent assez atténuer la sphéricité de leur cornée lucide, ou bien lorsqu'ils sont trop profonds, les rayons lumineux, trop tôt réunis, s'entrecroisent, divergent de nouveau, tombent épars sur la rétine et ne produisent qu'une sensation diffuse. Ce vice dans la vision se nomme myopie, et les animaux qui en sont affectés ne peuvent voir les objets que de très-près. Si, au contraire, la cornée et le cristallin sont peu convexes, les humeurs peu abondantes, le bulbe peu profond, ou que le bulbe ne puisse pas augmenter sa sphéricité en raison de la distance des objets, les rayons lumineux ne sont point encore réunis en arrivant sur la rétine, et l'animal n'aperçoit également les objets que confusément. Dans ce cas, il ne voit bien distinctement qu'à de grandes distances, et cet état de la vision se désigne par le nom de presbitie.

Enfin, il peut arriver que les rayons de lumière aient trop ou trop peu d'intensité; s'ils en ont trop, comme ils pourraient offenser l'œil et porter le trouble dans la vision, l'iris s'en irrite, se contracte, et la pupille devenant alors plus petite, ne permet plus qu'à un nombre moins considérable de ces rayons de pénétrer dans l'œil; si, au contraire, les rayons sont faibles et peu lumineux, l'iris se relâche, la pupille augmente et laisse parvenir au fond de l'œil un plus grand nombre de rayons.

DE L'AUDITION.

Ce sens s'exerce au moyen des oreilles, organes pairs, et disposés, ainsi que les yeux, de chaque côté de la tête, l'un à droite et l'autre à gauche.

L'oreille se divise en trois parties : l'oreille externe, le tympan et le labyrinthe.

DE L'OREILLE EXTERNE.

L'oreille externe, ou simplement l'oricule ou la conque, représente une espèce de cornet destiné à rassembler les ondes sonores et à leur donner plus d'intensité. Elle est formée par trois cartilages : le conchinien, l'annulaire et le scutiforme. Le premier forme l'oreille proprement dite ; il est recouvert par la peau et donne implantation à plusieurs muscles. Le second fait suite au premier et s'appuie sur le troisième que l'on nomme scutiforme.

Le conduit auditif fait suite à la conque et se prolonge jusque sur la membrane du tympan.

DU TYMPAN.

Le tympan est une cavité irrégulière, située dans la portion tubéreuse du temporal, et tapissée par une membrane fine et transparente ; il renferme quatre petits osselets qui, situés à la suite les uns des autres, forment une chaîne destinée à la transmission du son, de la membrane tympanique externe à celle qui correspond au labyrinthe. Ces quatre osselets se nomment

du dehors au dedans : le marteau, l'enclume, le lenticulaire et l'étrier.

DU LABYRINTHE.

Le labyrinthe est la cavité dans laquelle s'épanouit
le nerf auditif au milieu de l'humeur aqueuse qu'elle
contient. Le labyrinthe présente trois parties bien distinctes : le vestibule, le limaçon et les canaux demi-
circulaires. La première qui est située entre les deux
autres leur sert de point de réunion ; elle est toujours
remplie d'une humeur séreuse. La seconde communique dans la première par le moyen de deux canaux
nommés rampes, et les canaux demi-circulaires par
cinq orifices.

THÉORIE DE L'AUDITION.

L'audition est la sensation qui nous fait percevoir
les sons ; elle repose sur trois points principaux : la
formation du son, sa propagation, et son action sur
l'organe qui le reçoit et le transmet au cerveau.

Le son n'est point un corps existant par lui-même,
c'est la sensation que nous éprouvons lorsque les vibrations d'un corps élastique frappent nos oreilles ; ces
vibrations se communiquent à l'air environnant, qui
par une suite d'ondulations en transmet l'impression
jusqu'à la membrane tympanique externe ; celle-ci la
transmet à son tour à la chaine des osselets, d'où elle
se propage dans toutes les parties du labyrinthe qui
est rempli par l'humeur aqueuse au milieu de laquelle
flottent les divisions infinies du nerf auditif. Les agita-
tions du liquide ébranlent ces divisions pulpeuses et

déterminent, suivant la nature et l'intensité des vibrations primitives, les différentes sensations que nous éprouvons.

DE L'ODORAT OU OLFACTION.

Cette fonction réside dans les fosses nasales ; elle consiste à percevoir les impressions produites par les émanations plus ou moins stimulantes, quelquefois imperceptibles, qui se dégagent continuellement des corps. Ces émanations ne sont autre chose que les molécules atténuées de ces corps, détachées par le calorique et les frottements, et dissoutes par l'air qui les porte dans les fosses nasales par le fait de l'inspiration. Cet air, avant d'arriver dans la trachée-artère, dépose sur la pituitaire toutes les molécules qui lui sont étrangères, et celle-ci, qui est enduite d'un mucus propre à les retenir, les soumet immédiatement à l'activité des divisions des nerfs olfactifs qui en portent l'impression au cerveau.

L'odorat est une des fonctions les plus utiles aux animaux ; c'est elle qui les guide dans le choix de leurs aliments et de leurs boissons, et c'est par elle qu'ils sont souvent avertis de l'approche des êtres ou des objets nécessaires ou nuisibles à leur existence.

DU GOUT.

Le goût est la faculté de percevoir les saveurs ; la langue en est l'organe principal. On donne le nom de gustation à l'exercice simple du goût, et celui de dégustation à son exercice attentif et réfléchi.

Pour qu'un corps affecte l'organe du goût, il faut

qu'il soit soluble à la température ordinaire de la salive;
s'il est insoluble, il est insipide. En général, les corps
les plus savoureux sont ceux qui se prêtent le plus
facilement aux compositions et aux décompositions chimiques, tels que les sels.

La surface supérieure de la langue est le siège principal du goût; les lèvres, les gencives, la voûte palatine
et le voile du palais ne paraissant jouir de cette faculté qu'à un faible degré. Ce sens est d'autant plus
parfait que les nerfs de la langue sont plus gros, sa
peau plus fine et plus humide, sa surface plus grande
et ses mouvements plus faciles et plus variés. Il faut
que le goût soit très-développé chez les herbivores,
puisqu'ils distinguent, avec une exactitude qui ne les
trompe presque jamais, les plantes nuisibles de celles
qui ne le sont pas.

DU TOUCHER.

Ce cinquième sens est celui qui donne à l'homme le
pouvoir d'apprécier avec exactitude les diverses qualités physiques des corps. Quoique toutes les parties de
la surface du corps en soient douées plus ou moins,
il réside cependant plus particulièrement au bout des
doigts dans l'homme et au bout des lèvres dans le cheval; mais comme les mouvements des lèvres ne sont
pas assez variés pour que le cheval puisse envelopper
et palper en tous sens les corps dont il cherche à
saisir les formes et la nature, il est présumable qu'il
n'en reçoit pas une sensation plus précise que celle
qui nous est transmise par une partie quelconque du

corps. Le toucher, dans le cheval, se borne donc tout simplement au tact, et son action s'exerce sur toutes les parties extérieures du corps. Pour en compléter l'histoire, nous allons décrire la peau, les poils et la corne.

DE LA PEAU.

La peau constitue l'enveloppe générale du corps; elle établit de nombreux rapports entre tous les tissus, en même temps qu'elle le garantit de l'injure des agents extérieurs.

La peau est composée de trois membranes superposées. La plus extérieure, qui est aussi la plus mince, se nomme épiderme. C'est une membrane inorganique, insensible, qui s'use par le frottement, et se reproduit très-promptement par une excrétion des deux autres; elle paraît formée de petites écailles disposées comme le sont celles qui existent sur la peau de certains animaux, tels que les poissons et les reptiles. L'épiderme fait donc sur la peau l'office d'un vernis sec qui empêche le contact immédiat des corps extérieurs sur les papilles nerveuses et absorbantes qui entrent dans l'organisation des deux autres membranes; il tend, par conséquent, à modérer la vivacité des impressions et à empêcher l'air de dessécher la peau. La seconde membrane, celle qui occupe le milieu de la peau, prend le nom de tissu réticulaire, parce qu'elle est formée d'une grande quantité de vaisseaux sanguins et de nerfs qui s'y multiplient à l'infini. Tous ces vaisseaux et ces nerfs se terminent par de petits mamelons appelés pa-

pilles, et qui sont les organes de l'absorption, de l'exha-
lation et de la sensibilité. Enfin, la troisième membrane,
celle qui recouvre immédiatement les organes, se nomme
derme ou corion, et constitue le cuir; c'est la plus
épaisse et la plus forte. Elle est composée de fibres
lamineuses qui s'entrecroisent à l'infini, et laissent entre
elles des aréoles ou vaccuoles que remplit un fluide
albumineux au milieu duquel se trouve la racine des
poils. Le derme une fois détruit ne se reproduit plus.

Par sa structure et par son étendue, la peau est un
organe extrêmement important. Elle est criblée d'une
infinité de petits orifices, nommés pores, dont les uns
sont exhalants et les autres inhalants. Les premiers
rejettent au dehors les humeurs nuisibles ou superflues
qui se développent dans le corps des animaux, et que
l'on enlève sur le cheval sous la forme de crasse, et les
autres absorbent au contraire les fluides qui se trouvent
répandus dans l'atmosphère. La première de ces opérations constitue la transpiration insensible, lorsqu'elle
n'a pour cause que le mouvement simple de la vie, et
elle produit la transpiration sensible, lorsqu'elle résulte
d'un violent exercice ou d'une chaleur excessive. Il est
facile, d'après ce peu de mots, de sentir combien il
est intéressant pour le maintien de la santé de favoriser
les effets de la transpiration insensible, puisque, aussitôt qu'une cause quelconque la fait cesser, le corps
perd le moyen le plus puissant, en ce qu'il est le plus
continu, de se débarrasser des humeurs nuisibles qu'il
renferme.

L'action des pores inhalants, qui constitue l'absorption

cutanée, a bien sans doute son utilité, mais elle a aussi le funeste inconvénient de propager les maladies contagieuses, en absorbant les miasmes délétères qui se trouvent répandus dans l'atmosphère.

DES POILS, DES CRINS ET DE LA CORNE.

Les poils se distinguent dans le cheval en poils proprement dits et en crins. Les poils constituent la presque totalité de la robe. Ils sont plus ou moins ras, fins, tassés et inclinés suivant les régions du corps qu'ils recouvrent. En général, les poils fins et ras sont le partage des chevaux de race, tandis que les poils gros et longs appartiennent aux chevaux communs.

Les crins diffèrent des poils par leur grosseur et leur longueur qui sont bien plus considérables, et n'occupent que quelques parties du corps. La nature et la formation des crins étant les mêmes que celles des poils, ce que nous dirons des uns pourra s'appliquer aux autres.

. L'organisation du poil ou du crin présente deux parties distinctes : le bulbe et la tige. Le bulbe est une espèce de capsule blanchâtre et ovale, logée, comme nous l'avons déjà dit, dans l'épaisseur du derme. Cette capsule renferme un petit corps arrondi nommé pulpe qui produit la tige. Cette tige est creuse et formée d'une continuité de petits cônes qui s'emboîtent les uns dans les autres, et dont le sommet est dirigé vers la racine du poil. Cette organisation des poils explique parfaitement pourquoi sur les animaux ils sont plus longs en hiver qu'en été.

La corne, ainsi que les poils et les crins, est une production épidermique, solide et compacte, bornée à quelques régions du corps où elle sert à la fois d'enveloppe et de défense. Le cheval, en outre du sabot, en présente une petite plaque, nommée châtaigne, que l'on remarque près de la partie interne du genou et du jarret. On en voit aussi un petit prolongement appelé ergot à la face postérieure du boulet. Ces deux productions, dont l'usage n'est point encore connu, sont d'autant moins développées que la peau offre plus de finesse; ainsi la châtaigne et l'ergot, qui sont très-gros dans les chevaux communs, se remarquent à peine dans les chevaux de race.

La corne, ainsi que les poils, offre deux parties constituantes. L'une, qui est vivante et intérieure, disposée en forme de feuilles, se nomme tissu réticulaire, feuillets de corne ou chair cannelée; l'autre, extérieure et insensible, est recouverte par une production épidermique nommée périople.

CONCLUSION DES FONCTIONS DE RELATION.

Tous les organes qui participent aux fonctions de relation sont appelés organes de la sensibilité, parce que ce sont eux, en effet, qui rendent l'animal sensible, en lui donnant la conscience des impressions produites par la présence des objets extérieurs avec lesquels il entre dès-lors en relation. Le cerveau, ainsi que nous l'avons déjà dit, en est l'organe central; ses fonctions s'exécutent de l'extérieur à l'intérieur, et réciproquement de l'intérieur à l'extérieur. Dans le premier cas, l'animal communique au moyen des sens avec tous les objets susceptibles d'être vus, entendus, sentis, goûtés ou touchés ; dans le second, il transmet au dehors, par l'intermédiaire des agents locomoteurs et de la voix, les effets de sa volonté ou de ses déterminations.

Les sens reçoivent directement les impressions et les transmettent au cerveau. Chaque sens reçoit des impressions différentes, suivant la nature, la forme, l'état particulier dans lequel se trouve le corps avec lequel il est en rapport : de là les différentes sensations.

Lorsqu'un sens n'existe plus, nous n'éprouvons plus les sensations que nous ressentions alors qu'il existait encore, ou nous n'en conservons plus qu'un souvenir vague et confus, qui s'efface à mesure que nous nous éloignons des impressions qui les avaient produites. Si un sens n'a jamais existé, nous n'avons aucune idée des sensations qu'il nous aurait fait ressentir ; un aveugle-né ne conçoit pas plus les couleurs qu'un sourd de naissance ne conçoit les sons ; mais il arrive alors que tous les autres sens se perfectionnent, et remplacent en quelque sorte celui qui n'a jamais existé ou qu'une cause quelconque a détruit.

L'accomplissement des différentes fonctions que nous avons étudiées constitue la vie.

DES AGES, DES TEMPÉRAMENTS ET DES SEXES.

Bien que nous n'ayons pas la prétention de donner un traité complet de physiologie du cheval, nous croyons cependant ne pas devoir terminer cette première partie du cours sans entrer dans quelques considérations sur les âges, les tempéraments et les sexes. Ces trois grandes modifications de chaque être ont une influence si puissante sur son existence, que la connaissance nous en parait absolument nécessaire.

DES AGES.

L'un des phénomènes les plus remarquables que présentent les êtres organisés et vivants réside dans le changement continu qu'ils éprouvent en vieillissant. Les molécules qui les composent disparaissent successivement, et sont remplacées par d'autres qui sont à leur tour entrainées par le mouvement de la vie ; de sorte qu'il arrive une époque où il ne reste plus dans chaque être aucune des parties qui le composaient à une autre. Cette rénovation successive des organes se fait, ainsi que nous l'avons déjà fait observer, dans un temps dont la durée dépend d'une multitude de causes. Elle se fait de telle manière, que les proportions de leurs principes constituants changent continuellement, que les liquides, par exemple, qui dominent dans la jeunesse, diminuent graduellement, tandis qu'au contraire les solides augmentent sans cesse: aussi trouve-t-on plus de gélatine chez les jeunes animaux et plus de phosphate chez les vieux, et par conséquent plus de flexibilité chez les uns et plus de rigidité chez les autres.

Mais le changement le plus important peut-être qui s'opère dans l'organisation de tous les animaux, réside dans l'altération graduelle des vaisseaux sanguins. Non seulement ces vaisseaux éprouvent des modifications diverses dans leur volume, mais aussi dans leurs proportions réciproques. Ainsi, les artères sont d'abord très-nombreuses; elles pénètrent, en se divisant à l'infini, dans toutes les parties du corps; mais peu à peu elles perdent de leur énergie, s'oblitèrent et diminuent de diamètre, au point même que les plus petites finissent par disparaître entièrement. Les veines au contraire augmentent de volume; la quantité de sang veineux, qui était égale à celle du sang artériel, augmente aussi, et finit par devenir double. Les pulsations du cœur diminuent également: de quatre-vingt-dix, quatre-vingt et soixante-quinze qu'elles étaient à la minute, elles descendent progressivement à soixante et cinquante. Nul doute que ce ne soit à cet affaiblissement du système vasculaire qu'il faille attribuer la plus grande part aux diverses modifications dont la succession constitue les différentes époques de la vie ou âges. Bornons-nous maintenant à les constater dans le cheval.

La vie du cheval, sous le rapport de l'âge, se divise en trois périodes, pendant la durée desquelles les mutations qui surviennent sont le plus apparentes: la période d'accroissement, qui comprend l'enfance et la jeunesse; la période d'équilibre, que l'on appelle âge adulte; et la période de décroissement, qui se compose de la vieillesse et de la décrépitude.

Ces trois périodes ne renferment pas le même nombre d'années pour toutes les races. Tout le monde sait en effet que les chevaux fins, ceux qui ont le plus de race et de distinction, se forment plus lentement que les chevaux communs ; mais, en revanche, ils durent davantage : ce qui serait une compensation suffisante, si d'ailleurs la force, l'âme, pour ainsi dire, dont ils sont doués ne les rendait pas d'un emploi plus sûr et plus agréable.

Pendant la première période de sa vie, le cheval présente une organisation toute particulière. D'abord sa tête, son ventre et ses articulations ont un volume prodigieux, ses extrémités sont longues, sa poitrine étroite, ses formes empâtées, et sa peau recouverte d'une véritable bourre au lieu de crins et de poils.

La faim, le sommeil et le besoin de mouvement se font ressentir à tous moments. Il semble que la nature réunisse à cette époque tous ses moyens pour hâter le développement de la constitution, et mettre les organes en état de remplir les différentes fonctions dont ils doivent être chargés. On remarque bientôt en effet de grands changements dans l'organisation du jeune sujet. Son corps, d'abord très-court, s'allonge et s'élargit progressivement, son encolure s'étend et prend de la grâce, le garrot s'élève au-dessus de la croupe qui s'arrondit, et le développement général des os et des muscles fait disparaître la difformité qui résultait de la grosseur de la tête et des principales articulations.

La dentition, qui s'opère pendant que l'ensemble de l'organisation physique de l'animal se régularise et se perfectionne, vient en suspendre par intervalles le développement; la tête devient le centre de l'action principale des forces vitales, les fluides s'y accumulent et causent des fluxions et des maux d'yeux; les constipations ou les diarrhées troublent souvent aussi les fonctions de la digestion. Enfin, ce n'est que vers l'âge de quatre ou cinq ans, au moment où la dentition s'achève, que le cheval en jetant ses gourmes se débarrasse des humeurs qui se sont accumulées et qui deviennent nuisibles à sa santé : alors commence l'âge adulte ou d'équilibre.

Au commencement de cette période, le cheval a bien acquis toute sa taille, mais il ne jouit pas de toutes ses forces. Il se passe encore environ dix-huit mois ou deux ans avant que tous les solides aient acquis la dureté qui leur est nécessaire pour résister avec avantage aux travaux auxquels l'animal peut être soumis. L'organisation, seulement alors, est perfectionnée; les forces sont à leur maximum, et tous les efforts de la nature ne tendent plus qu'à maintenir le corps dans un état uniforme de vigueur et de santé; il y a équilibre entre les pertes et les acquisitions; et, sauf les accidents et les maladies qui peuvent survenir, on ne remarque pas de changements notables jusqu'au moment où le cheval arrive à la troisième période de sa vie.

Cette troisième période, dont le commencement se fait attendre plus ou moins, suivant la race du cheval, le travail et le régime auxquels il a été soumis, s'annonce par un décroissement presque insensible du volume du corps, conséquence inévitable du ralentissement des fonctions digestives et assimilatrices. Les pertes alors dépassent les acquisitions; tous les tissus tendent à la sécheresse; la colonne s'enselle ou s'exostose et devient inflexible, les membres se redressent, la vue baisse, la sensibilité s'amortit, et les maladies telles que rhumes, catharres, rhumatismes, asthmes, deviennent plus fréquentes. Le cheval n'étant plus alors d'aucune utilité à l'homme, dont il a fait les délices ou la fortune, auquel il a quelquefois sauvé la vie, tombe, pour prix de ses services, sous le couteau de l'écarrisseur.

DES TEMPÉRAMENTS.

On entend par ce mot la manière d'être propre et particulière à chaque individu; la cause en réside essentiellement dans la prédominance de certains systèmes d'organes. Si l'on examine en effet la constitution de chaque individu, on reconnaîtra que dans celui-ci les muscles sont plus volumineux proportionnellement que les autres tissus; dans celui-là, ce sont les vaisseaux sanguins; dans cet autre, c'est le système hépatique; et ces différences dans l'organisation n'ont pas moins d'influence sur les facultés morales et intellectuelles que sur les facultés physiques.

Nous ne reconnaissons dans le cheval que quatre tempéraments : le tempérament sanguin, le lymphatique, le bilieux et le nerveux; le premier, produit par la prédominance et l'activité du système sanguin, le deuxième par le développement du système lymphatique, le troisième par la surabondance et l'exaltation de la bile, et le dernier par une grande irritabilité du système nerveux.

Les hommes naissent bien aussi avec l'un de ces quatre tempéraments, mais l'éducation, le régime, les habitudes contractées, et jusqu'aux évènements qui peuvent se présenter dans le cours de leur vie, en modifient puissamment l'existence première, jusqu'au point même d'en changer quelquefois la nature complètement; en sorte qu'on peut dire qu'il y a pour eux autant de tempéraments que l'on peut former de combinaisons entre les quatre tempéraments primitifs, chacun d'eux pris même dans ses différents degrés d'intensité.

La connaissance des tempéraments étant d'une grande importance en hygiène, et pouvant fournir des données précieuses sur l'appréciation du cheval relativement à l'emploi auquel on le destine, nous allons les décrire successivement.

TEMPÉRAMENT SANGUIN.

On reconnaît ce tempérament dans le cheval au développement des vaisseaux sanguins qui s'aperçoivent facilement sous la peau, et à la rougeur des membranes des yeux et des naseaux. L'embonpoint est médiocre, les formes plutôt sèches qu'empâtées, les muscles fermes et bien dessinés, la peau souple, et le poil d'une couleur franche et décidée. La franchise et l'énergie sont ordinairement le partage des chevaux doués de ce tempérament. Tous les tissus entretenus par un sang riche en principes se prêtent facilement à l'exercice de toutes lès fonctions. C'est en général le tempérament des climats tempérés, des plaines et des montagnes.

Lorsque la prédominance des muscles est très-prononcée, ce tempérament se nomme musculaire, et on le dit athlétique, lorsqu'à la prédominance des muscles se joint celle des os.

Le tempérament sanguin prédisposant les animaux aux maladies qui reconnaissent pour causes la surabondance et l'exaltation du sang, par conséquent aux maladies inflammatoires, et particulièrement à celles de l'abdomen, demande un régime tempérant, rafraîchissant, et qui ne soit pas trop nourrissant. Le cheval sanguin, surtout s'il est disposé à la pousse, ce qui se présente assez fréquemment, se trouve fort bien de la suppression du tout ou d'une partie de sa ration de foin remplacée par une quantité équivalente de paille; et si les circonstances obligeaient de ne lui donner que du foin, il serait bon alors d'en pallier les effets trop échauffants par de fréquents barbottages. La diète et la saignée sont les deux grands moyens de guérison qui lui conviennent le plus généralement.

TEMPÉRAMENT LYMPHATIQUE.

Moins riche, moins puissant que le tempérament sanguin, le tempérament lymphatique se reconnaît dans le cheval à la pâleur des membranes muqueuses, et le plus souvent à un embonpoint qui tient de l'obésité. Tous les tissus constamment imprégnés d'une lymphe abondante sont mous, les formes empâtées, la taille haute, la peau commune, le poil épais et le plus ordinairement lavé, les jambes souvent engorgées, les pieds larges, la corne molle et blanchâtre; l'animal est paresseux, et parait toujours endormi à l'écurie. Ce tempérament est le partage de la plus grande partie des chevaux nés dans les pays bas et marécageux, ou les habitant depuis long-temps; il demande une nourriture sèche et riche en principes, qui réveille en quelque sorte les forces vitales, et soit par conséquent excitante. Comme il prédispose les animaux qui en sont doués aux maladies qui reconnaissent pour cause le ralentissement des fonctions circulatoires, telles que les engorgements, la morve, le farcin et les affections cutanées, il lui faut, indépendamment d'un régime stimulant, des pansages et des exercices réguliers, et généralement tout ce qui peut activer les propriétés vitales et favoriser les transpirations.

TEMPÉRAMENT BILIEUX.

Le tempérament bilieux est caractérisé par la prédominance ou l'activité du système hépatique. L'animal doué de ce tempérament sera généralement d'un embonpoint médiocre, vigoureux et bien musclé; ses interstices musculaires seront très-apparents et ses tendons bien détachés; il aura l'œil vif et plein de feu, le pouls élastique, dur et précipité, les membranes des yeux, des naseaux et de la bouche pâles et tirant sur le jaune; il se fera d'ailleurs remarquer par beaucoup d'ardeur et de courage, par le tride et la cadence de tous ses mouvements, et par un caractère irritable et souvent porté à la méchanceté. C'est le tempérament que l'on rencontre le plus généralement dans ces che-

vaux des contrées méridionales, si légers, si souples et
si brillants sous le cavalier.

Le tempérament bilieux prédisposant les animaux
qui en sont doués aux maladies du foie et des intestins,
comme à toutes celles qui sont le résultat de la surabondance de la bile, de l'épaississement des humeurs
et de la surexcitation de tous les organes, réclame un
régime délayant et le fréquent usage des bains et des
boissons calmantes. Ces diverses maladies passant très-
rapidement à l'état chronique, il est de la plus grande
importance de ne point apporter de retard dans les
traitements qu'elles réclament.

TEMPÉRAMENT NERVEUX.

Ce tempérament est plus souvent acquis que naturel
et primitif. Il se développe plus particulièrement chez
les chevaux qui, ayant été soumis trop jeunes à des
travaux au-dessus de leurs forces, ont reçu de mauvais
traitements : c'est presque un premier degré de maladie. Il a pour caractère essentiel un excès de sensibilité joint à une très-grande irrégularité dans l'exercice
des fonctions ; on le reconnaît à un état habituel de
maigreur, de faiblesse et d'irritabilité.

Lorsque ce tempérament se développe dans un
cheval né sanguin, il en résulte un heureux mélange
de force et d'ardeur ; mais si l'animal était primitivement d'un tempérament lymphatique, son irritabilité
permanente et l'état de faiblesse qui en est la conséquence le conduisent promptement à sa ruine. La plus
grande partie des chevaux vicieux, hargneux et méchants,

sont des animaux nés bilieux, et dont le système nerveux a été fortement irrité par d'injustes corrections et de continuelles brutalités. Le cheval dont le système nerveux aura été vivement excité, demande non seulement un régime bien approprié, tel qu'une nourriture tempérante et calmante et des exercices modérés, mais il réclame surtout des soins, de la douceur et beaucoup de patience. Il est prédisposé aux affections nerveuses, telles que le vertige et le tétanos.

DES SEXES.

L'influence des organes de la génération se fait vivement ressentir dans les moindres actes de la vie, et leur suppression apporte de profondes mutations dans le physique et le moral de l'animal auquel on les a enlevés. Si l'on considère en effet deux chevaux, dont l'un aura conservé la faculté de se reproduire, tandis que l'autre en aura été privé, on s'apercevra de suite combien le premier diffère du second. A l'extérieur, son encolure sera plus massive, ses interstices musculaires plus apparents, ses formes plus largement dessinées. Ses yeux pleins de feu et d'expression, ses naseaux plus ouverts, ses mouvements plus prompts et plus précis, lui donneront aussi une physionomie plus animée, mais ce n'est qu'en l'éprouvant soi-même que l'on pourra reconnaitre et apprécier toutes les qualités qui brillent en lui et le rendent si supérieur au cheval hongre. Plein d'âme et d'énergie, fier, courageux et entreprenant, le cheval entier, doué d'une force prodigieuse, supportera les travaux les plus pénibles comme cheval de trait, et

déploiera, comme cheval de selle, une grâce, une souplesse, une finesse dans les aides, qu'on rechercherait
vainement dans le cheval hongre.

La destruction des parties génitales dans la jument
n'entraîne pas des changements aussi notables dans son
organisation physique et morale. Cette opération d'ailleurs ne se faisant jamais sans danger pour la vie de
l'animal, on ne la tente que rarement. Une autre
considération, aussi prépondérante, se puise dans les
habitudes de la jument, qui est beaucoup plus douce
et plus tranquille que le cheval. Si quelques-unes, à
l'époque des chaleurs, se montrent capricieuses et quelquefois dangereuses, du moins cela ne dure que pendant le court intervalle où elles ressentent ce besoin
impérieux qui les porte à se rapprocher de l'étalon.

En général, dans l'espèce chevaline comme dans
toutes les autres, le mâle a plus de force que la femelle ; mais cette différence ne se fait que faiblement
remarquer en France, parce que la plus grande partie
des chevaux y subissent l'opération de la castration,
opération qui les prive, ainsi que nous l'avons déjà
fait observer, d'une partie de leurs forces, de leur énergie, et les rend fort souvent inférieurs aux juments.
La considération des sexes n'y est donc que d'une
faible importance dans la répartition des travaux.

SUITE
DE LA PREMIÈRE PARTIE.

II.ᵉ SUBDIVISION.

CONNAISSANCE EXTÉRIEURE.

On entend par extérieur, en hippiatrique, l'étude de toutes les parties extérieures du cheval considérées sous le triple rapport de leur belle conformation, de leurs défectuosités et des tares qui peuvent y survenir par suite d'usure ou d'accidents.

CONSIDÉRATIONS PRÉLIMINAIRES.

Cette étude de l'extérieur est de la plus grande utilité à quiconque veut se servir des chevaux, car avant tout il faut s'en procurer. Or, le cheval soumis à l'état de domesticité est exposé à tant de maladies, entaché de tant de vices et de tant de défauts; il est si facile de se tromper et d'être trompé dans les acquisitions que l'on fait à cet égard, qu'on ne saurait s'entourer de trop de précautions, dans l'intérêt de sa bourse et même de sa propre sûreté.

Le moyen le plus sûr pour n'être point trompé serait sûrement d'essayer soi-même le cheval que l'on veut acheter; mais indépendamment qu'il n'est pas donné à tout le monde de le faire, il faudrait encore en avoir le temps, ce qui n'a pas toujours lieu. Lorsque l'on veut acheter un cheval, le marchand consent bien à le laisser monter un quart d'heure, une demi-heure, mais c'est là que se borne le plus souvent sa complaisance; et, à moins d'être excellent écuyer, d'avoir le coup d'œil le mieux exercé, le tact le plus exquis, comment pouvoir se flatter d'apprécier en un si court intervalle de temps toutes les qualités physiques et morales ainsi que tous les vices et défauts d'un animal si difficile à bien connaître? Il est donc nécessaire de rechercher, d'étudier tous les moyens qui peuvent faire au moins préjuger de ses bonnes et de ses mauvaises qualités, afin de réunir le plus de chances possible en sa faveur. Eh bien, il est reconnu, admis comme principe aujourd'hui, que la belle conformation du cheval est, si non une preuve toujours certaine, du moins l'un des indices les plus sûrs de sa bonté. Les chevaux de la Grande-Bretagne nous offrent un exemple frappant de cette vérité. Les Anglais ne se sont jamais attachés dans le choix de leurs étalons et de leurs cavales qu'à la bonté, à la force et à la vitesse, sans avoir égard à la beauté, et sont cependant parvenus à obtenir non seulement une des meilleures races de l'Europe, mais aussi l'une des plus remarquables par l'élégance et la noblesse de ses formes. Nous ne saurions donc trop nous attacher à reconnaître ce que l'on appelle beauté dans le cheval; et pour qu'il n'y ait rien de vague dans l'étude que nous allons en faire, nous nous empressons de déclarer que nous ne parlerons que de cette beauté fixe qui est de tous les temps et de tous les lieux, et nullement sujette aux caprices de la mode. Le cheval de Bourgelat, celui dans lequel il a réuni tous les genres de perfection, nous servira constamment de modèle, et celui des chevaux que nous aurons à examiner qui s'en rapprochera le plus, sera pour nous le plus beau.

Voici maintenant l'ordre que nous suivrons dans cette étude. Nous commencerons par étudier séparément chacune des parties extérieures du cheval; nous les examinerons ensuite en masse et le cheval placé, afin de reconnaître si toutes ces parties sont bien proportionnées entre elles, et si l'animal est d'aplomb; nous le mettrons alors en mouvement pour étudier ses différentes allures, distinguer celles qui sont bonnes de celles qui sont défectueuses. Nous donnerons la connaissance de l'âge, la description des robes et des races; nous exposerons les règles à suivre dans le choix des chevaux, suivant les différents services auxquels on les destine, et nous terminerons enfin cette première partie par l'exposé des lois et réglements qui se rapportent à la garantie dans le commerce des chevaux.

DIVISION DES PARTIES EXTÉRIEURES DU CHEVAL.

Pour établir le plus d'ordre possible dans l'examen de toutes les parties extérieures du cheval, nous divisons l'animal en avant-main, corps et arrière-main. L'avant-main comprend la tête, l'encolure, le garrot, les épaules, le poitrail et les membres antérieurs.

Le corps comprend le dos, le rein, les côtes, le ventre et les flancs; l'arrière-main, enfin, se compose de la croupe, des fesses, des parties génitales et des membres postérieurs.

DE LA TÊTE.

Avant de détailler la tête dans toutes ses parties, on la considère d'abord dans son ensemble; cet examen porte sur son volume, sa longueur, sa position et son attache avec l'encolure.

La tête est bien faite, lorsqu'elle est en rapport de grandeur avec toutes les autres parties, qu'elle est sèche, que la peau en est fine et souple, et les veines facilement apercevables; trop volumineuse, elle dépare le cheval et le rend pesant à la main. Cet excès de volume peut provenir de deux causes, ou de trop d'amplitude des os, ou d'une trop forte abondance de chair. Dans le premier cas, la tête n'est que trop lourde, défaut essentiel dans un cheval de selle, mais qui n'a d'autre inconvénient dans le cheval de trait que de choquer la vue. Dans le second cas, la tête est également trop lourde, mais, de plus, elle est empâtée; les vaisseaux chargés du transport des humeurs sont mous, relâchés, et s'engorgent facilement, circonstance qui prédispose l'animal aux fluxions et aux maux d'yeux; la gourme même, dans ce cas, est plus pénible et le cornage plus fréquent. Quel que soit d'ailleurs le volume de la tête, elle sera exposée aux mêmes inconvénients si elle est trop sèche, parce qu'alors les vaisseaux sont pour ainsi dire collés sur les os, et les humeurs n'y circulent encore que difficilement : on la dit alors tête décharnée.

Une tête trop longue ou trop courte est également défectueuse. Lorsqu'elle est trop longue, indépendamment de la laideur qui en résulte, elle est aussi trop pesante, et se nomme *tête de vieille*.

Quant à la position de la tête, les avis sont partagés. Bourgelat veut, pour qu'elle soit bien placée, que le chanfrein et le front tombent perpendiculairement; mais cette position, qui peut être bonne et même préférable pour les chevaux de manège, desquels on désire obtenir une grande précision de mouvements par l'action du mors, et qui d'ailleurs ont des allures peu vites et cadencées, nous paraît moins favorable dans les chevaux de guerre et de course. Nous pensons qu'il vaut mieux qu'elle soit placée dans la direction de la diagonale du rectangle qui lui serait circonscrit, car alors la respiration est plus facile. En admettant cette position en principe, si la tête dépasse cette ligne en avant, nous disons que le cheval *porte au vent* ou qu'il *tend le nez*. Ce défaut, lorsqu'il n'est que léger, rend seulement l'action du mors moins sûre; mais s'il est porté à l'excès, les conséquences les plus fâcheuses peuvent en être le résultat, puisqu'alors le mors portant entièrement sur les premières molaires, ne produit aucun effet sur les barres, et l'animal peut emporter son cavalier partout où son instinct et son caprice le dirigent. Il est inutile de dire combien un semblable défaut est à redouter dans un cheval de guerre. Si la tête, au contraire, se rapproche de l'encolure, nous disons qu'il s'arme ou qu'il s'encapuchonne. Ce défaut peut devenir encore plus funeste au cavalier que le premier, puisqu'alors non seulement l'action du mors devient nulle par l'appui des branches sur le poitrail, mais le cheval en s'emportant peut faire la panache, c'est-à-dire la culbute, et tuer son cavalier.

La tête enfin sera bien attachée, lorsqu'elle sera bien distincte de l'encolure et non comme plaquée à cette partie; on la dira mal attachée, lorsque la nuque sera plus élevée que la première vertèbre cervicale, et que, par suite de l'exubération des parotides, elle ne se détachera pas nettement de l'encolure.

Examinons maintenant les différentes parties de la tête; ces parties sont: la nuque, le toupet, les oreilles, les parotides, la gorge, le front, les sourcils, les salières, les tempes, les yeux, les larmiers, les joues, le chanfrein, le bout du nez, les naseaux, la bouche, la barbe et le menton, l'auge et la ganache.

DE LA NUQUE.

La nuque doit être saillante et légèrement déprimée postérieurement; elle est quelquefois le siège d'une affection nommée testudo ou mal de taupe, qui a pour conséquence la destruction de l'origine du ligament cervical; il est donc bien important de s'assurer qu'elle n'est point abcédée ni cicatrisée.

DU TOUPET.

Le toupet est destiné à chasser les ordures qui pourraient s'amasser sur le front et tomber dans les yeux. Il sert aussi quelquefois aux maquignons pour cacher la marque des boutons de feu que l'on applique sur le sommet de la tête, ou en haut du front, dans le cas de vertige. La malpropreté peut y engendrer une maladie que l'on nomme plique polonaise.

DES OREILLES.

Les oreilles doivent être bien plantées, ni trop grandes, ni trop petites, ni trop chargées de poils, et avoir des mouvements libres et variés. Trop longues, le cheval est *oreillard;* larges et plates, il est dit *clabaud*, et si à l'un de ces deux défauts elles joignent celui de tomber, on les appelle oreilles de cochon. Trop rapprochées, elles sont dites oreilles de lièvre; trop écartées, elles font paraître l'animal stupide. Les maquignons corrigent en partie ces défauts, soit en les rognant quand elles pèchent par de trop fortes dimensions, ce qui n'offre aucun inconvénient lorsque l'opération a été bien faite, soit en incisant la peau qui les sépare et la recousant, lorsqu'elles sont trop écartées à leur base.

Il est très-important d'examiner les oreilles, car c'est par elles que le cheval décèle en partie son caractère et ses projets. Les porte-t-il habituellement en arrière, ou les couche-t-il momentanément sur son encolure? c'est qu'il est méchant et qu'il a l'intention de mordre ou de frapper; les porte-t-il au contraire les pointes en avant? il est fier et courageux, et l'on dit alors qu'il a les oreilles hardies; s'il en dirige une en avant et l'autre en arrière en cheminant, il a l'intention de se défendre ou médite quelque méchant projet ; si enfin il les agite et les retient immobiles alternativement, c'est qu'il a peur, ou qu'il cherche à entendre ce que ses yeux ne lui font point apercevoir, ou bien encore c'est qu'il est aveugle, et qu'il cherche à remplacer par le sens de l'ouïe celui dont il est privé.

La surdité est presque le seul mal qui arrive aux oreilles. Un cheval sourd peut être un excellent animal, mais il perd beaucoup de sa valeur comme cheval de selle et surtout comme cheval de guerre, car alors il n'est plus en état de prévenir son cavalier de l'approche de l'ennemi pendant les veilles de nuit, où la fatigue et le sommeil l'emportent quelquefois sur la vigilance et le devoir.

Le cheval sourd paraît endormi et ne manifeste aucune émotion lorsque l'on fait du bruit auprès de lui.

L'on appelle, enfin, *moineau* le cheval qui a les oreilles coupées, *courtaud* celui auquel on a coupé à la fois les oreilles et la queue, et l'on dit qu'un cheval boite de l'oreille, lorsqu'en marchant il porte alternativement la tête à droite et à gauche.

DES PAROTIDES.

On nomme parotides l'endroit qui correspond aux glandes de ce nom ; on les désire à peu près de niveau avec les parties environnantes, et raccordant la tête et l'encolure par un léger évidement. Lorsqu'elles sont saillantes, la tête paraît empâtée ou mal attachée, et lorsqu'elles forment un enfoncement trop marqué, elles

produisent un effet désagréable. Elles sont sujettes aux
fistules dites fistules salivaires.

DE LA GORGE.

La gorge ayant pour base les cartilages du larynx
et les premiers anneaux de la trachée-artère, doit être
ferme, et lorsqu'on la pince, l'animal doit rappeler avec
force ; s'il toussait, il serait à craindre qu'il eût la poitrine
faible. Il faut examiner la gorge pour s'assurer qu'elle
n'est point affectée d'une maladie nommée angine.

DU FRONT.

Le front doit être large et légèrement aplati dans son
milieu ; s'il est concave, le cheval est dit camus, défaut des chevaux communs ; s'il est convexe, et que
le chanfrein participe de cette conformation, la tête est
busquée ; elle est moutonnée si la convexité est très-
prononcée. Cette conformation ne doit pas être regardée
comme un défaut, puisqu'elle est le partage de certaines
races ou espèces très-estimées.

DES SALIÈRES.

Elles doivent être de niveau ou à peu près avec
les parties environnantes. Une trop grande profondeur
choque la vue, mais sans qu'on doive y attacher plus
d'importance, et c'est une erreur de croire que la
profondeur des salières soit un signe certain de la
vieillesse du sujet ou de celle qu'avait son père lorsqu'il
l'a engendré, puisque ce défaut se rencontre souvent
dans de jeunes chevaux provenant de jeunes étalons.

Les maquignons cherchent cependant à le dissimuler, en introduisant de l'air avec un chalumeau sous la peau de cette partie : ruse, au surplus, qu'il est très-facile de reconnaître à la crépitulation qui se fait entendre à la pression du doigt.

DES TEMPES.

Elles ont pour base l'articulation du maxillaire avec le temporal. Lorsque les tempes sont trop saillantes, elles font paraître la tête large. On doit examiner avec soin si elles ne sont point cicatrisées, ce qui indiquerait que le cheval est méchant, dificile à brider ou à ferrer, ou bien encore à monter, défauts essentiels dans les chevaux de guerre ; l'on y sentira les battements de l'artère temporale.

DES SOURCILS.

Tous les ouvrages d'hippiatrique parlent des sourcils du cheval, mais nous pensons qu'il n'en a pas, puisque les poils à cet endroit ne diffèrent en rien de ceux qui les avoisinent. C'est donc bien à tort qu'on leur attribue la double propriété d'affaiblir les rayons de lumière et d'empêcher les ordures qui pourraient s'arrêter sur le front de tomber dans les yeux. Cependant, comme l'âge fait blanchir les poils qui garnissent cette partie, nous en conserverons le nom, et lorsque cela arrivera, nous dirons que le cheval a cillé.

DES YEUX.

Les yeux doivent être égaux et grands, vifs, clairs et animés. S'ils sont inégaux, il est à présumer que l'un d'eux, le plus petit ordinairement, a été malade ; s'ils sont petits ou enfoncés, on dit que le cheval a des yeux de cochon, ce qui dénote souvent de la méchanceté ; trop saillants, ils donnent à l'animal l'air hagard et peureux. La beauté des yeux, au surplus, est fort peu importante comparativement à leur bonté, qui se reconnaît à l'intégrité des membranes, à la transparence des humeurs, à la régularité des mouvements de l'iris, et à l'absence de tous signes maladifs.

Des observations multipliées prouvent que les yeux du cheval, comme ceux de l'homme, peuvent être affectés de myopie et de presbitie. Ces deux défauts, qu'il est fort difficile souvent de reconnaître, mais que l'on peut soupçonner à une trop forte saillie ou à un aplatissement trop marqué de l'œil, sont très-dangereux dans les chevaux de guerre, en ce que les animaux qui en sont atteints sont toujours craintifs et s'effraient de la moindre chose.

Les affections qui attaquent les yeux sont : la fistule lacrymale, l'onglet, l'ophtalmie, la fluxion périodique, la goutte sereine et les taies ou albugo.

La fistule lacrymale se reconnaît à un écoulement continuel des larmes, l'onglet à l'apparition du corps clignotant qui ferme une portion de l'œil, l'ophtalmie à l'inflammation de la conjonctive, la fluxion périodique au trouble des humeurs, et la goutte sereine à l'immobilité de l'iris. Les taies ou albugo sont des taches qui se manifestent sur le cristallin.

Le meilleur moyen pour s'assurer qu'un cheval n'est point affecté de la goutte sereine, qui est produite par la paralysie du nerf optique, consiste à le placer de manière qu'il ait la tête au grand jour et la croupe dans l'obscurité. Si les yeux sont bons, la pupille, d'abord resserrée par l'éclat de la lumière, s'élargira à mesure que l'on fera reculer l'animal dans l'obscurité, et se rétrécira, au contraire, lorsqu'on le ramenera vers le grand jour.

Enfin, la couleur de l'iris, qui est ordinairement d'une teinte plus ou moins brunâtre, suivant celle de la robe de l'animal, se trouve quelquefois d'une nuance blanche et marbrée : c'est ce qui constitue l'œil verron. Cette particularité, qui n'affecte souvent qu'un œil et même une portion de l'iris, n'influe en rien sur la bonté de la vue.

DES LARMIERS.

Ils ont pour base les lacrymaux. Il faut examiner si le poil n'y est pas rongé, parce qu'alors on pourrait être assuré que les larmes y coulent continuellement, et que par conséquent la vue de l'animal ne jouit pas d'une intégrité parfaite.

DU CHANFREIN.

Le chanfrein doit être légèrement arrondi d'un côté à l'autre et aplati de haut en bas. S'il est concave, le cheval est camus ; la tête est busquée ou moutonnée, s'il est peu ou beaucoup bombé ; s'il est enfoncé par les licols, caveçons ou museroles, c'est un inconvénient fort grave, car la respiration peut en être gênée.

DU BOUT DU NEZ ET DES NASEAUX.

Le bout du nez doit être peu volumineux, on dit alors que le cheval boirait dans un verre ; il ne faut pas cependant qu'il le soit trop peu, car les ouvertures nasales ne pouvant plus assez se dilater, la respiration en souffrirait nécessairement, surtout dans les courses rapides ; il arrive aussi qu'alors le cheval fait entendre un bruit que l'on appelle cornage ou sifflage. Ce bruit peut avoir pour cause la présence d'un polype dans l'une des fosses nasales, ce que l'on reconnaîtra facilement, en hiver, à la différence du volume des deux colonnes d'air expiré.

Il faut examiner avec le plus grand soin la pituitaire, car elle est le siège de plusieurs maladies dont la plus terrible est la morve ; cette membrane doit être d'une couleur vive et vermeille, enduite d'une humeur limpide qui s'écoule goutte à goutte.

DES JOUES.

Les joues ont pour base les zygomato-maxillaires, et s'étendent depuis les tempes jusqu'aux lèvres. Elles doivent être peu chargées de chair et n'avoir aucune cicatrice, car on serait alors en droit de conclure qu'on y a passé des sétons, ce qui se fait dans le cas de la fluxion périodique. On y remarque quelquefois une grosseur qui provient de la mauvaise habitude qu'ont certains chevaux de laisser accumuler des paquets d'aliments entre les dents molaires et la face interne des joues ; cela s'appelle faire magasin : défaut fort désagréable,

9

car les chevaux qui en sont atteints sentent très-mauvais de la bouche, et quelquefois au point de dégoûter leurs voisins. C'est un cas de rejet pour les chevaux de troupe qui sont forcés de vivre en ordinaire.

DE LA BOUCHE.

L'examen de la bouche doit porter sur les lèvres, les barres, le canal, la langue, le palais et les dents. Ces dernières seront l'objet d'un article à part et très-étendu, parce qu'elles servent à la connaissance de l'âge.

La bouche ne doit être ni trop ni trop peu fendue. Dans le premier cas, le mors a la facilité de se porter sur les premières molaires, et n'a plus alors d'effet sur les barres: l'on indique ce défaut en disant que le cheval boit son mors; dans le second cas, l'embouchure n'ayant plus assez de place pour se loger, porte sur les crochets et fait froncer les lèvres à leur commissure.

DES LÈVRES.

Les lèvres ne doivent être ni épaisses ni calleuses; il faut aussi qu'elles soient habituellement fermées. Lorsqu'elles sont toujours ouvertes et que la postérieure est pendante, on les dit baveuses: défaut essentiel, puisque le cheval perdant alors beaucoup de salive, il en résulte nécessairement un trouble dans l'exercice des fonctions digestives.

DES BARRES.

On appelle barre l'espace compris entre les crochets et les molaires de la mâchoire postérieure ; elles répondent à l'espace interdentaire dans la mâchoire antérieure.

Les barres ne doivent être ni trop hautes, ni trop basses, ni calleuses : trop de sensibilité accompagne ordinairement les premières, l'os est tranchant et le mors les entame facilement; les barres trop basses sont au contraire rondes, charnues et privées de sensibilité. Ce défaut est majeur, surtout dans un cheval de selle, qui devient dès lors pesant à la main. Il est quelquefois dû aux callosités dont ces parties sont recouvertes par suite d'un appui trop lourd ou trop long-temps continué de l'embouchure.

DU CANAL.

Le canal est l'enfoncement dans lequel se trouve logée la langue, avec laquelle il doit être en rapport de grandeur.

DE LA LANGUE.

Une langue trop grosse nuit à l'effet du mors qui s'appuie dessus; une trop petite joue trop librement dans la bouche, peut aussi passer par-dessus l'embouchure, quelquefois même se glisser entre le mors de la bride et celui du filet, et se blesser ou se couper entièrement. Si la langue sort continuellement de la bouche, on la dit pendante, et serpentine lorsqu'elle sort et rentre alternativement; dans ces deux cas, elle entraîne une grande perte de salive. Elle peut aussi être piquée par des insectes venimeux, dont la morsure produit une tumeur nommée glossanthrax, qui occasionne souvent la chute de la langue et quelquefois même la mort de l'animal.

DU PALAIS.

Le palais ne doit pas être trop charnu; lorsqu'il est au contraire décharné, c'est un signe de vieillesse. Dans les jeunes chevaux, les deux ou trois premiers sillons les plus près des pinces sont ordinairement boursoufflés par la surabondance des humeurs qui affluent dans cette partie. Lorsque cette affluence est poussée à l'excès, que le palais déborde les espaces interdentaires, on dit que l'animal a la fève ou le lampas.

DE LA BARBE ET DU MENTON.

La barbe a pour base la réunion des deux branches du maxillaire, et le menton est l'éminence qui est située immédiatement au-dessous, ayant pour base l'apophyse génienne. Ces deux parties servant d'appui à la gourmette, ne doivent être ni charnues, ni calleuses, ni trop chargées de poils, parce qu'alors elles n'auraient pas le degré de sensibilité nécessaire aux divers effets que l'on attend de la gourmette.

DE L'AUGE ET DE LA GANACHE.

L'auge est l'espace compris extérieurement entre les deux branches du maxillaire, et la ganache a pour base leurs courbures. L'auge doit être bien évidée; trop pleine ou empâtée, c'est un signe que l'animal a mal jeté ses gourmes; les fluides n'y circulent plus avec facilité, et les fluxions et les maladies d'yeux en sont la conséquence inévitable. Les glandes qui s'y trouvent ne doivent être ni grosses, ni dures, ni tuméfiées, car cela indiquerait, ou que le cheval jette ses gourmes, ou qu'il est morveux.

La ganache n'offre rien de bien remarquable, on désire cependant qu'elle ne soit pas trop forte, parce qu'alors le jeu de la tête sur l'encolure serait moins libre et moins étendu.

DE L'ENCOLURE.

L'encolure est certainement la partie qui donne à l'animal le plus de grâce, de noblesse et d'agrément, et quoique la beauté de cette partie varie suivant les races, on la désire cependant généralement fournie à sa base et sortie du garrot sans aucune dépression, s'élevant ensuite en formant à sa partie supérieure un léger contour : on la dit alors bien sortie et bien rouée. Lorsque l'on remarque en avant du garrot un évidement, ce qui arrive presque toujours lorsque le contour qui forme le cou de cygne se trouve en dessous au lieu d'être en dessus, on dit que l'animal a le coup de hache et l'encolure de cerf ou renversée. Cette conformation est non seulement désagréable à la vue, mais elle peut devenir dangereuse dans un cheval de selle, par la facilité qu'elle donne à l'animal de s'encapuchonner et de forcer à la main.

La longueur de l'encolure mérite une attention toute particulière. Elle doit être telle que l'impression du mors sur les barres puisse se communiquer avec la plus grande facilité à toutes les autres parties du corps. Si donc l'encolure est trop longue, elle conserve, elle absorbe l'impression du mors, et l'animal ne répond pas instantanément à ce que son cavalier lui demande; une pareille encolure a d'ailleurs moins de force, soutient difficilement la tête, et le cheval bat sans cesse à la main. Si au contraire l'encolure est trop courte, elle sera très-forte, à la vérité, mais sans souplesse et presque toujours massive; le cheval aura peu de liant, ses mouvements s'exécuteront tout d'une pièce. Ces sortes d'encolures prennent ordinairement un volume excessif dans leur milieu, et tombent alors sur le côté, ce qui les fait nommer encolures penchantes. On appelle enfin encolures fausses celles qui ne s'unissent pas graduellement avec le poitrail.

La crinière mérite aussi une certaine attention. Il est à désirer qu'elle soit longue sans être trop fournie, que les crins en soient fins et légèrement ondulés; lorsqu'elle est trop épaisse, elle exige une très-grande propreté, pour prévenir la gale ou le roux-vieux. On aura soin de s'assurer, dans l'achat d'un cheval, qu'il n'a point de trombus, ce qui arrive le plus ordinairement à la veine jugulaire, à la suite d'une saignée mal faite ou faite avec un instrument mal propre; à cet effet, on appuiera le doigt dans plusieurs points de la jugulaire. Si elle n'a point été coupée, si le sang y circule facilement, elle se gonflera aussitôt dans la partie supérieure au doigt qui la presse.

DU GARROT.

Le garrot doit être saillant et médiocrement chargé de chair. Lorsqu'il est bas, ce qui se remarque plus fréquemment dans les juments, le ligament cervical a moins de force et l'encolure moins de grâce, la selle se porte en avant, et les épaules en ressentent de la gêne. Ce défaut se joint ordinairement à celui d'être trop gras, trop chargé de chair; le garrot se blesse alors facilement, inconvénient qui résulte également de trop de maigreur dans cette partie. Le cheval qui est blessé au garrot demande de prompts secours et se nomme cheval égarroté.

DU POITRAIL.

Le poitrail, pour être bien conformé, doit être large; il indique alors que la poitrine a beaucoup d'ampleur et que les poumons y sont logés à l'aise. Il ne faut pas cependant que cette qualité soit poussée à l'excès, car il en résulterait un bercement continuel dans la marche qui en ralentirait la vitesse. Les chevaux dans lesquels on remarque cette conformation ayant d'ailleurs l'avant-main trop chargée, sont lourds et ne sont propres qu'au trait.

Lorsqu'au contraire le poitrail est trop étroit, la poitrine est serrée et la respiration courte, l'animal a moins de stabilité dans ses appuis, et ses jambes, trop rapprochées, ont presque toujours une fausse direction. Il arrive cependant quelquefois que la poitrine rachète par sa hauteur ce qui lui manque en largeur, ainsi qu'on le remarque dans les chevaux turcs et anglais.

Il survient souvent sur le poitrail une tumeur en-flammée, que l'on nomme an-cœur, anti-cœur ou avant-cœur, et qu'il ne faut pas confondre avec les loupes que les frottements des bricoles et colliers font survenir.

DES ARS ET INTER-ARS.

On appelle ars les plis de la peau à la jonction des membres antérieurs avec le corps, et inter-ars l'espace compris entre les ars. Pour que les ars soient beaux, il faut que la peau qui les recouvre soit fine, sans excoriation ni engorgement inflammatoire, accidents qui arrivent aux chevaux serrés du devant ou trop gras; on dit alors qu'ils fraient aux ars, ce qui les fait feindre ou faucher.

DE L'ÉPAULE ET DU BRAS.

L'épaule a pour base le scapulum, et le bras l'humérus. Les épaules, pour être bien conformées, doivent être légèrement arrondies et médiocrement chargées de chair, les muscles bien prononcés, mais se perdant ou plutôt se confondant avec toutes les parties environnantes. Lorsqu'elles sont trop grosses, on les dit chargées de chair, ce qui est un grand inconvénient dans les chevaux de selle, car, étant pesants, ils bronchent et se lassent facilement. Si elles sont au contraire maigres et décharnées, les muscles qui les recouvrent n'ont plus assez de force, et l'animal se ruine très-promptement.

Cependant ce sont plutôt les mouvements des épaules que leurs formes qui doivent fixer l'attention dans l'achat d'un cheval. Ces mouvements doivent être souples, faciles, et s'exécuter avec la plus grande légèreté. Si les épaules ne sont que froides ou simplement engourdies à la suite d'une grande fatigue ou d'un manque absolu d'exercice, on peut y remédier par un travail bien entendu; mais il n'en est pas de même lorsque ce défaut provient d'un vice de conformation, quand par exemple elles sont trop serrées; on dit alors que le cheval est pris des épaules ou qu'il les a chevillées.

Les épaules sont sujettes à l'écart et à l'entrouverture. L'écart, ou simplement l'effort, provient de la distension des muscles et des ligaments qui fixent l'épaule sur le corps à la suite d'un heurt ou d'un mouvement trop étendu, et l'entrouverture est due au déchirement de ces mêmes parties. Dans ce dernier cas, l'animal est perdu sans ressource.

DE L'AVANT-BRAS ET DU COUDE.

L'avant-bras a pour base le cubitus, et le coude l'apophyse olécrâne. L'avant-bras doit être large, bien musclé et séparé du bras par une dépression bien prononcée. S'il est maigre, grêle comme l'on dit, il sera faible, et l'animal se ruinera promptement; il peut pécher aussi par excès ou par défaut de longueur. Dans le premier cas, s'il est d'ailleurs vigoureusement constitué, le cheval rasera la terre et sera vite dans ses allures; dans le second, il retroussera davantage, sera par conséquent moins exposé à butter, mais il fera bien moins de chemin et se fatiguera d'autant plus vite.

Les coudes doivent être dans la direction de la longueur du cheval. S'ils sont trop tournés en dedans, ils peuvent gêner les mouvements de l'avant-bras, et comme alors les pieds sont tournés en dehors, l'animal est panard; il est cagneux si les coudes sont tournés en dehors. Lorsque les chevaux se couchent en vache, c'est-à-dire, lorsque étant couchés, leurs jambes sont repliées de manière que leurs talons ou les éponges de leurs fers répondent à la pointe des coudes, le frottement y fait venir une espèce de loupe que l'on nomme éponge. Lorsque l'éponge ne fait que commencer, on peut espérer de la résoudre; mais lorsqu'elle est parvenue à l'état d'induration, il faut absolument l'extirper.

DU GENOU.

Le genou doit être large de face et de profil, et la peau doit en être fine; s'il est petit, il est faible et promptement ruiné.

La sûreté de la marche dépendant en partie de la solidité, de l'intégrité du genou, il est extrêmement important de l'examiner avec attention. Si le genou se porte en avant, ce défaut peut venir d'usure ou de conformation: d'usure, le cheval est dit arqué; de conformation, il est dit brassicourt. Le cheval arqué n'ayant plus de force dans l'articulation du genou est sujet à s'abattre; celui qui est brassicourt peut avoir beaucoup de solidité, mais il s'use plus promptement. On distingue le cheval brassicourt du cheval arqué dans l'état de repos, en ce que le premier est ferme sur ses jambes, tandis que le second y tremble sans cesse.

Il arrive quelquefois que les genoux sont en arrière. Cette conformation n'ôte point de solidité à l'animal, mais elle choque la vue, et on l'exprime en disant que le cheval a les genoux creux. On dit aussi qu'il a des genoux de bœuf, lorsque les canons s'écartent en se rapprochant de terre. On dit enfin qu'il est couronné, lorsque ces parties sont dénuées de poils. Bien que

le meilleur cheval puisse se couronner, on doit toujours se défier de celui qui le sera. Le genou est sujet
à plusieurs maladies. On appelle osselets les exostoses
qui s'y forment, molettes les tumeurs synoviales qui
s'y développent, et malandres ou rapes les fentes ou
crevasses qui s'y manifestent, et desquelles suinte une
humeur séreuse et fétide.

DU CANON ET DU TENDON.

Le canon doit être en parfait rapport de grandeur
avec toutes les autres parties du membre. Dans les
chevaux de race, il est ordinairement plus mince que
dans les chevaux communs, mais cette conformation
qui pourrait faire craindre de la faiblesse, est grande-
ment compensée par la force du tendon qui se détache
et s'éloigne bien plus du centre de l'articulation.

On appelle suros les exostoses qui surviennent au
canon. Le suros simple est seul, tandis que le chevillé
se remarque des deux côtés. On donne le nom de fu-
sée à la réunion de plusieurs suros situés à la suite les
uns des autres. Ces exostoses sont ordinairement la suite
de coups ou de chutes, et n'ont pas grand inconvénient lorsqu'elles se trouvent sur les parties latérales du
canon; mais lorsqu'elles sont dues à une maladie des os,
et qu'elles surviennent de tous côtés, en avant et en
arrière, elles peuvent gêner le jeu des tendons extenseurs
et fléchisseurs du membre, et sont un cas de rejet du
cheval.

Le tendon, qui n'est autre chose que le prolongement
du muscle fléchisseur du membre, doit être large et

bien détaché du canon. Lorsqu'il en est trop rapproché au-dessous du genou, il a bien moins de force et se nomme tendon failli. On le dit tendon ferru lorsqu'il a reçu des atteintes avec la pince des pieds postérieurs. On appelle enfin javart tendineux un épanchement de sérosités ou d'humeurs dans les gaînes tendineuses.

DU BOULET.

Le boulet a pour base la réunion du canon, du paturon et des sésamoïdes. Cette articulation supportant toute la masse à faux, ou du moins dans une flexion habituelle, se ruine une des premières.

Le canon doit faire avec le paturon un angle de 135 degrés. Si cet angle est plus grand, le boulet se porte en avant, le paturon se redresse et le cheval est droit sur ses membres ; si l'angle au contraire est plus petit, le boulet se rapproche de terre et le cheval est bas-jointé. Ces deux conformations peuvent être naturelles, mais le plus souvent elles sont le résultat de l'usure, et sont déterminées, ou par le racornissement des tendons extenseurs, ou par le relàchement des fléchisseurs. On dit alors que le cheval est bouté ou bouleté.

Les boulets trop petits sont faibles et s'usent très-promptement ; on y remarque alors, indépendamment du changement de position, des tumeurs osseuses ou synoviales : les premières se nomment osselets, et les autres molettes. Ces dernières sont simples, chevillées, ou soufflées', suivant qu'elles sont seules, doubles, ou qu'elles occupent tout le pourtour du boulet.

On nomme effort ou mémarchure la distension des

ligaments qui maintiennent l'articulation du boulet, et l'on dit que le cheval se coupe ou s'entretaille, lorsqu'il s'atteint en marchant à la face interne de l'extrémité voisine.

DU PATURON.

Le paturon doit être recouvert d'une peau fine, et les tendons doivent y être bien apparents. Si le paturon a trop de longueur, le cheval est long-jointé ; il est court-jointé dans le cas contraire. Le cheval long-jointé a des réactions très-douces, mais ses boulets se ruinent bien plus promptement que celui qui est court-jointé.

Les exostoses qui surviennent au paturon se nomment formes, et déterminent presque toujours des claudications, parce que cette partie étant entourée presque de toutes parts de tendons, ces exostoses en gênent le jeu.

Le paturon peut recevoir des coups que l'on nomme atteintes ; ces atteintes sont simples ou sourdes. Les premières sont peu de chose, mais les secondes font boiter l'animal par l'excès de la douleur qu'elles lui font ressentir.

On appelle eaux aux jambes et mules traversines des crevasses qui viennent au paturon, et qui laissent suinter une humeur de mauvaise odeur. L'enchevêtrure est la coupure que le cheval se fait au paturon en s'embarrassant le pied dans une longe.

DE LA COURONNE.

La couronne fait suite au paturon et se confond

avec le pied. La peau doit y être intacte et le poil dirigé de haut en bas. La couronne est sujette aux mêmes inconvénients et maladies que le paturon; elle a, de plus, l'atteinte encornée qui dégénère souvent en javart encorné : affection qui cause la désorganisation du cartilage latéral et qui nécessite son extirpation.

DU PIED.

Cet article sera traité dans le plus grand détail à l'occasion de la ferrure.

DU CORPS.

DU DOS.

Le dos fait suite au garrot et se prolonge jusqu'aux vertèbres lombaires qui servent de base au rein. On le désire uni et bien fourni, de sorte que si le cheval a de l'embonpoint, il règne une espèce de gouttière dans son milieu. Si le dos est cave et trop bas, on dit que l'animal est ensellé. Ce défaut donne, à la vérité, de la grâce à l'avant-main qui parait mieux détachée du corps, et des réactions plus douces; mais la selle se place beaucoup plus difficilement et cause de fréquentes blessures; l'animal a d'ailleurs peu de force et se lasse aisément. Le défaut contraire constitue le dos de carpe ou de mulet. Cette dernière conformation présente une très-grande solidité, mais il en résulte des réactions excessivement dures, et le cheval se blesse également très-facilement.

Le dos peut être ou trop long ou trop court. Dans le

premier cas, il a beaucoup de souplesse et peu de solidité, dans le second, il a au contraire beaucoup de force, mais peu de liant.

DU REIN.

Le rein est la partie qui sert d'intermédiaire entre le corps et l'arrière-main ; il doit par conséquent offrir une grande solidité jointe à une certaine souplesse.

Le rein participe beaucoup des beautés ou des défectuosités du dos ; il peut être trop long ou trop court, trop bas ou trop élevé. Lorsque les muscles y sont bien apparents et forment une espèce de gouttière, on dit que le cheval a le rein double, ce qui est ordinairement un signe de force.

Les reins sont sujets à plusieurs affections qui demandent de prompts secours. On appelle mal de rein ou mal de rognon les blessures faites par la selle ou par le porte-manteau. L'effort de rein provient de la distension des muscles et des ligaments qui entretiennent le jeu de cette partie. On le reconnaît à la douleur que manifeste l'animal lorsqu'on le fait avancer, reculer ou tourner, ainsi qu'au bercement de sa croupe.

L'ankylose est assez fréquente dans les vertèbres lombaires. Le cheval qui en est atteint a de la raideur et ne se tourne que très-difficilement.

Enfin, l'on appelle immobilité une maladie des reins qui rend en quelque sorte le cheval immobile par la douleur que le moindre mouvement lui fait ressentir. Cette douleur se manifeste plus particulièrement lors-qu'on veut le faire reculer ou descendre doucement une pente un peu rapide. On peut encore s'assurer qu'il est atteint d'immobilité, en lui croisant les jambes de devant. S'il est immobile, il restera dans cette position par l'impossibilité qu'il éprouve de rejeter l'avant sur l'arrière-main sans faire un mouvement des reins qui lui cause une douleur insupportable.

DES COTES.

Les côtes forment l'enceinte extérieure de la poitrine, et leur écartement indique sa largeur. Pour être bien conformées, il est donc nécessaire qu'elles soient bien arrondies ou bien contournées. Lorsqu'elles ne le sont pas assez, on les dit plates ou serrées. Les chevaux chez lesquels on remarque ce défaut, ont en général la poitrine faible et peu d'haleine.

Les côtes sont sujettes à se fracturer ; il en résulte des calus qui frottent sur les parties molles et occasionnent des blessures. Les cors ou durillons que les frottements de la selle y produisent présentent le même inconvénient.

DU VENTRE.

Le ventre, pour être bien conformé, doit être proportionné à la taille de l'animal et s'unir insensiblement aux parties environnantes. Trop volumineux, on le nomme ventre de vache. Ce défaut se remarque dans les chevaux qui sont gros mangeurs, qui sont nourris au vert, ou qui ont la côte plate et serrée. Le ventre de vache prédispose l'animal à la pousse et aux tranchées, et le rend lourd et court d'haleine.

Le ventre et plus particulièrement l'ombilic sont exposés aux hernies ou exomphales. Ce sont des protubérances produites par l'apparition de certaines portions d'intestins qui ont traversé la tunique abdominale. Elles disparaissent ordinairement à la pression de la main; elles reconnaissent pour causes les coups, les chutes, les efforts et les toux fortes et continuelles.

Lorsque ces protubérances se présentent sous la forme de tumeurs froides et indolentes, elles sont formées par des épanchements de sérosités dans le tissu cellulaire; elles résistent alors à la pression du doigt et prennent le nom d'œdèmes.

DES FLANCS.

Les flancs sont situés au-dessous des apophyses des vertèbres lombaires. On désire qu'ils soient peu étendus, de niveau à peu près avec les parties environnantes, et que les mouvements en soient bien réglés. On dit que les flancs sont creux, lorsqu'au lieu d'être à peu près de niveau avec les parties environnantes, ils forment une espèce d'enfoncement. On dit qu'ils sont cordés, lorsqu'ils présentent une espèce de corde depuis la pointe de la hanche jusqu'à l'extrémité de la dernière côte asternale. Ces deux cas se présentent ordinairement à la suite de grandes fatigues, et le flanc cordé, joint au jettage par les naseaux, doit faire craindre la courbature ou fortraiture.

Les mouvements des flancs sont très-importants à examiner, car ils dénotent le plus souvent l'état de la poitrine. Si la poitrine est telle que l'on doit la désirer, les mouvements du flanc seront égaux, ni trop lents, ni trop vifs; le cheval, après une course plus ou moins longue, aura bien les flancs agités, mais les mouvements en seront réguliers et se calmeront promptement. Des mouvements irréguliers et saccadés des flancs sont les signes les plus certains d'une altération quelconque, telle, par exemple, que la pousse. Cette affection, qui est regardée jusqu'à présent comme incurable, s'annonce par une espèce de soubresaut produit par une inspiration suivie d'une expiration double et saccadée. En général, l'inspiration doit être à peu près égale à l'expiration. Trop lente, c'est un signe de gêne dans les poumons ; trop vive, elle indique un cheval court d'haleine ; trop élevée, symptôme fâcheux, maladies aiguës.

DE L'ARRIÈRE-MAIN.

DE LA CROUPE.

Elle a pour base le sacrum. Quoique sa beauté varie suivant les races, on la désire cependant généralement arrondie, large, pleine, et traversée dans son milieu par une espèce de canal, qui n'est que la continuation de celui dont nous avons déjà parlé au sujet du dos et des reins : une pareille conformation dénote ordinairement de la force.

La croupe présente trois sortes de défectuosités. Lorsqu'elle est tranchante dans son milieu, on la nomme croupe de mulet, elle est alors presque horizontale ; lorsque au contraire elle s'incline trop rapidement jusqu'à l'origine de la queue, on la dit croupe avalée ; et enfin, on lui donne le nom de croupe coupée, lorsqu'elle a trop peu de longueur : cette dernière conformation dénote peu de force dans l'arrière-main.

Les mouvements de la croupe, quoique peu étendus, méritent cependant d'être pris en considération, car ils décèlent ordinairement l'état de force ou de faiblesse de l'arrière-main. Si le cheval est vigoureux et franc dans ses allures, on verra la croupe s'abaisser au moment du départ au trot, et suivre les reins sans se jeter alternativement à droite et à gauche; on remarquera au contraire un bercement continuel, la croupe paraîtra ne suivre la machine que péniblement, si le cheval souffre des reins ou des jambes, ou s'il manque seulement de force.

DES HANCHES.

Les hanches ont pour base la pointe des iléons. Dans le cheval bien portant, elles doivent se perdre insensiblement avec les parties environnantes. Lorsqu'elles sont trop saillantes, le cheval est dit cornu. On le dit éhanché ou épointé, lorsque l'une d'elles est plus élevée que l'autre. Ce défaut est quelquefois naturel, mais le plus souvent il vient d'un coup ou d'une chute; il faut, pour s'en assurer, examiner les mouvements de la croupe avec la plus grande attention. Si ces mouvements ne sont pas parfaitement réguliers, parfaitement identiques de chaque côté, on peut être sûr que l'animal a fait une chute ou qu'il a reçu un coup qui a produit une altération quelconque dans les articulations du coxal avec les vertèbres ou avec le fémur.

DE LA QUEUE.

La queue doit être bien attachée, c'est-à-dire, partir du niveau de la croupe, et les crins doivent en être longs et bien fournis : on dit alors que le cheval a un beau fouet. La queue trop élevée fait paraître la croupe pointue; trop basse, elle la fait paraître avalée; si elle est dégarnie de poils, on l'appelle queue de rat.

On fait subir à la queue différentes opérations. La plus simple de toutes est d'en raccourcir les crins, mais le plus souvent alors on en abat les derniers coccigiens. Quelquefois aussi on coupe les muscles abaisseurs de la queue; c'est lorsqu'on désire que le cheval la porte en trompe. Si l'on s'est borné à retrancher les derniers coccigiens, on dit que la queue est coupée; elle est niquetée, si l'on a coupé les muscles abaisseurs, et le cheval est anglaisé si les deux opérations ont été faites. Enfin, la queue en balai est celle dont on a enlevé le bout du tronçon sans toucher aux crins. Toutes ces opérations sont, il faut bien le dire, ridicules et barbares, car, en les effectuant, non seulement on prive le cheval d'un de ses plus beaux ornements, mais, ce qui est bien pis, on le prive des moyens de se défendre contre les insectes qui le tourmentent si cruellement pendant les grandes chaleurs.

DES PARTIES GÉNITALES.

Ces parties sont à l'extérieur, dans le cheval, le membre et les testicules, et dans la jument, la vulve et les mamelles.

Le membre ou pénis est enveloppé par le fourreau; il ne doit en sortir qu'au moment du rejet de l'urine et rentrer immédiatement après. Il arrive quelquefois que le fourreau se trouve si fortement resserré, que le membre ne peut pas en sortir ; le cheval pisse alors dans son fourreau. Le resserrement du fourreau ne s'opère quelquefois aussi qu'après la sortie du membre, qui dès lors ne peut plus rentrer. La première de ces affections constitue le phymosis, et la deuxième le paraphymosis.

Les testicules sont enveloppés par le scrotum. Ces parties sont sujettes à plusieurs maladies qui méritent une attention toute particulière, parce que la vie de l'animal en dépend fort souvent. Ces maladies sont le sarcocèle, l'hydrocèle, le pneumatocèle, le varicocèle et l'antérocèle. Le sarcocèle est l'augmentation de l'un ou des deux testicules produite par l'engorgement de ces organes à la suite d'un coup ou d'une compression. Cette affection peut devenir cancéreuse et mortelle, si l'on n'opère pas de bonne heure l'extirpation du testicule attaqué. L'hydrocèle résulte d'un épanchement de sérosités dans les enveloppes testiculaires.

Le pneumatocèle est dû à la formation d'un gaz dans ces mêmes enveloppes. On le distingue de l'hydrocèle à la crépitation qui se fait entendre à la moindre pression.

Le varicocèle est une dilatation des veines du scrotum ou du cordon spermatique.

Enfin l'antérocèle ou hernie intestinale est produite par une portion du péritoine et des intestins qui, passant par l'anneau inguinal, tombe dans le scrotum. Cette affection réclame les secours les plus prompts.

La vulve est la seule partie de l'appareil génital de la jument qui soit visible. Dans l'état sain, les lèvres doivent être exactement fermées, dénuées de poils, et recouvertes, à l'extérieur, d'une peau fine, sans excroissances ni verrues ou porreaux, et, à l'intérieur, d'une membrane d'une couleur vermeille. Quelquefois on remarque une tumeur oblongue, rougeâtre, qui sort de la vulve dont elle écarte les lèvres ; elle est produite par un relâchement ou par une irritation considérable du vagin. Cette affection se désigne par l'expression de chute du vagin. Les juments qui en sont atteintes sont souvent attaquées de fureurs utérines, c'est-à-dire qu'elles éprouvent un désir effréné de se rapprocher de l'étalon, et l'accomplissement de ce désir, loin de les calmer, n'a, le plus souvent, d'autre résultat que de les irriter encore davantage. Pendant le temps que durent ces fureurs, et quelquefois elles sont permanentes, les juments sont dans une exaspération qui les rend extrèmement dangereuses.

L'anus est l'ouverture extérieure des intestins ; il doit être constamment fermé et un peu plus élevé que les parties environnantes. Dans les vieux chevaux et dans ceux qui sont épuisés par le travail, l'anus est presque toujours enfoncé, béant, et laisse échapper au moindre exercice des vents et même des portions d'excréments.

DES FESSES.

Les fesses sont formées par les muscles qui s'étendent de la naissance de la queue au niveau du périnée, ayant pour base les ischions qui en constituent la pointe ; on les désire bien prononcées et bien arrondies. Lorsqu'on y remarque des cicatrices, ce sont ordinairement des traces de sétons, et l'on doit craindre que l'animal ait eu quelques mauvaises maladies, telles que le vertige, la fluxion de poitrine, l'entérite, etc.

DES CUISSES.

Les cuisses, pour être belles, doivent être pleines, musculeuses, bien ouvertes, et suivre la rondeur des hanches et des fesses ; si elles sont maigres et plates, elles annoncent peu de vigueur, et l'on dit que le cheval est mal gigotté.

La cuisse est sujette à plusieurs accidents. L'effort est la distension plus ou moins forte des ligaments qui maintiennent l'articulation du fémur avec le coxal. Lorsque cette distension a été très-considérable, qu'il y a eu déchirement des ligaments ronds ou capsulaires, et que la tête du fémur est sortie de la cavité cotyloïde, le mal est incurable et constitue ce que l'on appelle la luxation du fémur.

Il ne faut pas confondre les traces de feu que l'on met sur la cuisse pour remédier à la faiblesse qui résulte des efforts, avec les marques de haras ou de régiments que l'on y applique, et que, pour mieux tromper, les maquignons cherchent à imiter.

DU GRASSET.

Le grasset est la partie qui recouvre la rotule. Cet os, ainsi que nous l'avons fait observer dans la squelettologie, est maintenu sur l'articulation du fémur avec le tibia par de forts ligaments. Il peut arriver, dans une chute ou dans un effort trop considérable, que ces ligaments se distendent ; il peut arriver aussi que la rotule se déplace et se jette en dehors. Le premier de ces deux cas constitue l'effort de la rotule, et le second sa luxation. Ces deux accidents ne sont pas sans remède, à moins cependant qu'il y ait déchirement des ligaments rotulaires.

DE LA JAMBE.

La jambe, pour être bien conformée, doit être musculeuse et bien fournie. Lorsqu'elle est telle, on dit l'animal bien gigotté, et mal gigotté, lorsqu'elle est longue, maigre et sèche. Elle doit aussi présenter à sa face supérieure et postérieure la corde tendineuse bien détachée du tibia.

DU JARRET.

Les jarrets doivent être larges, secs et bien évidés. S'ils sont grêles et minces, ils dénotent peu de vigueur et s'usent promptement ; s'ils sont gros, ils sont sujets aux engorgements.

La largeur des jarrets dépend à la fois de la longueur du calcanum et de l'angle qu'il fait avec le tibia. Cet angle doit être de 45° environ. S'il est plus petit, le jarret est droit, et il en résulte des réactions dures, des mouvements raccourcis, et une prompte usure ; si cet angle est plus grand, les jarrets sont trop coudés, et alors il peut se faire, ou qu'ils soient trop rapprochés de terre, par conséquent engagés et comme écrasés sous la masse, ou bien trop en arrière, et donnant alors trop de hauteur à l'arrière-main. Dans le premier cas, l'animal forge ordinairement, et dans le second, il ne se rassemble et ne s'arrête que très-difficilement. On exprime ce dernier défaut en disant que le cheval est jarreté.

Il arrive aussi quelquefois que les jarrets sont trop ou pas assez écartés l'un de l'autre. Dans le premier cas, le cheval a de la solidité, mais il est lourd et peu agréable au galop; dans le second, l'animal est dit crochu ou clos du derrière, et rachète ordinairement ce défaut par des allures vites et bien cadencées, particulièrement au galop.

Au surplus, ce n'est pas uniquement à la forme et à la position des jarrets que l'on doit s'en rapporter pour juger de leur force et de leur solidité, il faut surtout les examiner dans l'action, car ce n'est que là que l'on pourra s'assurer de l'étendue de leurs mouvements, de la force et de l'élasticité de leur ressort.

Les jarrets sont exposés à beaucoup de maladies qui sont plus ou moins dangereuses, suivant leur situation et leur degré d'accroissement. On les distingue en tumeurs molles et tumeurs dures ; les premières sont nommées capelets, vessigons, varices, solandres et hydropisie.

Les capelets sont des engorgements qui viennent à la pointe des jarrets, à la suite de coups ou de frottements prolongés; ils ne gênent les mouvements que lorsqu'ils passent à l'état d'induration.

Les vessigons sont des tumeurs synoviales divisées en vessigons simples, chevillés ou soufflés.

La varice est la dilatation de la saphène.

Les solandres sont des crevasses qui viennent au pli du jarret.

L'hydropisie du jarret est la suite du déchirement ou d'une distension très-considérable de la capsule synoviale.

Les tumeurs dures sont les éparvins, la courbe, le jardon, la jarde et l'ankylose.

On distingue trois sortes d'éparvins : l'éparvin sec, l'éparvin de bœuf et l'éparvin caleux.

L'éparvin sec n'a pas encore une cause bien connue, mais il se manifeste par un mouvement convulsif du membre au moment où ce dernier quitte le sol ; on dit que le cheval harpe lorsque le pied s'élève jusqué près du ventre.

L'éparvin de bœuf est une tumeur qui occupe toute la face interne du jarret ; lorsqu'elle est devenue dure, elle constitue l'éparvin calleux.

La courbe est une tumeur oblongue qui survient à la partie inférieure et interne du tibia ; elle est très-dangereuse en ce qu'elle est très-douloureuse et gêne le jeu des tendons qui passent dessus.

La jarde et le jardon sont des tumeurs dures qui occupent la partie extérieure et inférieure du jarret. Quand la tumeur est peu volumineuse et sur le côté, elle est peu dangereuse et se nomme jardon ; on l'appelle jarde quand elle occupe tout l'espace qui est compris entre la partie supérieure des péronés ; presque toujours alors elle cause de la douleur dans la marche et fait boiter l'animal.

L'ankylose, enfin, est la soudure de tous les os du

jarret : l'animal, dans ce cas, est entièrement perdu pour le service.

DU CANON, DU BOULET, ETC.

Toutes ces parties ayant absolument la même conformation que celles qui portent les mêmes noms dans les membres antérieurs, sont sujettes aux mêmes tares et accidents. Ce que nous avons dit des unes peut donc s'appliquer exactement aux autres.

DES PROPORTIONS.

Il ne suffit pas que toutes les parties du cheval, examinées séparément, soient parfaites, il faut encore qu'elles soient proportionnées entre elles, de manière à présenter un tout qui satisfasse à la fois les yeux et la raison. Une longue habitude de voir les chevaux et de les comparer peut bien donner la connaissance des rapports qui doivent exister entre toutes ces parties, mais on l'acquerra beaucoup plus vite et plus sûrement en étudiant les proportions proposées par Bourgelat : proportions qu'il n'a ni calculées, ni déterminées d'après ses propres idées sur la beauté, mais qu'il a constamment observées sur tous les chevaux, qui, de son temps, passaient généralement pour les plus beaux et les meilleurs.

Bourgelat ayant remarqué que la tête était une des parties du cheval qui offraient le moins de variations, en a pris la longueur pour unité de mesure ; si d'ailleurs la tête était, ou trop longue, ou trop courte, il en résulterait que toutes les parties qui lui seraient com-

parées paraîtraient ou trop petites ou trop grandes.
En la supposant donc ce qu'elle doit être, et supposant en même temps le cheval placé, on doit trouver,
à très-peu de chose près, les rapports suivants :

1.° Trois longueurs de tête donnent la hauteur de la nuque à terre ;

2.° Deux lon-
gueurs et 1/2
donnent.... { la hauteur du sommet du garrot à terre,
la distance de la pointe de l'épaule à celle de la fesse ;

5.° La lon-
gueur de la
tête donne.. { la distance de la nuque au garrot (1),
la distance du sommet du garrot à la pointe du coude (1),
l'épaisseur du corps,
la largeur du corps ;

4.° Les deux tiers de la longueur de la tête donnent la largeur du poitrail ;

La distance de
la nuque à
la commis-
sure des lè-
vres donne { 1.° la distance de la gorge à la pointe de l'épaule (2),
2.° celle du sommet du garrot à la pointe de l'épaule (2),
3.° celle de la pointe d'une hanche à la pointe de l'autre,
4.° celle de la pointe de la hanche à la pointe de la fesse,
5.° celle du sommet de la croupe au niveau de la rotule,
6.° celle du niveau de la rotule au milieu du jarret,
7.° celle du milieu du jarret à terre ;

Deux fois cette
même distan-
ce donne... { 1.° celle de la pointe du coude au sommet de la croupe,
2.° celle du sommet du garrot à la rotule.

Bourgelat ne s'est point arrêté à ces mesures, il en
indique une infinité d'autres, et pour cela il divise la
tête en trois primes, chaque prime en trois secondes, et
chaque seconde en vingt-quatre points : mais il est facile

(1) Il est bien rare que ces deux distances ne soient pas un peu
plus grandes, surtout parmi les chevaux anglais, qui ont généralement la tête petite et la poitrine très-élevée.

(2) Ces deux distances sont également un peu plus grandes,
surtout dans les chevaux anglais.

de sentir tout ce qu'une pareille méthode offre de difficile et même de minutieux, puisque pour s'en servir il
faudrait toujours avoir l'hippomètre à la main. Nous
n'en parlerons donc pas plus longuement, et nous nous
bornerons aux proportions que nous avons données,
proportions qui se retiennent facilement, et qui nous
paraissent suffisantes dans la pratique. Le cheval dans
lequel nous les trouverons réunies, et qui d'ailleurs
satisfera à tout ce que nous avons dit sur la longueur
des membres, sur la largeur des avant-bras, des
genoux et des jarrets, sur l'épaisseur des différentes
articulations, etc., nous paraîtra bien proportionné.

Pour compléter ce que nous avions à dire sur les
proportions, nous avons examiné soigneusement tous
les inconvénients qui pourraient résulter de leur absence, et nous nous sommes arrêté aux considérations
suivantes :

1.º La tête trop longue est pesante à la main et
rend l'action du mors moins sûre et moins précise.

2.º La tête trop courte rend cette action plus précise,
et n'aurait que l'inconvénient de choquer la vue, si
l'on n'était pas engoué, comme on l'est aujourd'hui,
des petites têtes.

3.º L'encolure trop longue est ordinairement maigre
et faible ; elle supporte la tête moins facilement, surcharge l'avant-main, et rend l'action du mors moins
sûre et moins prompte, en absorbant en quelque sorte
ses effets.

4.º L'encolure trop courte est au contraire généralement épaisse ; elle est très-forte, mais peu souple,

et communique une sorte de raideur à tout le corps.

5.º L'excès de hauteur du cheval provient, ou de l'amplitude du corps et principalement du thorax, ou d'une longueur exagérée des jambes. Dans le premier cas, l'animal est dépourvu de légèreté, et, dans le second, il est faible et se ruine promptement.

6.º Le défaut de hauteur vient également de deux causes : ou de ce que le corps est grêle, ou de ce que les membres sont trop courts; l'animal sera donc ou trop faible, ou mastoque. Dans ce dernier cas, il est évident qu'il aura des allures raccourcies. Trop haut seulement du devant, l'animal se ruine plus promptement des membres postérieurs; trop bas, ce sont les membres antérieurs qui se fatiguent les premiers.

7.º Le corps trop long est faible, et donne des allures décousues; il ne peut avoir de souplesse, car le cheval étant forcé de multiplier ses contractions musculaires pour résister à la désunion des parties trop éloignées des points d'appui, doit perdre la cadence et le liant des mouvements. Le corps trop court est fort, mais il a peu de souplesse, des réactions presque toujours dures, et donne des allures raccourcies.

Nous terminerons enfin cet article par une dernière observation, c'est que les belles proportions du cheval ne sont pas toujours une preuve, mais seulement un indice de sa bonté, qui réside plus particulièrement dans ses qualités morales, dans son âme, sa franchise, dans ses forces vitales et son tempérament.

DES APLOMBS.

Après avoir examiné le cheval dans ses formes et contours, ainsi que dans son ensemble, il faut encore examiner la direction de ses membres et s'assurer de la justesse de ses aplombs.

Un cheval peut pécher dans ses formes, dans ses proportions, et racheter tous ces défauts par beaucoup d'âme et par un excellent tempérament; mais si les extrémités sont mal engagées sous la masse, si elles ne reposent pas franchement sur le sol, son ardeur et sa force ne feront que hâter sa prompte usure.

Pour reconnaître les aplombs du cheval, il faut commencer par le placer; ensuite on l'examine de face, par derrière et de profil.

1.º De face, les extrémités antérieures doivent cacher les postérieures, et la verticale abaissée de la pointe de l'épaule doit partager le membre dans toute sa longueur. Si le membre, à partir du tronc, est en dehors de cette ligne, le cheval est trop ouvert dans ses membres; il en résulte beaucoup de solidité dans le repos, mais une marche pénible et vacillante. S'il est en dedans, le cheval est trop serré dans ses membres, il a peu de solidité, se coupe et s'entretaille. Si le membre est tourné en dehors, l'animal est panard; il est cagneux, s'il est tourné en dedans. Dans ces deux derniers cas, l'appui sur le sol est incertain, et l'animal se coupe.

2.º Par derrière, les extrémités postérieures doivent cacher les antérieures, et la verticale abaissée de la pointe de la fesse doit partager le membre dans toute sa longueur. Le cheval sera trop ouvert ou trop serré du derrière, selon que le membre sera en dehors ou en dedans de cette verticale ; il sera panard ou cagneux, suivant que le membre sera tourné en dehors ou en dedans, circonstances qui présentent les mêmes inconvénients que pour les membres antérieurs.

Il arrive quelquefois que les jarrets seuls sont en dehors ou en dedans de la verticale. Dans le premier cas, le cheval a des jarrets trop ouverts, se croise et se coupe en marchant ; dans le second, on le dit clos du derrière ou crochu, défaut qui n'offre d'inconvénient que lorsqu'il est poussé à l'excès, parce qu'alors le cheval s'embarrasse en marchant.

3.° On examine enfin le cheval de profil. Les membres d'un côté doivent cacher exactement ceux de l'autre. On abaisse ensuite, pour les membres antérieurs, une perpendiculaire du tiers supérieur et postérieur de l'avant-bras. Cette perpendiculaire doit partager le membre dans toute sa longueur. Si le membre se porte en avant, le cheval est campé du devant ; s'il s'incline en arrière, il est sous lui du devant. La première de ces conformations, qui est très-rare, présente beaucoup de solidité dans la station, mais donne des allures raccourcies ; la seconde n'a que des inconvénients : peu de solidité, allures raccourcies, danger de butter et de forger.

Quant aux membres postérieurs, ils doivent se diriger sur le sol de manière que le pied occupe à peu près le milieu de l'intervalle compris entre les perpendiculaires abaissées de la hanche et de la pointe de la fesse. Si le pied se rapproche sensiblement de la première, le cheval est sous lui du derrière; dans ce cas, les jarrets sont écrasés sous la masse, l'animal a peu de solidité, des allures traînées, et forge souvent. Si le pied se rapproche sensiblement, au contraire, de la seconde, le cheval est campé du derrière, bon trotteur, mais difficile à arrêter. Nous pensons enfin que pour les membres postérieurs les aplombs seront d'autant plus parfaits, que la perpendiculaire abaissée du centre de la cavité cotyloïde passera plus près du centre du pied, et si nous avons indiqué le milieu de l'intervalle compris entre deux limites aussi éloignées l'une de l'autre que les deux perpendiculaires abaissées de la hanche et de la pointe de la fesse, c'est parce que, d'une part, ces deux limites sont faciles à déterminer, et que, de l'autre, les membres postérieurs étant composés de rayons articulaires tous inclinés les uns sur les autres, doivent nécessairement présenter moins de précision que s'ils étaient droits, comme le sont en partie les membres antérieurs.

DES ALLURES.

Enfin, après avoir examiné le cheval dans l'état de repos, sous le rapport des formes, des proportions et des aplombs, il faut le mettre en mouvement, pour reconnaître si toutes ses articulations jouissent de la force et du ressort qui en favorisent le jeu et l'étendue, et pour s'assurer de la franchise et de la régularité de ses allures.

11

Les allures sont les différentes manières dont s'opère la locomotion, qui n'est, en définitive, que le résultat des mouvements des membres sous la masse. Ces mouvements sont déterminés par les contractions et les relâchements alternatifs des muscles, et leur nature par le mode d'articulation des os.

Bien que chaque cheval présente dans ses diverses allures une certaine combinaison de mouvements qui lui est propre, et qui tient à sa conformation, à ses facultés, à son éducation, et même aux accidents particuliers qui auront pu lui survenir, ces allures ont cependant, dans tous les sujets, des caractères d'uniformité qui sont inhérents à l'espèce en général.

Si toutes les allures ne différaient entre elles que par leur vitesse, on les diviserait en allures lentes et allures vives; mais comme elles tiennent aussi à la conformation particulière de chaque cheval, à son éducation, à ses facultés, ainsi qu'aux accidents qui auront pu lui survenir, on a cru pouvoir les diviser en allures naturelles, allures artificielles et allures défectueuses : division peu exacte, puisqu'il en est qui sont absolument identiques, et qui sont le produit, ou de la conformation, ou de l'habitude, ou bien enfin de l'usure.

Les premières, les allures naturelles, sont particulières à la majeure partie des chevaux jeunes, vigoureux et bien conformés : tels sont le pas, le trot, le galop et la course ; les deuxièmes, les allures artificielles, sont dues entièrement à l'éducation. On les distingue généralement en airs bas et airs relevés: tels sont, parmi les premiers, la galopade, le passage, le piaffer et le terre-à-terre, et parmi les derniers, la courbette, la croupade, le mézair et le saut. Les dernières enfin, les allures défectueuses, sont le plus souvent produites par l'usure, la fatigue ou la conformation; on les désigne par les noms d'amble, de traquenard et d'aubin.

Dans l'exécution de ces différentes allures, les extrémités opèrent quatre temps qui sont: le lever, le soutien, le poser et l'appui. Le lever est l'instant où les extrémités se détachent de terre, le soutien est le temps qu'elles demeurent en l'air, le poser est l'instant où elles regagnent le sol, et l'appui est le temps qu'elles y demeurent fixées. Ces quatre temps, qui se réduisent à deux pour l'œil dans les allures vives, le soutien et l'appui, sont peu distincts dans les chevaux communs, vieux ou usés, mais très-marqués dans les chevaux de race, qui, joignant la force à la souplesse, ont dans le soutien un temps d'arrêt que l'on voudrait vainement distinguer dans le cheval faible et sans ardeur. On appelle enfin battue le bruit que fait entendre le pied au moment où il touche le sol, bipède antérieur les deux jambes de devant, bipède postérieur celles de derrière, bipède latéral celles du même côté, et bipède diagonal l'antérieure d'un côté et la postérieure de l'autre. Le bipède diagonal prend le nom de l'extrémité de devant; ainsi le diagonal droit exprime la jambe droite antérieure et la gauche postérieure.

DES ALLURES NATURELLES.

DU PAS.

Le pas est de toutes les allures du cheval la plus lente et celle qu'il peut soutenir le plus long-temps. Dans cette allure, il n'a qu'une jambe en l'air, et les mouvements se succèdent diagonalement, c'est-à-dire qu'à la jambe droite antérieure qui se lève, succède la gauche postérieure, puis à la gauche antérieure la droite postérieure. Les battues, au nombre de quatre, s'opèrent dans l'ordre des levers; elles doivent être également espacées, et les pieds postérieurs se poser sur les traces mêmes des pieds antérieurs. S'ils se posent en arrière, le pas est raccourci, ce qui indique un cheval faible, vieux ou ruiné; et s'ils les dépassent en avant, l'animal est sujet à forger.

On distingue deux sortes de pas : le pas de campagne et le pas écouté. Dans le premier, le cheval, abandonné à lui-même ou peu rassemblé, se porte davantage sur son avant-main, laisse aller sa tête et son encolure, qui, en se portant alternativement d'un côté à l'autre, déterminent une sorte de balancement qui augmente l'impulsion de la masse en avant : c'est le pas de route. Dans le pas écouté, le cheval plus rassemblé, mieux soutenu dans ses mouvements, a plus de cadence, plus de tride, et s'assied davantage sur ses hanches. Ce pas, qui appartient aux chevaux de manège, demande un grand jeu d'épaules et beaucoup de légèreté dans l'avant-main.

DU TROT.

Cette allure est celle qui, pour la vitesse, tient le milieu entre le pas et le galop; elle s'exécute par bipède diagonal comme le pas, mais elle ne fait entendre que deux battues, les deux extrémités en diagonale s'élevant ensemble et retombant sur le sol en même temps.

Le trot est l'allure dont la franchise démontre le mieux la force et la solidité de l'animal, car elle demande l'emploi et l'égale répartition des forces musculaires de chaque côté du corps, beaucoup de liberté dans le jeu des articulations, de force dans les reins et de ressort dans les jarrets. Le trot doit être égal, franc et bien soutenu, et les battues doivent en être nettes et sonores.

Le trot se distingue en grand trot et trot écouté. Le premier est ordinaire aux chevaux jeunes et vigoureux, qui, parfaitement libres dans tous leurs mouvements, ne redoutent pas d'étendre les rayons articulaires de leurs membres. Le trot écouté, comme le pas de ce genre, est celui dans lequel l'animal est plus rassemblé; ses mouvements sont beaucoup plus relevés, et l'œil de l'observateur peut y distinguer aisément le soutien et l'appui.

DU GALOP.

Cette allure, la plus agréable pour l'homme, est très-fatigante pour le cheval, en ce qu'elle exige l'emploi d'une grande force musculaire, et que la respiration ne s'y exécute que par à-coups.

Le galop est produit par l'enlever de l'avant sur l'arrière-main, suivi du transport de toute la masse en avant par la détente des jarrets précédemment fléchis et plus ou moins engagés sous la masse.

Au moment où le cheval va s'enlever, l'une des jambes de devant quitte le sol la première, je suppose que ce soit la droite ; sa voisine la suit et la devance aussitôt, la jambe droite postérieure s'élève alors, puis la gauche ; le cheval dans cet instant n'est soutenu que par la force d'impulsion qu'il s'est donnée. L'effet de cette force terminé, les extrémités retombent à terre dans un ordre inverse à leur lever, c'est-à-dire que celles de derrière s'y posent les premières, d'abord la jambe droite, puis la gauche, la droite de devant et sa voisine : ce galop est dit galop à gauche, parce que la jambe gauche antérieure tombe la dernière à terre. Si le cheval dans l'enlever de son avant-main entame le terrain avec la jambe gauche de devant, c'est la droite qui tombe la dernière à terre, et le cheval galope à droite. Ce galop faisant entendre quatre battues, se nomme galop à quatre temps ; mais le plus ordinairement on n'entend que trois battues, le cheval, après avoir posé à terre une de ses jambes de derrière, posant ensuite et en même temps l'autre et sa diagonale antérieure ; c'est par conséquent celui qu'il importe le plus de connaître et d'examiner. En général, le cheval galopera bien quand il montrera de l'aisance et de la légèreté, qu'il se tiendra dans une belle position, la tête haute et les hanches basses, et que le derrière ne montrera point d'hésitation ni de faiblesse dans la chasse de l'avant-main.

DE LA COURSE.

De tous temps considérée comme un galop, cette allure paraît devoir occuper un rang à part, puisqu'elle en diffère autant au moins que les autres allures.

La course est l'allure la plus rapide; elle ne fait entendre que deux battues, l'une formée par le bipède antérieur, et l'autre par le bipède postérieur, sans qu'il existe de distinction bien apparente de pied gauche et de pied droit. La course n'est, à bien dire, qu'une succession de sauts en avant; et lorsque l'animal est une fois lancé, il arrive souvent que la force d'impulsion est assez grande pour que le bipède antérieur, après avoir touché terre, puisse se relever avant que le postérieur soit posé, de sorte qu'il arrive alors que les traces des pieds postérieurs sur le sol dépassent en avant celles des pieds antérieurs.

DES ALLURES ARTIFICIELLES.

Les allures artificielles sont le produit du travail du manège. Autrefois on y attachait une très-grande importance, mais aujourd'hui on ne s'en occupe que fort peu, parce qu'elles ne prouvent en définitive que l'adresse du cavalier et l'obéissance du cheval. On les distingue en airs bas et airs relevés. Les airs bas sont ceux des chevaux qui manient près du sol, et les airs relevés sont ceux qui sont plus détachés de terre ou plus relevés. Nous ne les décrirons pas, parce qu'elles sont entièrement étrangères au service militaire, et qu'elles ne feraient ainsi que charger inutilement la mémoire.

DES ALLURES DÉFECTUEUSES.

On les nomme ainsi parce qu'elles sont rejetées des manèges et des travaux militaires, et qu'elles sont presque toujours le résultat de la fatigue et de l'usure, ou d'une mauvaise conformation. La première se nomme amble, et consiste dans le mouvement alternatif des bipèdes latéraux, qui ne font entendre que deux battues pour les quatre extrémités.

Cette allure est naturelle chez certains chevaux normands et bretons très-recherchés, non seulement parce qu'ils sont capables de supporter les plus grandes courses, mais encore parce qu'ils ne fatiguent presque pas leurs cavaliers.

Les véritables ambleurs étant très-rares et fort chers, on accoutume de jeunes chevaux à cette allure en leur entravant un bipède latéral dans les pâturages; mais ces derniers ne sont jamais aussi solides que les premiers dont il est facile de les distinguer, en ce qu'ils font entendre quatre battues. C'est cette allure des faux ambleurs ou des chevaux ruinés que l'on nomme amble rompu, entre-pas ou pas relevé. L'amble peut donc être une allure, ou naturelle, ou défectueuse, ou artificielle.

Le traquenard est un trot défectueux qui fait entendre quatre battues. On le remarque dans les chevaux qui n'ont point de reins ou qui ont les jambes ruinées.

L'aubin est une allure dans laquelle le cheval galope avec les jambes de devant et trotte ou va l'amble avec le train de derrière. Il indique que les hanches et les jarrets n'ont plus assez de force pour chasser et accompagner le devant.

CONNAISSANCE DE L'AGE DU CHEVAL.

DESCRIPTION DES DENTS ET GÉNÉRALITÉS.

Les dents sont des substances osséiformes très-dures, implantées dans les alvéoles des maxillaires. Elles forment à chaque mâchoire une ligne courbe que l'on nomme arcade dentaire. Leur nombre est, dans le cheval, de trente-six ou de quarante, quelquefois même on en compte jusqu'à quarante-quatre. On les distingue en incisives, crochets et molaires. Les juments ordinairement n'ont point de crochets, et lorsqu'elles en ont, ces crochets sont très-petits et n'éprouvent aucune usure.

Les incisives sont au nombre de six à chaque mâchoire. Les deux antérieures portent le nom de pinces, celles qui les touchent de chaque côté sont les mitoyennes, et l'on appelle coins celles qui terminent l'arcade des incisives.

Il y a quatre crochets, deux à chaque mâchoire.

Les molaires sont au nombre de vingt-quatre, douze de chaque côté, six en haut, six en bas; quelquefois il y en a vingt-huit, et l'on dit alors que le cheval a quatre dents supplémentaires. Les avant-molaires sont les trois premières, et les arrière-molaires sont les trois dernières. Lorsqu'il y a des molaires supplémentaires, elles sont ou les premières avant-molaires, ou les dernières arrière-molaires. Nous verrons plus bas la différence qu'il y a entre les avant et les arrière-molaires.

On distingue les dents en caduques, permanentes et persistantes.

Les dents caduques sont les dents de lait; elles tombent lorsque l'animal arrive à un certain âge, et sont remplacées par d'autres que l'on nomme permanentes; celles qui ne tombent pas sont dites persistantes. Les incisives et les trois avant-molaires sont caduques; les crochets et les arrière-molaires sont persistantes.

Les dents se composent de deux substances. L'une, qui est extérieure, est de la nature de l'émail; l'autre, qui est intérieure, est de l'ivoire. Quelques vétérinaires en admettent bien une troisième qu'ils nomment corticale ou cémenteuse, mais qui n'est tout simplement que du tartre.

L'ivoire existe dans toute l'étendue de la dent. Vers la partie libre ou couronne, il est recouvert par l'émail; cet émail est d'un blanc laiteux dans les dents de poulain, et un peu jaunâtre dans celles du cheval.

Après avoir recouvert toute la partie libre, l'émail se replie vers la face de frottement, de manière à former une cavité qui s'enfonce dans la dent en se rapprochant de sa face postérieure. Cette cavité forme ce que l'on nomme le cornet dentaire.

L'intérieur des dents est en outre percé d'une cavité dite septum dentaire, qui communique dans le fond de l'alvéole au moyen d'une ouverture dont le diamètre est d'autant plus grand que la dent est plus jeune. Cette cavité est remplie par une substance gélatineuse, grisâtre, très-sensible, nommée pulpe, qui est le centre de vitalité et de nutrition de la dent. La pulpe devient successivement plus consistante et plus ferme; elle se déprime et se dessèche insensiblement, et la dent dépérit, meurt et finit par tomber.

A mesure que la pulpe diminue, la cavité qui la contient se remplit peu à peu d'une substance qui est ordinairement plus blanche que celle qui l'avoisine, et que l'on remarque sur la table de frottement lorsque le cheval commence à vieillir.

Les racines des incisives et des crochets se prolongent dans les maxillaires d'avant en arrière ; celle de la première molaire est dirigée en avant; celles de la deuxième et de la troisième sont droites, et celles des arrière-molaires sont dirigées d'avant en arrière. Vers l'âge de cinq ans, les racines des molaires poussent des radicules au nombre de trois dans les premières et sixièmes molaires, de quatre dans les autres de la mâchoire supérieure, et de deux dans celles de la mâchoire inférieure. C'est pour cette raison que les deuxièmes, troisièmes, quatrièmes et cinquièmes molaires inférieures sont dites bicuspides ; les premières et sixièmes inférieures et supérieures tricuspides, et les deuxièmes, troisièmes, quatrièmes et cinquièmes supérieures quadricuspides.

FORMATION DES DENTS.

Dans le fœtus de trois mois il n'existe encore aucune trace de dents, mais l'on aperçoit dans les mâchoires des cavités qui marquent la place qu'elles doivent occuper. Ces cavités, que l'on appelle alvéoles, renferment des vésicules qui sont les noyaux des dents. La substance osséiforme commence à se former du quatrième au cinquième mois, et se développe par couches du dehors au dedans. A mesure que le fœtus approche du terme, l'ossification des dents augmente, et à neuf mois elles sont déjà très-dures, les coins commencent même à s'ossifier.

Passons maintenant à la connaissance de l'âge d'après l'inspection des dents. Cet âge se reconnaît, 1.º à la pousse des dents de lait; 2.º à l'usure de ces dents; 3.º à la chute des dents de lait remplacées par les dents de cheval, et 4.º à l'usure de ces dernières. L'apparition des dents de lait a lieu dans l'ordre suivant :

Pinces...., dans la 1.re quinzaine qui suit la naissance;
Mitoyennes, de la quatrième à la sixième semaine;
Coins....., du sixième au dixième mois;
1.res et 2.es avant-molaires, dans la première semaine;
3.es......... *id.*, dans le premier mois;
Premières arrière-molaires, de 10 à 12 mois;
Deuxièmes *id.*, de 18 à 20 mois;
Troisièmes *id.*, de 4 à 6 ans;
Crochets.............. de 4 ans $\frac{1}{2}$ à 5 ans.

Par conséquent si un poulain a toutes ses incisives, nous dirons qu'il est entre 6 et 10 mois; s'il a aussi les premières arrière-molaires, il a 10 mois faits; et s'il a les deuxièmes, il a au moins 18 mois. Ces dernières limites étant assez éloignées, si l'on en désire de plus rapprochées, il faut consulter le rasement des incisives, mais seulement celui des incisives inférieures, car c'est le seul qui soit régulier. Ce rasement est complet, c'est-à-dire que tout le pourtour de la table est usé à 10 mois pour les pinces, à 12 mois pour les mitoyennes, et à 18 mois pour les coins.

Si donc le poulain a les pinces de lait rasées, il a 10 mois, il a un an si les mitoyennes le sont aussi, et 18 mois si les coins ne marquent plus. Quoique le rasement des incisives supérieures ne soit pas régulier, il est cependant toujours complet à 2 ans.

Parvenu à cet âge, il faut, pour aller plus loin, examiner la chute des dents de lait déterminée par la pousse des dents de cheval, et puis ensuite le rasement de ces dernières dents. L'apparition des dents de cheval se fait :

Pour les pinces..........	de	2 ans$\frac{1}{2}$	à	3 ans ;
Pour les mitoyennes......	de	$3 \quad \frac{1}{2}$	à	4
Pour les coins	de	$4 \quad \frac{1}{2}$	à	5
Pour les 1.res avant-molaires	de	$2 \quad$ »	à	$2 \quad \frac{1}{2}$
Pour les 2.es et 3.es *id*....	de	$2 \quad \frac{1}{2}$	à	3

Le rasement des dents de cheval est complet,

Pour les pinces inférieures.............	à	6 ans ;
Pour les mitoyennes *id*...............	à	7
Pour les coins *id*...............	à	8

Quelques vétérinaires prétendent que les pinces supérieures sont rasées à 9 ans, les mitoyennes à 10 ans, et les coins à 12 ans ; mais ce rasement n'est pas tellement régulier, je dirai même que je l'ai si rarement observé, que je ne puis conseiller d'y ajouter la moindre confiance. Passé huit ans, il faut avoir recours à d'autres signes, qui, pris séparément, peuvent bien ne pas être d'une exactitude rigoureuse, mais dont l'ensemble présente une connaissance presque suffisante dans tous les cas. Par exemple, les dents incisives dans le jeune âge sont ovales, aplaties d'avant en arrière; mais comme la partie qui est enchâssée, ronde près du collet, va constamment en s'aplatissant jusqu'à sa racine, et que cette partie enchâssée remplace la partie libre à mesure que cette dernière s'use, il en résulte que la table des incisives doit changer de forme, et que d'ovale qu'elle est d'abord, elle doit s'arrondir, devenir triangulaire, puis enfin s'aplatir d'un côté à l'autre. Et, en effet, le bord interne de la table des pinces est rond à douze ans, angulaire à quinze ans, et la table à peu près carrée à dix-huit; passé ce dernier âge, elle devient rectangulaire, aplatie par conséquent d'un côté à l'autre. On pourra consulter aussi les changements qui surviennent sur la table des incisives, et même sur celle des crochets, par suite de la disparition du cornet dentaire et de l'apparition du septum. Ainsi, par exemple, le cornet dentaire à huit ans ne laisse plus ordinairement que son cul de sac sur la table des pinces. Ce cul de sac, qui est d'abord ovale et qui occupe le centre de la table, s'arrondit successivement en se rapprochant du bord interne près duquel il disparaît entièrement vers l'âge de douze ans. Le septum dentaire apparaît sur la table de la même dent à dix ans, et ces changements arrivent un an plus tard sur les mitoyennes et deux sur les coins. Quant aux crochets, comme ils n'éprouvent point ou presque point de frottement, leur usure est toute différente, et n'a ordinairement pour cause que le passage des aliments et plus encore le frottement du mors. Ainsi à huit ans ils commencent à perdre leurs pointes et leurs arêtes antérieures, à douze ans ils s'arrondissent, et à quinze ils présentent sur leur table une marque blanchâtre, qui n'est autre chose que le septum dentaire.

Il est à remarquer aussi que la direction des incisives change avec l'âge. Vues de profil jusqu'à cinq ans, les deux mâchoires fermées présentent une ligne courbe et très-arrondie. Cette courbe s'allonge peu à peu, et l'angle que font entre elles les incisives supérieures et inférieures devient de plus en plus aigu. Il arrive enfin que, par suite de la sortie des molaires, la partie du maxillaire dans laquelle elles sont implantées s'amincit et devient de plus en plus tranchante : ceci est déjà sensible à douze ans. On se servira donc avec avantage de tous ces indices, qui offriront d'ailleurs un moyen sûr de reconnaître les chevaux bégus : c'est ainsi que l'on nomme ceux dont une ou plusieurs incisives présentent pendant toute la vie une cavité pareille à celle des dents qui ne sont point rasées. Cette cavité est due au cornet dentaire, qui quelquefois se prolonge jusqu'à la racine de la dent. Sa profondeur, au surplus, est toujours plus considérable dans les incisives supérieures, et c'est là précisément ce qui fait qu'elle y paraît plus long-temps que sur les inférieures. Le plus généralement le cornet dentaire a de 6 à 7 lignes de profondeur dans les incisives inférieures, et de 11 à 13 dans les supérieures. L'usure des dents variant d'ailleurs suivant le plus ou moins de dureté de ces organes, et suivant la nature des aliments dont le cheval se nourrit, il en résulte souvent des différences capables d'embarrasser les personnes qui n'ont pas une grande habitude d'examiner l'âge du cheval. Les incisives s'usent chaque année, terme moyen, d'une ligne et demie.

RUSES DES MAQUIGNONS.

Il nous reste, pour compléter cette étude de l'âge du cheval, à dire un mot sur les ruses qu'emploient encore certains marchands de chevaux. Comme il leur importe que leurs chevaux paraissent toujours dans l'âge où ils ont le plus de valeur, ils cherchent tantôt à les vieillir, tantôt à les rajeunir. Pour faire paraître les poulains plus vieux, on arrache les dents de lait, et l'on détermine par là la sortie prématurée des dents de remplacement. Par exemple, si le poulain a 18 mois et qu'il soit fort, on lui arrache les pinces; ses pinces de cheval paraissant alors à deux ans, on le vend à cette époque comme s'il en avait trois. Si le poulain n'a rien, ni dans ses formes, ni dans sa taille, qui favorise cette ruse, on attend qu'il ait 30 mois; alors on lui arrache les mitoyennes, et les remplaçantes paraissant à trois ans, le cheval est censé en avoir quatre. Enfin, si, ce qui est bien rare, le poulain est encore trop faible, on attend qu'il ait 42 mois, et l'on arrache les coins, en sorte que six mois après on le présente comme ayant cinq ans. Mais il est facile de découvrir la ruse; car si le cheval présenté comme ayant trois ans n'en a que deux, c'est à peine si l'on apercevra la première avant-molaire de cheval, qui n'est entièrement sortie qu'à trois ans; s'il n'a que trois ans, la deuxième avant-molaire ne se verra non plus que très-faiblement; enfin, si le poulain n'a que quatre ans au lieu de cinq, ses crochets ne seront pas encore sortis, et il est évident que dans ces trois cas le poulain a été avancé. On peut d'ailleurs s'en assurer à la simple inspection de la bouche, car les dents de cheval dont la sortie a été provoquée par l'arrachement des dents de lait correspondantes, sont généralement petites et mal conformées.

Pour faire paraitre les chevaux plus jeunes, les maquignons pratiquent quelquefois sur la table des dents des cavités artificielles dont ils noircissent le fond pour imiter ce que l'on appelle le germe de fève, mais cette ruse se reconnaît bien vite à l'absence de l'émail qui doit entourer chaque cavité. Quand l'animal a les incisives très-longues, ils les lui scient avant de les contre-marquer. Cette nouvelle supercherie ne réussit pas mieux que la première, car ne pouvant pas scier en même temps les molaires, les incisives des deux mâchoires ne se touchent plus.

DES ROBES.

La variété des robes n'est qu'un jeu de la nature, et nous ne devons y attacher d'autre importance que celle qui se rattache aux signalements, rejetant loin de nous toutes les conséquences que l'on a voulu si long-temps en tirer sous le rapport des qualités morales et physiques de l'animal.

Pour classer les robes plus facilement dans la mémoire, nous les partagerons en cinq grandes divisions ayant chacune leurs subdivisions, chaque subdivision comprenant un nombre plus ou moins grand de nuances. Ces cinq grandes divisions ne considèrent absolument que la couleur des poils et des crins. Le tableau suivant nous paraît très-propre à faire juger de la simplicité de cette nouvelle classification, dont l'idée première appartient à M. Delon, ancien officier d'artillerie, mort à Missolonghi.

	NOIR (2 nuances).	BLANC (3 nuances).	ALEZAN (7 nuances).	OBSERVATIONS.
1.re DIVISION. Poils et crins d'une seule couleur.	Mal teint. Franc.	Mat. Sale. Porcelaine.	Clair. Soupe de lait. Café au lait. Cerise. Obscur. Foncé. Brûlé.	On trouve quelquefois des alezans qui ont les crins noirs et la raie de mulet ; il faut alors l'indiquer comme particularité dans le signalement. On les maintient au rang des alezans, parce qu'ils n'ont pas les extrémités noires.
	BAI (5 nuances).	ISABELLE (2 nuances).	SOURIS (2 nuances).	
2.e DIVISION. Poils d'une seule couleur. Jambes et crins noirs.	Clair. Cerise. Châtain. Marron.	Clair. Foncé.	Clair. Foncé.	On trouve aussi, mais très-rarement, des bais qui n'ont pas les crins noirs ; on les conserve bais par cela seul qu'ils ont les jambes noires : la présence de la raie de mulet dans le bai et son absence dans l'isabelle se signalent comme particularités.

	GRIS (5 nuances). Blanc	**AUBÈRE** (2 n.ces). Blanc	**LOUVET** (3 n.ces). Noir	
3.e DIVISION. Mélange de poils de deux couleurs isolées sur chaque poil.	Clair. Foncé. Sale. Sanguin ou vineux. Ardoisé.	Clair. Foncé.	Clair. Foncé. Fauve.	Quelquefois à une certaine distance l'aubère et le louvet présentent la même nuance que l'isabelle, et le gris la même que le souris; mais on ne se trompera jamais dans le signalement, en se rappelant que l'isabelle et le souris n'ont qu'une espèce de poils, tandis que les gris, les aubères et les louvets en ont toujours deux.
4.e DIVISION. Mélange de poils de trois couleurs isolées sur chaque poil.	Noir Blanc Alezan	**ROUAN** (3 nuances). Clair. Vineux. Foncé.		
5.e DIVISION. Taches de deux couleurs.	**PIE.** Blanc, Alezan, Noir bas, Gris noir, etc., etc.			

Nous allons maintenant revenir sur chacune des divisions de ce tableau, afin de donner tous les renseignements qui pourront en faciliter l'intelligence et l'application.

I.ʳᵉ DIVISION DES ROBES.

Cette première division des robes se compose de celles qui n'ont qu'une seule couleur sur toute l'étendue du corps, poils et crins ; elle a trois subdivisions : le noir, le blanc et l'alezan.

1.° Le noir. Cette couleur n'admet que deux nuances : le noir franc, qui désigne la robe d'un beau noir, et le noir mal teint, qui présente une teinte roussâtre.

2.° Le blanc. Cette subdivision a trois nuances suffisamment indiquées par les noms qu'elles portent, c'est le blanc mat, le blanc sale et le blanc porcelaine.

3.° L'alezan. La robe de ce nom présente une couleur qui admet beaucoup de nuances, depuis le blanc roussâtre jusqu'au rouge noir. L'usage en a consacré sept. La première se nomme alezan clair, viennent ensuite les alezans soupe de lait, café au lait, cerise, obscurs, foncés et brûlés ; cette dernière teinte approche beaucoup du noir mal teint.

II.ᵉ DIVISION.

Cette division, comme la précédente, comprend les robes d'une seule couleur, mais avec les extrémités noires ; le plus souvent alors les crins le sont aussi.

Ses trois subdivisions sont le bai, l'isabelle et le souris.

1.° Le bai n'est réellement qu'un alezan à jambes noires. Cependant comme on a remarqué qu'il avait quelque chose de plus rougeâtre, on a donné à ces différentes nuances des dénominations qui diffèrent un peu de celles de l'alezan ; c'est ainsi que l'on a le bai clair, le cerise, le châtain , le marron et le brun. Le

bai châtain ressemble parfaitement à la châtaigne cuite
à l'eau, le bai marron au marron d'Inde, et le bai brun
ne diffère souvent du noir mal teint que par des places
rougeâtres qui se remarquent particulièrement autour
des yeux, au bout du nez et dessous le ventre.

2.° L'isabelle. Cette robe n'est réellement qu'un bai
très-clair qui a beaucoup de ressemblance avec l'alezan
soupe de lait et café au lait ; aussi en la conservant au
nombre des robes fondamentales, ne fait-on qu'une
concession à une ancienne habitude, mais on exige
alors qu'elle ait la raie de mulet ; si elle ne l'avait pas,
on la rangerait au nombre des bais ou des alezans,
suivant qu'elle aurait ou qu'elle n'aurait pas les jambes
et les crins noirs. Elle a deux nuances qui portent le
nom de clair et de foncé.

3.° Le souris. Les robes de cette couleur sont composées de poils à la fois blancs et noirs, et c'est en cela
qu'elles diffèrent des grises, qui sont composées de poils
blancs et de poils noirs. Les chevaux souris ont ordinairement la raie de mulet ; quelquefois ils n'ont ni
les jambes ni les crins noirs, mais alors il faut l'indiquer dans le signalement comme particularité.

III.ᵉ DIVISION.

Cette division se compose des robes qui offrent la
réunion de deux des trois couleurs fondamentales : noire,
blanche et alezane, donnant le gris, l'aubère et le louvet.

1.° Le gris. Cette robe résulte d'un mélange de poils
noirs et de poils blancs, et suivant que les uns ou
les autres dominent, suivant que les noirs sont francs

ou mal teints, les blancs mats, sales ou porcelaines, le gris est clair, foncé, sale, sanguin, ou ardoisé.

2.° L'aubère. Cette robe est due à un mélange de poils blancs et de poils alezans ; elle est claire ou foncée, suivant que les uns ou les autres dominent.

3.° Le louvet est le résultat d'un mélange de poils alezans et de poils noirs, il est également clair et foncé ; cependant on lui accorde une troisième dénomination, c'est lorsqu'il présente une teinte uniforme presque roussâtre ; on le dit alors louvet fauve ou poil de cerf.

IV.° DIVISION.

Cette division résultant du mélange des trois couleurs fondamentales, ne peut avoir plusieurs subdivisions ; on appelle ce genre de robe rouan. Elle a trois nuances qui se présentent suivant que l'une des trois couleurs domine. Ainsi le blanc dominant donne le rouan clair, l'alezan donne le rouan sanguin, et le noir le foncé.

V.° DIVISION.

Cette division comprend les robes composées de larges taches de couleurs appartenant à toutes les autres. Comme le plus ordinairement elles sont noires et blanches, on leur a donné le nom de pie. Lorsque la robe ne présente que des taches blanches et noires, le mot pie suffit pour la désigner ; mais lorsque ces taches sont de couleurs différentes, il est nécessaire de les nommer. Ainsi l'on dira pie blanc-alezan pour la robe qui sera composée de taches blanches et de taches alezanes, pie noir-bai pour celle qui en aura de noires et de baies, et ainsi des autres. Si l'on veut préciser encore davantage les robes pies, on indique la couleur des extrémités, et l'on dit pie noir pour le cheval blanc et noir qui a trois ou quatre jambes noires ; s'il en a deux blanches et deux noires, on dit pie blanc de telles extrémités ou pie noir des deux autres ; si enfin le pie admet une couleur différente du blanc et du noir, après l'avoir désignée, comme nous l'avons indiqué ci-dessus, on ajoute la couleur des extrémités.

DES PARTICULARITÉS.

Les particularités se composent des marques générales ou particulières, naturelles ou accidentelles, qui peuvent se rencontrer sur le cheval. Ces particularités sont applicables à chacune des robes que nous avons décrites, et il est d'autant plus essentiel de les signaler, qu'elles ne sont pa s susceptibles de varier comme les robes dont les nuances dépendent jusqu'à un certain point de l'état sanitaire de l'animal, de la saison où l'on est, et de la manière dont il est habituellement pansé.

Afin de soulager aussi la mémoire, on les a partagées, ainsi que les robes, en divisions et subdivisions renfermées dans le tableau suivant :

SUBDIVISIONS.	EXPRESSIONS CONSACRÉES.
	1.re DIVISION.
1.re Reflets brillantés....	Argenté, cuivré, doré, bronzé, miroité, jayet.
2.e Mélanges divers.....	Pommelé (clair et foncé), moucheté, blanc, noir, alezan (dit truité), mille-fleurs, fleur de pêcher, étourneau, tourdille, tigré, rayé, zébré, marbré, tisonné, marqué de feu, lavé, bordé, zain, rubican.
3.e Direction des poils..	Épis prolongés, convergents ou divergents. — Épis concentriques, excentriques.
4.e Couleur de la peau..	Ladre.
	2.e DIVISION. PARTICULARITÉS QUI NE SE TROUVENT QUE SUR DES PARTIES ISOLÉES.
1.re A la tête.........	Cap de maure, nez de renard, marques diverses (au front, au chanfrein, aux naseaux ou aux lèvres), avec désignation de la forme, de la direction, de l'étendue et du mélange, telles que pelotes, marques en raie, ou lisses prolongées ou interrompues, etc. ; belle face, moustaches, œil ou yeux verrons, etc.
2.e Au corps.........	Raie de mulet (couleur, forme et étendue), ventre de biche.
5.e Aux crins	Crins, 1.e semblables entre eux, 2.o non pareils à la robe ; 5.o mélangés (avec désignation précise à la crinière ou

Aux crins. . . . . { Crins. 1.° semblables entre eux, 2.° non pareils à la robe ; 3.° mélangés (avec désignation

4.°
Aux membres. . . . . .

1.° Balzane .
- Nombre. . . . : À une, à deux, à trois ou aux quatre. Jambes.
- Étendue. . . . : En principe, incomplète, simple, chaussée haut et très-haut (avec désignation précise).
- Composition. : Bordée ou non, mouchetée, tachée, truitée, etc.
- Forme. . . . . : Régulière ou non, prolongée en pointe, en dentelure, etc.

2.° Marques. . . . . : Noirâtres, jaunâtres ou mélangées, etc.

5.° Corne (couleur et disposition). : Blanche, noire ou rousse (alezane) en bandes ou raies, régulière ou non.

5.° DIVISION.

PARTICULARITÉS DIVERSES.

1.re
Marques naturelles. . . : Coups de lance, châtaignes, fanons, loupes, verrues, etc.

2.°
Marques accidentelles.
- 1.° Oreilles fendues, raccourcies, taillées ;
- 2.° Queue entière, raccourcie, coupée, anglaisée, niquetée ;
- 5.° Marqué au feu, place, forme, etc. ;
- 4.° Tarré par le feu,   idem ;
- 5.° Traces de blessures, cicatrices ou opérations chirurgicales quelconques.

1.ʳᵉ DIVISION DES PARTICULARITÉS.

Cette première division comprend toutes les particularités qui peuvent se rencontrer sur la totalité du corps. Ces particularités sont produites, 1.º par des reflets brillantés, 2.º par des mélanges inégaux de poils de couleurs diverses, 3.º par la direction des poils, et 4.º par la couleur de la peau.

1.º Reflets brillantés. Ces reflets ne sont point dus à l'état de santé de l'animal, mais à un effet particulier de la pointe des poils, qui ne disparaît qu'à la suite de longues maladies ou de malpropreté continuelle. Suivant la nuance de la robe, ces reflets constituent l'argenté, le doré, le cuivré, le bronzé, le miroité et le jayet. L'argenté n'appartient qu'aux blancs et aux gris, le doré, le cuivré et le bronzé qu'aux bais et aux alezans, et le jayet aux noirs.

Le miroité seul demande une courte explication. Il indique un reflet brillant qui se manifeste par des places rondes plus foncées que la totalité de la robe, et de la grandeur environ d'une pièce de cinq francs ; l'effet en varie selon l'état de santé de l'animal, la saison et même le jour.

2.º Mélanges divers. Ces mélanges donnent le pommelé, le moucheté, le truité, le mille–fleurs, le fleur de pêcher, l'étourneau, le tourdille, le tigré, le rayé, le zébré, le marbré, le tisonné, le marqué de feu, le lavé, le bordé, le zain et le rubican.

Le pommelé ne diffère du miroité qu'en ce que les taches sont plus claires que le fond de la totalité de la robe.

Le moucheté est formé par de petites taches noires ; lorsque ces taches sont alezanes, la robe est truitée.

L'étourneau et le tourdille n'appartiennent qu'aux robes grises. L'étourneau est un gris foncé qui présente sur quelques parties du corps des petits bouquets de poils d'un blanc porcelaine sur un fond noir franc ou jayet. Le gris tourdille a quelque ressemblance avec le gris sale, mais il en diffère en ce que les poils y sont mélangés par petits bouquets d'un blanc roussâtre.

Le mille-fleurs ou le fleur de pêcher indique que les taches sont blanches : c'est une particularité qui pourrait fort bien se trouver sur des alezans, mais qu'on remarque le plus souvent sur les aubères.

Les noms des autres particularités de cette subdivision, sauf le marqué de feu, le zain et le rubican, se comprennent sans explication.

Le marqué de feu indique qu'il y a des places d'un rouge plus ou moins vif sur certaines parties, telles que le bout du nez, le tour des yeux, le poitrail, le coude et le grasset.

Le zain désigne l'absence absolue de poils blancs.

Le rubican indique au contraire la présence d'un certain nombre de poils blancs, mais trop petit cependant pour empêcher la robe d'être simple. On dit légèrement ou fortement rubican, suivant qu'il y en a peu ou beaucoup.

3.° Direction des poils. Cette subdivision comprend les épis. Lorsque l'épi est prolongé, et que les poils se rapprochent par leurs pointes de manière à former une arête saillante, l'épi est dit prolongé et convergent ;

il est prolongé et divergent si au contraire les poils en s'éloignant forment une rainure. Si l'épi ne forme qu'un petit bouquet, il est dit concentrique ou excentrique, suivant que les poils se rapprochent ou s'éloignent par leurs pointes.

On donne plus particulièrement le nom d'épée romaine aux épis en ligne droite; ces épis se voient sur l'encolure.

4.° Le mot ladre indique une couleur blafarde de la peau. Les chevaux en offrent souvent des marques près des ouvertures naturelles.

II.ᵉ DIVISION.

La deuxième division comprend les particularités qui ne se trouvent que sur des parties isolées, à la tête, au corps et aux membres.

1.° A la tête. Ces particularités donnent le cap de maure, le nez de renard, les marques diverses au front, au chanfrein, aux naseaux et aux lèvres; elles indiquent aussi la couleur des yeux. Le cheval cap de maure est celui qui a la tête noire; cette particularité se remarque souvent chez les chevaux gris, gris de souris et rouans.

Le nez de renard est celui qui a des marques de feu au nez et aux lèvres; on le remarque sur les chevaux bais et rouans. La pelote en tête est une marque blanche plus ou moins grande sur le front; si la pelote est petite, on dit légèrement en tête; simplement en tête si elle est moyenne, et fortement en tête si elle est grande.

On appelle lisse ou liste une raie blanche qui s'étend

le long du chanfrein. La lisse peut être petite, prolongée entre les deux naseaux ou interrompue. Lorsqu'elle est très-large, c'est-à-dire, qu'elle occupe toute la largeur du chanfrein, le cheval est dit belle-face. La lisse peut être bordée et mélangée. On dit encore que le cheval boit dans son blanc, lorsque la lèvre supérieure est blanche, et qu'il boit fortement dans son blanc, si elles le sont toutes les deux, la supérieure et l'inférieure.

Les moustaches sont les deux touffes de longs poils que quelques chevaux portent à la lèvre supérieure.

On indique toujours dans le signalement si les yeux sont verrons.

2.° Au corps. Les particularités du corps sont la raie de mulet, le ventre de biche et la couleur des crins.

3.° Aux membres. On y remarque les balzanes, les taches et la couleur de la corne..

On indique premièrement le nombre des balzanes, et l'on dit une balzane antérieure ou postérieure, droite ou gauche; deux balzanes, antérieures ou postérieures, latérales ou diagonales, droites ou gauches; trois balzanes dont une antérieure ou postérieure, droite ou gauche; l'étendue des balzanes doit être signalée. Une balzane est incomplète lorsqu'elle ne fait pas le tour de l'extrémité; elle est en principe lorsqu'elle est à peine apparente, petite si elle n'occupe que la couronne et le paturon, balzane proprement dite si elle comprend le boulet, chaussée quand elle s'élève au milieu du canon, et haute ou très-haute chaussée quand elle monte jusqu'au genou et au jarret ou qu'elle les dépasse.

On désigne aussi la composition de la balzane; elle

peut être bordée, mouchetée ou truitée. Enfin l'on termine la description de la balzane en énonçant sa forme : ainsi telle balzane est régulière ou non, prolongée en pointe ou dentelée.

Les taches des membres et la couleur de la corne peuvent aussi servir comme particularités.

IIIe DIVISION.

Cette dernière division des particularités comprend les marques naturelles ou accidentelles.

1.° Les marques naturelles sont le coup de lance, les loupes et les verrues. Le coup de lance est une dépression musculaire qui se voit quelquefois sur l'encolure, sur l'épaule ou sur la cuisse.

2.° Les marques accidentelles sont les oreilles fendues, raccourcies ou taillées, la queue entière, raccourcie, coupée, niquetée ou anglaisée, les marques de feu, les tarres de feu et les traces de blessures quelconques. Toutes ces dénominations sont déjà connues ou sont trop claires pour n'être pas comprises.

Toutes les particularités que nous venons d'indiquer peuvent entrer dans un signalement, mais il doit être bien entendu qu'on ne les y fait pas entrer toutes à la fois. On ne se sert que de quelques-unes de celles qui sont les plus apparentes sur le cheval à signaler. Le signalement porte le nom, le sexe, l'âge, la taille, la robe et quelques particularités. Ces particularités seront d'autant plus multipliées, que le cheval sera d'un plus grand prix et envoyé au loin.

DES RACES.

Avant de passer à la description des différentes races de chevaux qui sont répandues sur toute la surface du globe, il est nécessaire de s'entendre sur le sens que l'on doit attacher aux expressions *races*, *espèces*, *branches*, cheval de sang, de demi-sang, ou qui n'a que du sang.

On appelle cheval de race celui qui est arabe ou qui descend directement d'étalons et de juments arabes, et l'on dit qu'un cheval a de la race, lorsqu'il a des caractères de ressemblance avec le cheval arabe, regardé comme le prototype de l'espèce chevaline. Chaque état, chaque pays ensuite a sa race particulière, mais alors ou ne dit pas simplement cheval de race, comme pour le cheval arabe, on ajoute toujours le nom du pays, et l'on dit que le cheval est de race française, anglaise ou espagnole, suivant qu'il est français, anglais ou espagnol.

L'espèce est une division de la race, ainsi la race française se compose des espèces limousine, normande, bretonne, etc.; et la branche une subdivision de l'espèce : l'espèce normande, par exemple, a trois branches : celle du Melherant, celle du Cotentin et celle du pays de Caux.

L'usage a consacré aussi les expressions de chevaux de sang, chevaux de pur et de premier sang, et chevaux de demi-sang; mais on ne les applique ordinairement qu'aux chevaux anglais.

Pour bien comprendre la valeur de ces expressions,

il est nécessaire de savoir que les Anglais ont créé, il y a environ deux siècles, une race qui comprend aujourd'hui la plus grande partie de leurs chevaux, et qu'ils l'ont obtenue en croisant les meilleures et les plus belles juments de la race primitive, ainsi que leur descendance, avec des étalons barbes et arabes. Ces croisements successifs ont fini par former une race entièrement différente de la première, race essentiellement améliorée, et alors on a appliqué l'expression de chevaux de sang à tous les individus qui en firent partie. Voici maintenant comment on a établi des différences entre les chevaux de sang. Après un certain nombre de croisements consécutifs, on s'est aperçu qu'il n'y avait plus d'amélioration ; l'on s'imagina dès lors que la nouvelle race était parvenue à son plus haut point de perfection, et l'on convint d'appeler chevaux de pur ou de premier sang tous les chevaux qui la composèrent. Tous ces chevaux, alliés entre eux et sans mésalliance, donnent des produits de pur ou de premier sang ; alliés avec d'autres individus, ils en donnent de demi-sang, de trois quarts de sang, etc., suivant que ces derniers sont déjà plus ou moins perfectionnés. Cependant comme on s'est aperçu que le sang après un certain nombre de générations se détériorait, que la race améliorée reprenait insensiblement les formes et les qualités de la première, parce que apparemment ces formes et ces qualités sont le résultat de l'influence du pays, on a fini par reconnaître la nécessité de le retremper de sang barbe ou arabe, en sorte que l'on obtient encore des chevaux de premier sang, en croisant des juments de la race perfectionnée avec des étalons barbes ou arabes. Enfin, l'on dit qu'un cheval a du sang, lorsqu'il provient de parents dont le sang a plus ou moins dégénéré, faute d'avoir été retrempé de sang oriental ou pour avoir été mélangé avec du sang ordinaire.

Après avoir donné ces notions préliminaires, nous allons passer à la description des races. Ces races présentent des différences notables, et c'est à les bien saisir que nous allons nous attacher, afin d'en déduire comme conséquence tout le parti que l'on pourrait en tirer sous le rapport des croisements et de l'emploi.

La première distinction à faire parmi les chevaux, sous le rapport des races, se tire de l'état dans lequel ils vivent habituellement : ainsi, il y a des chevaux sauvages, des chevaux demi-sauvages et des chevaux domestiques.

DU CHEVAL SAUVAGE.

Le cheval sauvage diffère autant par ses formes que par ses qualités du cheval domestique. On distingue deux sortes de chevaux sauvages ; les uns le sont d'origine première, les autres le sont devenus. Les premiers se montrent en troupes considérables sur les plateaux de l'Asie, en Chine, en Turquie, et dans les déserts de l'Afrique ; les autres se trouvent en Amérique. Après la découverte de cette partie du monde, les chevaux que les Européens y amenèrent, et que plus tard ils y abandonnèrent, s'y multiplièrent avec une rapidité surprenante. Tous les voyageurs qui ont traversé les plaines qui s'étendent de la Plata au pays des Patagons, parlent des troupeaux de chevaux sauvages que l'on y rencontre, et assurent en avoir vu qui se composaient de plusieurs milliers d'individus. Ils racontent aussi que dans ces plaines arides où l'eau manque régulièrement à certaines époques de l'année, ces animaux, privés des moyens d'apaiser la soif qui les dévore, sont saisis d'une sorte de fureur qui se communique instantanément à toute la troupe. Dans cette espèce de vertige, ils ne connaissent plus l'étalon qui les guide ordinairement, et, parcourant le pays en tous sens, lorsqu'une rivière, un lac ou seulement un marais se présente sur leur passage, ils s'y précipitent avec une telle rage, que la plus grande partie y périt écrasée ou noyée. Des milliers de carcasses de chevaux morts de cette manière se voient fréquemment, et l'on serait presque tenté de croire que c'est un moyen que la nature emploie pour empêcher la trop grande multiplication de ces animaux.

Les chevaux sauvages, quelle que soit au surplus leur origine, qu'ils le soient de toute éternité ou bien qu'ils le soient devenus, ne présentent plus maintenant la moindre différence, ni dans leurs formes, ni dans leurs mœurs. Ils vivent en troupeaux plus ou moins nombreux. Chaque troupeau reconnaît un chef qui marche toujours à sa tête et le conduit. Ce chef est l'étalon le plus fort et le plus courageux de la bande; il saillit toutes les juments, et ne souffre pas que les autres étalons les approchent quand elles sont en chaleur. Il fait ainsi respecter sa puissance, jusqu'à ce qu'un étalon plus jeune et plus fort vienne lui enlever la conduite du troupeau, ce qui arrive ordinairement au printemps, lorsqu'il est épuisé par les nombreuses saillies qu'il a faites, et que d'ailleurs les jeunes étalons sont excités par la présence des juments en chaleur et non satisfaites. Quelquefois alors le chef épuisé rentre de lui-même dans le rang, mais le plus souvent il en résulte un combat dans lequel il périt, ainsi qu'un grand nombre d'étalons.

Les voyageurs qui se sont trouvés dans la position d'étudier les mœurs des chevaux sauvages, prétendent encore que lorsque ces animaux sont attaqués, ils se forment en cercle, la tête au centre, et lancent des ruades continuelles. S'ils parviennent à entourer leur ennemi, ils se forment également en cercle, mais la tête sur la circonférence. Ils ne souffrent point d'étrangers parmi eux, et si par hasard un cheval domestique échappé vient se mêler à leur troupeau, ils se jettent sur lui et le tuent en peu d'instants.

Le cheval sauvage, enfin, étant forcé de se fatiguer beaucoup pour subvenir à son entretien, et ne trouvant pas toujours une nourriture suffisante, est généralement d'une petite taille et peu corsé; sa tête est forte, présentant beaucoup de ressemblance avec celle de l'âne; il a les oreilles longues, le front busqué, le chanfrein droit, la côte plate, la croupe tranchante, et le poil épais et long, isabelle, souris ou louvet.

DES CHEVAUX DEMI-SAUVAGES.

Ces chevaux se trouvent dans la petite Tartarie,

dans l'Ukraine, sur les bords du Don, dans la Transylvanie, dans la Bessarabie, dans la Finlande et dans l'Irlande; on en trouve aussi dans les Marais-Pontins, dans l'île de Corse et dans celle de la Camargue. On les prend jeunes avec des lacets, et on les soumet ensuite à toutes espèces de travaux. Dans la Finlande, en Irlande et en Corse, les habitants les prennent au commencement de la saison des travaux et les relâchent à l'entrée de l'hiver. On raconte que lorsque les chevaux demi-sauvages aperçoivent un de leurs anciens camarades montés, ils s'en approchent et l'appellent par leurs hennissements. Celui-ci, que réveille l'amour de la liberté, témoigne aussitôt le désir le plus vif de se réunir à eux, et si le cavalier qui le monte ne se tient pas bien sur ses gardes, il s'en débarrasse promptement et s'enfuit pour toujours.

Tous ces chevaux demi-sauvages diffèrent beaucoup entre eux, et tiennent le milieu, pour les formes, entre les chevaux sauvages et les chevaux domestiques. Voici la cause de cette ressemblance. Dans les pays où il existe des chevaux demi-sauvages, il y a des sociétés qui en font commerce. Or ces sociétés étant intéressées à ce que ces chevaux soient beaux, font saillir par de beaux étalons domestiques et relâcher ensuite la plus grande partie des juments qui tombent en leur pouvoir. Il en résulte par conséquent des croisements continuels qui tendent constamment à fondre ensemble les formes sauvages et les formes domestiques.

Il est venu en 1827, à Strasbourg, un troupeau de quatre cents de ces chevaux demi-sauvages, tirés de la Bessarabie. J'ai remarqué qu'ils étaient généralement de taille moyenne, ayant la tête longue et la portant au vent, l'encolure renversée, les côtes plates, les hanches saillantes, et le poil souris ou alezan-cerise lavé. Ils avaient d'ailleurs de belles jambes, sèches et bien musclées. Ces chevaux en général ont mal réussi, mais cela pourrait bien tenir à ce que l'on ne connaît pas en France les moyens d'en tirer parti. Vigoureux et sobres comme ils sont, ils feraient sans doute d'excellents chevaux de guerre, particulièrement propres à remonter la cavalerie légère.

CHEVAUX DOMESTIQUES.

Nous comprenons dans cette classe tous ceux qui sont entièrement soumis à l'homme qui préside à leur reproduction, à leur éducation et à leur nourriture. Nous les distinguons en chevaux étrangers et chevaux français. Occupons-nous d'abord des chevaux étrangers.

CHEVAUX ÉTRANGERS.

DU CHEVAL ARABE.

Parmi les races étrangères, il n'y a qu'un avis sur la supériorité du cheval arabe. Qualités physiques et qualités morales, force, aménité, douceur, patience et sobriété, le cheval arabe possède tout et le possède au plus haut degré.

La race arabe se compose de trois variétés bien distinctes : celle des Kochlani, celle des Kadiski et celle des Atteki. Les Kochlani sont les plus distingués et ne sont consacrés qu'au service de la selle. Les traditions arabes les font descendre des cinq juments favorites du prophète, qui elles-mêmes descendaient des haras de Salomon. Il y a sans doute beaucoup d'exagération dans de semblables traditions, aussi ne les citons-nous que pour signaler le soin que les Arabes mettent à conserver les généalogies de leurs chevaux. Les saillies pour les étalons et les juments de premier sang ainsi que les naissances sont publiquement annoncées, afin que de nombreux témoins puissent y assister et signer au procès-verbal qui les constate.

Les Kochlani sont spécialement en la possession des Arabes du désert, qui ne consentent à s'en défaire que très-difficilement ; on prétend même qu'ils ne permettent jamais la vente d'une jument de premier sang. Tous les voyageurs qui ont eu la facilité d'observer les mœurs de ces peuplades errantes sont entièrement d'accord sur la manière dont elles élèvent et traitent leurs chevaux. Lorsque le poulain vient au monde, l'Arabe le reçoit dans ses bras, l'étend sur la paille, l'essuie et le caresse, comme ne le fait que rarement un père à son enfant dans nos contrées civilisées. L'Arabe, sa femme, ses enfants, sa jument et son poulain habitent la même tente et reposent sur la même litière. Ces rapports de tous les instants font naître entre l'Arabe et son cheval un attachement réciproque si grand, qu'il en résulte une infinité de faits qui pourraient paraître fabuleux, si l'on n'était pas tous les jours dans le désert à même de les vérifier.

Cependant, malgré cette affection de l'Arabe pour

son cheval, lorsqu'il s'agit de l'essayer, on le soumet à un exercice qui semblerait dénoter de la cruauté. On le monte au moment où règne la plus grande chaleur, on lui fait parcourir d'une seule traite et au galop douze ou quinze lieues sur le sol pierreux et brûlant du désert, et lorsqu'il a terminé cette course, on le fait entrer dans l'eau jusqu'au poitrail. Si après cette épreuve il mange de bon appétit, il est déclaré d'un sang noble.

Le cheval arabe ne mange que deux fois par jour, le matin et le soir, et sa pitance se réduit à cinq ou six litres d'orge et un peu de paille. Celui de l'Arabe du désert reste pendant tout le jour à l'entrée de la tente prêt à être monté ; ce n'est que le soir, après avoir été dessellé, qu'il entre et se couche au milieu de la famille.

Les formes du cheval arabe ne sont pas adoptées généralement comme type de beauté. Il est de moyenne taille, suffisamment étoffé ; sa tête est bien, quoique un peu camuse ; il a le front large, le bout du nez fin et délicat, les yeux grands, vifs et pleins d'expression, les oreilles élégantes, la ganache un peu forte et carrée, l'encolure bien sortie, mais droite et quelquefois renversée, la poitrine étroite à la vérité, mais très-élevée, le garrot magnifique, l'épaule admirable, les jambes fines, mais fortes et bien musclées, les veines bien dessinées, les os très-durs et les tendons parfaitement détachés. Le cheval arabe se rapproche beaucoup des proportions de Bourgelat, et se fait remarquer par les plus parfaits aplombs. Cependant il ne rend pas dans le repos ; ce n'est que dans l'action que tous ses avantages se développent. Il ne va qu'au pas et au galop, et comme il n'est monté qu'avec des mors de la plus grande dureté, il aurait bien vite les jarrets et les reins ruinés, si par sa flexibilité, par le ressort et l'élasticité dont jouissent toutes ses articulations, il ne trouvait pas les moyens de se soustraire en quelque sorte aux terribles effets de ces mors.

Le cheval arabe fait bien avec toutes les races ; il semble qu'en fondant ses formes dans celles de la race qu'il croise, il lui communique toutes ses qualités.

Enfin les Kadiski, qui forment la seconde variété des Arabes, sont encore des chevaux distingués, mais qui ont été mésalliés : ce sont des croisements anciens de la première variété avec des chevaux moins nobles. Ils sont en grande partie chevaux de selle, tandis que les Atteki, qui forment la troisième variété, sont les plus communs et spécialement consacrés au service du trait. Ce sont les chevaux de ces deux dernières variétés qui alimentent les marchés publics, et qui se trouvent par conséquent les plus répandus en Europe.

DES CHEVAUX BARBES.

C'est ainsi que l'on nomme les chevaux de la côte d'Afrique, des royaumes de Fez, de Maroc, de Tunis et d'Alger. Ils ont généralement la tête longue et légèrement busquée, les oreilles petites et bien plantées, l'encolure grêle mais bien sortie, la poitrine bombée, les épaules plates, les reins courts, la croupe longue et les jambes fort belles. Le cheval barbe a de la ressemblance avec le cheval arabe, et d'autant plus que l'on s'avance davantage dans les terres, ceux du littoral de la mer étant les moins beaux. Comme le cheval arabe, il est de taille moyenne, et ne connaît que le pas et le galop. Il est froid dans ses allures et a besoin d'être recherché, mais alors on lui trouve du nerf, de la vigueur, de la vitesse, beaucoup de grâce, d'adresse et de légèreté, qualités qu'il conserve jusque dans l'âge le plus avancé et qui ont donné lieu à ce dicton arabe : Les barbes meurent, mais ne vieillissent pas.

DES CHEVAUX PERSANS ET TURCS.

Les chevaux persans sont, après les arabes dont ils descendent, les meilleurs de tout l'Orient. Supérieurs en taille, ils ont en même temps la tête plus fine et la croupe mieux faite. Ils ont à la vérité peu de canon, mais la force du tendon y supplée. On en transporte beaucoup en Turquie où ils donnent des productions fort belles et d'une taille un peu plus élevée que la leur. Les chevaux persans et turcs se rapprochent sûrement beaucoup des arabes sous le rapport des formes et des qualités, mais on remarque qu'ils sont en général moins sobres et qu'ils demandent plus de soin ; ils ont peut-être aussi plus de vitesse, mais moins de fond ; ils ont enfin la peau si fine, qu'on ne peut les panser qu'avec la brosse et le bouchon.

DES CHEVAUX CHINOIS.

La race chinoise est petite, faible, sans courage et mal conformée. Le plus grand nombre des chevaux de cette partie de l'Asie n'est remarquable que par sa robe, qui porte des taches aussi régulières que celles du léopard; il est à présumer cependant qu'il existe en Chine des haras particuliers qui produisent de très-beaux chevaux, et cette présomption résulte de la beauté de ceux que le souverain de ce vaste empire fit offrir au roi d'Angleterre en 1816. Le gouvernement chinois entretient de cinq à six cent mille chevaux pour les services civils et militaires.

DES CHEVAUX TARTARES, TURCOMANS ET TRANSYLVAINS.

Tous ces chevaux sont également sobres, légers, vigoureux et bons coureurs. Ils sont rarement beaux, ont une tête forte et carrée, une encolure longue et mal sortie, une poitrine étroite et peu de corps, ce qui les fait paraître haut-montés malgré la beauté de leurs membres. On cite particulièrement les chevaux turcomans, qui se trouvent dans cette partie de la Tartarie orientale que l'on nomme Turkistan, au nord de la mer Caspienne. Ces chevaux ont une très-grande réputation dans tout l'Orient.

DES CHEVAUX DES INDES-ORIENTALES.

Les Indes-Orientales possèdent une grande quantité de chevaux qui proviennent de croisements, parmi lesquels on peut citer en première ligne les persans et les turcomans. Ces croisements y ont produit une espèce qui se distingue par la beauté de ses formes, la grâce de ses mouvements, et par la docilité de son caractère. On admire la belle conformation de ses membres, la force et la netteté de ses jarrets et la haùteur de son garrot. Toutefois on lui reproche d'avoir les oreilles mal plantées et pendantes. L'espèce la plus commune, en même temps qu'elle est la plus nombreuse, est le résultat des croisements de la race indigène avec cette multitude de chevaux cosaques, tartares et transylvains que l'on y importe continuellement pour les besoins du service. Cette espèce n'a rien de séduisant dans ses formes qui sont très-variées, mais les chevaux qui la composent sont fortement constitués, pleins d'âme et de franchise, et capables de supporter les travaux les plus pénibles.

DES CHEVAUX RUSSES.

Semblable à toutes les autres contrées de la terre, la Russie possède également sa race particulière, dont le type originel se conserve malgré toutes les déviations que des croisements continuels y font naître.

La souche primitive de la Russie est originaire de la grande Russie, de la Chine et de la Tartarie ; elle comprend cette multitude de petits chevaux, appelés chevaux cosaques, qui se trouvent répandus sur toute l'étendue de ce vaste empire. Vilains, mais vigoureusement constitués de corps et de membres, ces animaux sont infatigables et d'une sobriété vraiment étonnante. Tout le monde sait qu'ils ne se nourrissent pendant une partie de l'année que d'écorce d'arbres et de la mousse qu'ils cherchent sous la neige.

Parmi les chevaux russes de la race primitive, on remarque plus particulièrement ceux du gouvernement

d'Archangel qui sont d'excellents trotteurs, ceux des Tor-
gouss qui ont une robe tigrée, et ceux des Baskirs qui
ont une tète très-effilée depuis la ganache jusqu'au bout
du nez, ayant par conséquent beaucoup de ressemblance
avec celle du cochon. Les Kalmouks et les Cosaques du
Don en élèvent aussi une très-grande quantité pour remonter la cavalerie légère, et les habitants de l'Ukraine
pour remonter la grosse cavalerie. Quant à la cavalerie
de la garde impériale, elle se remonte dans le gouvernement d'Ekaterinoslow, situé entre le Dniéper et le
Bug, et qui possède sans contredit l'espèce la meilleure
et la plus belle de toute la Russie. Cette espèce est
tout-à-fait à part et présente un type évidemment oriental. Les individus qui la composent, connus dans le
pays sous le nom de chevaux zaporoges, sont de taille
moyenne, tète parfaitement belle, encolure souple et
gracieuse, croupe bien faite et membres magnifiques.
Indépendamment des différentes espèces dont nous venons de parler, la Russie possède maintenant une grande
quantité de haras appartenant au gouvernement et aux
grands seigneurs. Ces haras sont peuplés d'étalons anglais, turcs et persans, et de juments choisies parmi les
plus belles du pays. Les chevaux qui en proviennent
sont de grande taille, beaux de corps et de membres,
et forment de superbes attelages.

DES CHEVAUX POLONAIS.

Les chevaux polonais ont acquis pendant les dernières guerres de l'empire une certaine réputation. Ils
sont de moyenne taille ou petits, assez étoffés, bien

musclés et légers à la course, par conséquent très-propres au service de la cavalerie légère. On leur reproche d'avoir généralement l'encolure de cerf et de porter au vent.

DES CHEVAUX SUÉDOIS.

Les chevaux suédois sont petits, mais bien proportionnés et remarquables par leur courage et leur vitesse. Dans la Finlande, les paysans les abandonnent pendant l'hiver et les reprennent au commencement du printemps.

DES CHEVAUX DANOIS.

La beauté des chevaux danois date de la plus haute antiquité; les Romains en faisaient le plus grand cas. Ils sont généralement d'une grande taille, ont une belle tête, une encolure parfaitement rouée, des épaules et des membres admirables. Ils ont, quant aux formes, beaucoup de ressemblance avec les normands, qui, dit-on, en descendent, et sont assez souvent pies ou tigrés. Les chevaux danois forment de très-beaux attelages. Paris en possède maintenant un très-grand nombre, et les sociétés qui se chargent des remontes de notre cavalerie en tirent beaucoup pour les carabiniers et les cuirassiers.

DES CHEVAUX ISLANDAIS.

La plus grande partie des chevaux que l'on voit en Islande vivent à l'état demi-sauvage, c'est-à-dire qu'ainsi que dans la Finlande, ils sont abandonnés dans les montagnes aussitôt que la saison des travaux est terminée, et repris au printemps. Très-petits de taille, ils sont cependant très-vigoureux et d'une sobriété vraiment remarquable, car le peu de nourriture qu'ils trouvent en grattant la neige et cassant la glace suffit à leur entretien.

DES CHEVAUX ALLEMANDS.

L'Allemagne est sans contredit la contrée de l'Europe où l'on s'occupe le plus de l'élève des chevaux qui conviennent à tous les services; c'est de là que maintenant sont tirés la plus grande partie de nos chevaux de remonte: c'est une vérité que l'on n'avoue qu'à regret, mais qui est trop connue pour qu'on puisse en faire mystère. Tout le monde sait, en effet, qu'en 1830 et 1831 plus de vingt-cinq mille chevaux allemands furent reçus dans les rangs de l'artillerie et de la cavalerie françaises. Il n'est donc pas tout-à-fait sans intérêt de connaître les parties de cette vaste contrée qui possèdent les chevaux les meilleurs et les plus propres au service des armées.

Les races les plus estimées en Allemagne sont celles du Mecklembourg, du Holstein, de la Prusse et du Hanovre. La Hongrie et le Wurtemberg sont en progrès sous ce rapport, et nul doute qu'avant une vingtaine d'années on parlera des races hongroise et wurtembergeoise avec autant d'estime que l'on parle maintenant de celles que je viens de nommer.

Le Mecklembourg est la partie de l'Allemagne qui paraît le mieux convenir à l'élève des chevaux; c'est aussi celle où, toute proportion gardée, on trouve le plus de races nobles. Les mecklembourgeois tiennent à la fois du cheval anglais et du cheval normand, mais plus particulièrement de ce dernier : c'est pour cette raison qu'il s'en vend beaucoup à Paris sous le nom de normands; cependant, avec un peu d'habitude, on peut facilement les distinguer. Le cheval mecklembourgeois a les formes moins arrondies que le cheval normand, la charpente osseuse plus forte, plus saillante, surtout à la croupe qui est avalée, tandis que celle du cheval normand se rapproche davantage de l'horizontale. La tête du mecklembourgeois est plus belle, plus distinguée, son front plus large et ses yeux plus grands. On lui reproche, comme à tous les chevaux allemands, d'avoir les membres grêles et les allures trop relevées. Quoique la plus grande partie des mecklembourgeois soit consacrée aux attelages, on en trouve cependant un grand nombre qui ont assez de légèreté pour servir à la selle et remonter la grosse cavalerie.

Les chevaux du Holstein, surtout depuis quelques années, obtiennent souvent la préférence sur les mecklembourgeois. Ce changement est dû à ce que dans le Holstein on fait beaucoup de croisements avec des étalons anglais qui y réussissent fort bien, tandis que dans le Mecklembourg on s'est engoué des étalons orientaux, qui, jusqu'à présent, n'ont pas réalisé les espérances qu'on avait conçues de leurs services comme producteurs.

Les chevaux du Holstein ont beaucoup de ressemblance avec leurs voisins les mecklembourgeois, mais sont moins distingués et moins gracieux.

La Prusse est maintenant en possession de la race la plus élégante de l'Allemagne, grâce aux soins et à la protection que le gouvernement accorde à l'élève de l'espèce chevaline depuis le règne de Frédéric-Guillaume. C'est à ce prince que la Prusse est redevable de ses deux premiers haras, celui qui porte son nom, haras de Frédéric-Guillaume, à Neustadt, dans le Brandebourg, et celui de Trakchenem, situé dans la Lithuanie; elle en possède aujourd'hui deux autres, celui de Graditz, près de Torgau, et celui de Versa, sur la frontière saxonne. Ces quatre haras ne sont peuplés que d'étalons arabes, persans et anglais, de premier sang, et des plus belles juments du pays, du Holstein, du Mecklembourg, de l'Angleterre et de la Normandie.

Le Hanovre possède aussi une très-belle et très-bonne race de chevaux. Ceux-ci se rapprochent chaque jour davantage des chevaux anglais, parce que d'après l'organisation des haras hanovriens, il ne peut y entrer que des étalons de premier sang anglais.

La race du Wurtemberg commence à être citée très-avantageusement; c'est une race tout-à-fait à part en Allemagne et par conséquent très-reconnaissable. Ceci tient au goût dominant du souverain pour les chevaux persans. La plus grande partie des étalons que l'on voit dans les haras du Wurtemberg sont en effet d'origine persane et du plus beau sang. Le souverain, pour hâter l'amélioration de l'espèce chevaline dans ses états, a créé une commission d'hommes vraiment instruits dans la connaissance des chevaux, qui parcourent constamment le pays pour s'assurer de la beauté et de la bonté des étalons employés à la reproduction. Tous ceux de ces animaux qui ne remplissent pas exactement toutes les conditions requises, sont châtrés sur-le-champ.

Il n'est peut-être point de contrée sur la terre où il y ait autant d'espèces différentes de chevaux que dans la Hongrie. La raison en est que chaque grand propriétaire a sa race particulière à laquelle il donne son nom, et dont le caractère distinctif dépend de l'espèce d'étalons dont ses ancêtres ont originairement fait choix. Les uns ont préféré les étalons anglais, les autres les arabes, d'autres aussi ont voulu conserver le type indigène; mais tous ont mis et mettent encore un soin extrême à maintenir le caractère distinctif de l'espèce qui porte son nom. Cet amour ou plutôt cet orgueil des nobles Hongrois pour leurs chevaux a dû nécessairement produire une grande amélioration dans l'espèce en général, et en effet la Hongrie est peuplée d'excellents chevaux; mais les espèces en sont si variées, qu'il serait impossible de les décrire, et qu'il faut absolument avoir habité le pays pour les reconnaître.

DES CHEVAUX HOLLANDAIS.

Les chevaux hollandais se ressentent beaucoup du climat humide et brumeux dans lequel ils sont nés. Généralement d'une grande taille, ils ont le corps long, la croupe avalée, les hanches cornues, les jambes communes, les pieds plats et larges. C'est dans la Frise que se trouvent les meilleurs, et dans le Hart-Darven ces juments si renommées pour la vitesse de leur trot. Les chevaux hollandais seraient propres au service des trains des parcs et des équipages.

14

DES CHEVAUX SUISSES.

La Suisse possède une bonne race de chevaux de trait ; quelques-uns sont même assez distingués pour former des attelages de carrosse. Ils sont grands, bien étoffés, bien membrés, vigoureux et très-sobres ; mais ils ont une grosse tête, une encolure massive, des épaules chargées de chair, et des jambes qui paraissent d'autant plus courtes qu'elles sont ordinairement chargées de longs poils. Les meilleurs se trouvent dans le canton de Berne et dans les environs de Soleure. Les moins bons sont dans le Jura et dans le canton de Vaud, où ils sont faibles, rabougris et de peu de service.

DU CHEVAL ESPAGNOL.

Le cheval espagnol est un de ceux qui ressemblent le plus à celui des côtes d'Afrique dont il est nécessairement une descendance, car pendant près de huit siècles que les Maures maintinrent leur domination en Espagne, les princes sarrasins pour soutenir la splendeur de leur cour de Grenade et de Cordoue, autant que par le besoin qu'ils avaient d'entretenir une bonne cavalerie, durent attirer dans ce pays un grand nombre de chevaux africains et des plus beaux. Ces chevaux contribuèrent nécessairement à l'amélioration ainsi qu'à l'élégance de la race.

Le cheval espagnol a un air de famille qui le fait facilement reconnaître. On lui reproche d'avoir la tête longue, la ganache empâtée, l'encolure courte et forte, les épaules communes, le ventre de vache, la queue

mal attachée, les paturons trop longs, les talons trop
hauts, et les pieds serrés et disposés à l'encastelure.
Mais, en revanche, il a la peau d'une finesse extrême,
les extrémités sèches et sans poils, une grande souplesse
dans tous les mouvements, beaucoup de grâce et de
noblesse, de courage et d'action, quoique d'une douceur,
d'une docilité parfaite. Le cheval espagnol ayant des
allures peu vites, bien cadencées, et développant parfaitement son avant-main, doit être considéré plutôt
comme cheval de manège et d'agrément que comme
cheval de guerre. Les plus beaux et les plus renommés
se trouvent dans l'Andalousie, dont la position élevée
est particulièrement favorable à l'élève, ainsi qu'à l'a-
mélioration de l'espèce. On en trouve aussi dans les
royaumes de Grenade et de Murcie, très-propres à remonter de la cavalerie légère.

DES CHEVAUX ITALIENS.

Les chevaux italiens ont joui pendant long-temps
d'une grande célébrité. L'on citait particulièrement ceux
du royaume de Naples et des états de Venise ; mais
toutes les races italiennes sont aujourd'hui dans un état
complet de dégénération; la race napolitaine n'existe
même plus. Quant à celle de Venise, on en retrouve
encore quelques traces sous le nom de chevaux polé-
sinés. Ces chevaux se font remarquer par la plus grande
beauté : taille élevée, tête fort belle et parfaitement bien
attachée, encolure superbe, garrot admirable, épaule
magnifique. Ils n'ont qu'un seul défaut, quant à la conformation, c'est d'avoir la côte légèrement serrée.

DES CHEVAUX ANGLAIS.

Il serait fort difficile de dire maintenant quelles étaient les races de chevaux de la Grande-Bretagne avant l'amélioration. Tout ce que l'on sait, c'est qu'elles différaient entièrement de ce qu'elles sont aujourd'hui. Au lieu de cette taille légère, qui est maintenant l'apanage des chevaux de luxe, elles avaient des formes grosses et pesantes, et probablement des allures raccourcies.

Les Anglais cherchèrent d'abord à améliorer leurs races avec des chevaux français et espagnols, mais ils ne tardèrent pas à reconnaître la supériorité des étalons arabes, turcs, persans et barbes. Le gouvernement d'abord et les propriétaires ensuite s'en procurèrent et cherchèrent à en perpétuer la race, soit en les accouplant entre eux, soit en les croisant avec les plus belles juments du pays. Mais ces derniers produits étant les plus faciles à obtenir, en même temps qu'ils réussissaient le mieux, les idées furent bientôt arrêtées sur la marche à suivre pour arriver à une prompte amélioration.

L'établissement des courses qui eut lieu à peu près à la même époque ne contribua pas peu à accélérer l'amélioration. Les chevaux qui sortaient vainqueurs de ces courses étaient regardés comme les meilleurs ; chacun se disputait l'avantage de les posséder, et cette concurrence éleva tellement leur prix, que l'esprit de spéculation s'empara bientôt de cette nouvelle branche d'industrie, multiplia ses efforts et fit marcher l'amélioration plus rapidement encore.

Il était naturel aussi que les personnes qui ne pouvaient acheter les chevaux vainqueurs, voulussent avoir au moins de leurs productions ; dans ce but, elles payèrent chèrement pour faire saillir leurs juments par un étalon célèbre : 10, 20, 40, 100 et jusqu'à 150 guinées furent données pour une seule saillie. Ce fut ainsi que des étalons anglais rapportèrent des sommes immenses à leurs maîtres et acquirent une réputation colossale. L'Éclipse (1), de tous les chevaux anglais le plus extraordinaire, rapporta, dit-on, tant en prix de saillies qu'en prix gagnés, plus de 1,500,000 francs à son propriétaire.

(1) Voici quelques détails sur ce célèbre étalon. L'Éclipse naquit dans les écuries du duc de Cumberland pendant la grande éclipse qui eut lieu le 1.er août 1764, et c'est de là que lui vint son nom. Il était fils de Marsk, qui descendait de Darley-Arabian, et de Spiletta, fille de Régulus et petite-fille de Godolphin-Arabian ; il était alezan clair, lisse en tête prolongée, balzane antérieure droite, montant jusqu'au genou.

A la mort du duc de Cumberland, l'Éclipse qui n'avait que quatre ans, et dont la respiration bruyante pouvait faire craindre un vice de conformation dans les voies aériennes, fut vendu à MM. Wildmann et O'Kelli pour la somme de 75 guinées. L'année suivante, le colonel O'Kelli qui prévoyait en quelque sorte la célébrité que l'Éclipse se ferait un jour, désira en devenir l'unique possesseur, et offrit à ses risques et périls jusqu'à 1000 guinées à M. Wildmann, qui s'empressa de les accepter pour sa part de propriété. M. O'Kelli le fit alors entrer en lice. L'Éclipse fut vainqueur dans toutes les courses où il parut ; jamais même il ne rencontra d'adversaire contre lequel il eût à déployer toute sa vitesse. L'Éclipse se montra dans les courses de 1769 à 1774. Il fut alors employé comme étalon, et produisit 334 chevaux ou juments qui presque tous acquirent de la célébrité. Enfin, ce magnifique animal mourut en 1792, âgé de 28 ans.

Quoique les espèces en France aient été bien mélangées, cependant on reconnaît encore aujourd'hui dans les formes et la physionomie d'un assez grand nombre de chevaux des caractères particuliers qui indiquent la province où ils sont nés, ce qui fait que la race française se compose encore d'espèces, telles que celles du Limousin, de la Navarre, de la Normandie, des Ardennes, etc. Mais il n'en est pas de même en Angleterre. S'il existait autrefois des différences entre les chevaux de ses diverses provinces, elles n'y existent plus aujourd'hui, et les Anglais ne disent pas : ce cheval est de Norfolk, de Kent ou du pays de Galles; mais c'est un cheval de course, de chasse, de carrosse ou de charroi. On peut cependant ranger encore les chevaux en Angleterre en deux grandes classes, celle des chevaux de montagnes et non améliorés, et celle des chevaux améliorés. La première se compose de petits chevaux nés dans les montagnes et présentant partout les mêmes caractères : tête petite et assez jolie, encolure forte, côtes bien contournées, et jambes sèches et nettes. Ces chevaux d'origine première, et dont la race se conserve toujours pure, parce que leur croisement ne pourrait rien produire d'avantageux, se trouvent partout, mais particulièrement dans les pays montueux, dans le Cornouailles, dans le pays de Galles et dans l'Ecosse, où ils s'élèvent sans aucun soin. Ils ont le pied extrêmement sûr, galopent sans broncher sur les penchants les plus rapides, sont infatigables, se nourrissent de peu et servent à une multitude de petits travaux.

Nous ne répéterons pas ce que nous avons eu déjà

l'occasion de dire sur la marche que les Anglais ont suivie pour obtenir leur race actuelle, mais nous allons exposer ce qui se passe maintenant, et comment on obtient les chevaux destinés aux différents services.

Le produit immédiat du cheval arabe, barbe, turc ou persan, avec une jument de la race perfectionnée, ou celui de deux métis au premier degré, donne le premier sang. Tous les autres produits sont bien aussi des chevaux de sang, mais d'un sang moins pur, et d'autant moins que l'on s'éloigne plus de la souche asiatique: de là les chevaux de demi-sang, de quart de sang, etc., et de là aussi les chevaux de chasse ou de guerre, de carrosse, de train et de labour.

Le premier ou le pur sang donne seul les chevaux de course, du moins les véritables et réputés tels. Le second sang offre bien quelques chevaux de course, mais qui sont toujours inférieurs aux premiers, et par la beauté de leurs formes, et par la rapidité de leur course.

Les véritables chevaux de course, ceux qui ont acquis le plus de célébrité, se sont fait remarquer par l'élégance de leur tournure et par la régularité de leurs proportions. Ils sont généralement d'une taille avantageuse, ont une tête petite et sèche, des yeux grands et saillants, l'encolure longue mais parfaitement sortie, la poitrine étroite mais très-élevée, le garrot remarquable par sa hauteur, le ventre peu développé, les membres larges, les articulations fortes, les épaules plates et très-inclinées, l'avant-bras un peu long, la croupe horizontale et la queue au niveau des reins, la cuisse longue, le jarret peu coudé, les éminences osseuses très-prononcées, la peau fine, les veines très-apparentes et le poil ras ; presque tous sont bais ou alezans. D'après une telle conformation, il est facile de comprendre que les chevaux de premier sang, taillés de la manière la plus propre à favoriser l'étendue des mouvements, ne doivent point avoir cette grâce ni cette souplesse que l'on recherche dans les chevaux de manège, aussi ne faut-il pas les considérer comme tels.

Ces chevaux continuent à paraître dans les courses jusqu'à ce qu'ils ne puissent plus le faire sans désavantage, alors ils sont employés à la reproduction. Les plus renommés saillissent les plus belles juments de premier sang, et les autres sont employés à l'amélioration des classes inférieures.

Les chevaux de chasse ou de guerre sont, après les chevaux de course, les plus recherchés. Ces chevaux doivent réunir une somme de qualités qui se rencontrent assez rarement. Ces qualités sont : la solidité d'abord, ensuite la force, l'adresse et la rapidité ; car, destinés à porter des hommes souvent très-lourds, et obligés de franchir avec leurs cavaliers des haies et des fossés, la vie des chasseurs serait souvent exposée sans la réunion de toutes ces qualités. Pour les obtenir, on croise des juments fortes et bien étoffées de la classe améliorée avec des chevaux de course. Les poulains qui en résultent réunissent la force et la solidité de la mère à la rapidité du père. Nos belles juments cauchoises sont souvent employées dans cette intention.

Parmi ces chevaux de demi-sang, il en est qui sont

trop grands et trop étoffés pour être employés à la selle ; on les accouple alors pour former des attelages qui sont de la plus grande distinction. Mais la plus grande partie des chevaux de carrosse sont ceux que l'on obtient par les croisements des chevaux et des juments de chasse, les plus élevés en taille et les plus étoffés.

Enfin, en croisant entre eux les chevaux de carrosse les plus grands et les plus musculeux, on obtient ces magnifiques chevaux de trait, chevaux de brasseur, que l'on rencontre parcourant en tous sens les rues de Londres et les principales villes d'Angleterre. Ces chevaux passent pour des modèles en ce genre. Presque tous noirs, bais-bruns ou marron, ils se font remarquer par la beauté de leurs formes, par la régularité de leurs proportions et par la hauteur de leur taille, qui, toujours au-dessus de cinq pieds, s'élève souvent jusqu'à six.

DES CHEVAUX FRANÇAIS.

DES CHEVAUX LIMOUSINS.

Les chevaux limousins sont, parmi les chevaux français, ceux qui ont le plus de race, aussi croit-on généralement qu'ils sont d'origine africaine et arabe. Il est présumable en effet qu'ils descendent, d'une part, des chevaux que les Sarrasins introduisirent en France lorsqu'ils en envahirent le midi au 8.e siècle, et qu'ils y abandonnèrent après leur défaite à Poitiers, et de l'autre, des chevaux arabes que les chevaliers français ramenaient de la Palestine au temps des croi-

sades, et dont la majeure partie restait dans les provinces méridionales.

Le cheval limousin a la peau très-fine, la tête
carrée, l'encolure droite, souvent grêle et parfois
renversée avec le coup de hache, les membres très-secs,
ceux de devant un peu minces, et le tendon failli,
les jarrets trop rapprochés et les hanches saillantes ;
mais plein de vigueur et de franchise, de finesse et
de légèreté, il est essentiellement cheval de selle, bon
par conséquent pour la ville et pour la guerre.

Le cheval limousin ne se forme que lentement ; il
faut l'attendre jusqu'à six et même sept ans, mais
alors on peut en obtenir un excellent service jusqu'à
vingt et même au-delà.

DES CHEVAUX AUVERGNATS.

L'Auvergne produit une espèce de petits chevaux
montagnards qui ont beaucoup de ressemblance avec
les limousins dont ils descendent probablement, et
qui serviraient avec avantage dans la cavalerie légère.
Généralement plus étoffés que les limousins, ils ont
peut-être aussi plus de fond.

DES CHEVAUX CORSES.

L'île de Corse fournit des chevaux petits, mais parfaitement bien tournés, pleins de feu, de vivacité, et
durs à la fatigue. Malheureusement la petitesse de leur
taille ne les rend propres qu'à un très-petit nombre
d'usages.

DES CHEVAUX NAVARRINS.

Les chevaux qui ont le plus de race après les limousins, sont sans contredit les navarrins; ils en diffèrent cependant en ce qu'ils ont la tête plus large, l'encolure moins grêle et plus gracieuse, quoique sortie avec le coup de hache, le corps plus étoffé et la coupe plus arrondie. Les navarrins ont beaucoup de ressemblance avec les espagnols sous le rapport des formes et des mouvements, aussi sont-ils très-recherchés pour les travaux du manège.

DES CHEVAUX NORMANDS.

La Normandie est depuis long-temps la province de France qui présente le plus de ressources sous le rapport des chevaux, non seulement parce qu'elle en fournit beaucoup, mais aussi parce qu'elle en élève pour tous les services.

Le cheval normand a un air de famille qui le fait facilement reconnaître. C'est un des plus beaux pour la tournure, et des plus remarquables par la franchise de ses allures. Il a une encolure bien développée, un poitrail large, une croupe ronde, terminée par une queue bien attachée, et des membres superbes, quoique un peu empâtés. On lui reproche d'avoir la tête longue, étroite et busquée, les oreilles trop rapprochées, les yeux petits, et d'être souvent d'un caractère indocile et désagréable dans les rangs.

Les chevaux normands les plus distingués sont tirés du Melherant et du Cotentin, les premiers pour la

selle et la cavalerie légère, et les autres pour les attelages de carrosse et la grosse cavalerie.

Il existe dans le pays de Caux une espèce excellente
pour le trait, et dont les juments sont très-recherchées
comme poulinières.

DES CHEVAUX BOULONNAIS.

Les chevaux boulonnais sont regardés avec raison
comme les plus beaux et les meilleurs chevaux de trait
que possède la France. On les trouve dans toute la
Picardie et dans les départements circonvoisins. Ces
chevaux se reconnaissent à leur taille qui n'est pas
moins de cinq pieds, au développement considérable
de leurs muscles, ainsi qu'à la longueur de leur crinière
qui tombe également des deux côtés.

DES CHEVAUX POITEVINS.

Les chevaux poitevins sont, après les boulonnais,
les chevaux français les plus propres au trait. Ils ont
avec eux beaucoup de ressemblance ; cependant ils ont
la tête mieux faite, et quelque chose de moins lourd
dans la tournure. Cette espèce, très-nombreuse autrefois,
devient tous les jours plus rare, parce que la plus
grande partie des juments sont employées à la mulasse.

DES CHEVAUX FRANCS-COMTOIS.

La Franche-Comté produit des chevaux de grande
taille qui ont quelque ressemblance avec les boulonnais,
et qui, comme eux, sont particulièrement propres au
trait ; ils sont cependant moins forts, moins étoffés

et plus longs de corps, ils ont aussi la tête moins forte et plus sèche. On leur reproche d'avoir de grands pieds, une mauvaise corne, et d'être lourds et paresseux. On en trouve parmi eux qui pourraient servir avec avantage à remonter les trains des parcs et des équipages, ainsi que la cavalerie de réserve.

En général, les trois espèces boulonnaise, poitevine et franche-comtoise, conviennent essentiellement au roulage, comme à tous les services qui demandent un grand développement de forces musculaires, mais peu de vitesse ; ce sont celles par conséquent qu'il importe le plus de voir prospérer et se répandre.

DES CHEVAUX BRETONS.

Les chevaux bretons sont excellents et particulièrement propres aux services des postes et messageries ; il en est qui pourraient fort bien aussi convenir à la cavalerie légère.

Le cheval breton a la tête grosse et carrée, mais sèche, le front et le chanfrein droits ou camus, l'encolure courte et massive, l'épaule forte, la croupe double et massive, les membres forts et larges, le jarret droit et le paturon très-court. Il est généralement de taille moyenne, et plus propre au service du trait accéléré que les trois espèces que nous venons de décrire, parce que c'est le tempérament sanguin qui domine dans l'espèce bretonne, tandis que c'est le tempérament lymphatique dans les trois autres.

Le cheval breton demande à être attendu ; il faut prendre aussi beaucoup de précautions quand on l'expatrie, parce qu'il ne s'accoutume que très-difficilement au changement de climat; mais une fois l'époque critique passée, le cheval breton devient très-dur à la fatigue et vit long-temps. Il est très-sujet à la fluxion périodique.

DES CHEVAUX MORVANDAIS.

Il existe dans le Morvan et dans le Nivernais une espèce de petits chevaux qni ont beaucoup de ressemblance avec les bretons, mais qui sont mieux tournés et plus propres qu'eux au service de la selle. On en tire quelques-uns pour la cavalerie légère et d'autres pour les attelages d'artillerie de campagne.

DES CHEVAUX ARDENNAIS.

Les chevaux ardennais ont toujours eu beaucoup de réputation. Petits, mais bien tournés, pleins de nerf et durs à la fatigue, ces chevaux conviennent particulièrement au service de la cavalerie légère, ainsi qu'à celui de l'artillerie de campagne.

DES CHEVAUX FLAMANDS.

Les chevaux flamands ont en général une mauvaise conformation pour la selle. Ils sont de grande taille, ont une poitrine étroite, un corps long, des membres grêles et une mauvaise corne. Généralement d'un tempérament lymphatique, les chevaux flamands sont mous, se fatiguent facilement, et sont très-sujets aux eaux aux jambes, au farcin et à la morve. Propres au roulage, ils ne conviennent nullement au service des armées.

DES CHEVAUX LORRAINS ET ALSACIENS.

Les chevaux lorrains et alsaciens n'ont plus maintenant un caractère bien décidé, parce qu'ils se croisent constamment avec les allemands leurs voisins. Dans le département du Bas-Rhin, du côté de Haguenau et de Wissembourg, on trouve de fort jolis chevaux de selle. Le département du Haut-Rhin fournirait plutôt des chevaux de trait, et les départements de la Meurthe et de la Moselle des chevaux de poste et de messageries. L'ancienne espèce des environs de Metz, qui est encore assez nombreuse aujourd'hui, se compose de chevaux très-petits de taille, de 4 pieds au plus, fort laids, mais durs à la fatigue, et vivant très-long-temps. On y voyait encore, il y a quelques années, un cheval qui avait plus de cinquante ans.

CONCLUSION SUR LES RACES.

Les diverses races de chevaux que nous venons d'examiner diffèrent plus ou moins entre elles, non seulement par leurs formes, mais aussi par leurs qualités. Ces formes et ces qualités sont, à ce qu'il paraît, absolument inhérentes à la nature du sol et du climat. L'on remarque en effet que les chevaux du Midi sont généralement moins grands, plus vifs et plus impressionnables que ceux du Nord ; ceux des montagnes sont petits, sobres et courageux, pleins d'âme et de franchise, tandis que ceux qui habitent des terrains bas et marécageux sont d'une taille élevée, chargés de chair, forts à la vérité, mais lourds et paresseux. Il n'est peut-être même pas d'animal qui, en changeant de climat ou de localité, éprouve une mutation plus prompte et plus profonde que le cheval : il lui suffit de descendre de la montagne dans la plaine, ou de monter d'une localité basse dans un lieu plus élevé, pour qu'une révolution presque subite, favorable ou non, se manifeste dans l'exercice de ses fonctions. Les marchands de chevaux, ceux qui font le commerce en grand, particulièrement ceux de la capitale et des environs, connaissent fort bien cette propriété du cheval, et s'en servent, suivant l'expression consacrée, pour refaire leurs chevaux ; il en est même qui achètent, à vil prix, bien entendu, tous les chevaux ruinés qu'ils rencontrent, pourvu qu'ils soient encore jeunes, et les envoient parquer pendant quelque temps dans les pâturages de la Normandie. Là, ces malheureux animaux jouissant d'un air pur et du repos, reprennent promptement de l'embonpoint et un faux air de vigueur, et sont alors de nouveau relancés dans la circulation, où ils reperdent bien vite jusqu'à l'apparence de la santé. C'est là peut-être même une des causes qui ont concouru à tant faire déprécier les chevaux normands. En Alsace, en Lorraine, comme partout où l'on fabrique beaucoup de bière, les marchands suivent une autre méthode : ils donnent de la drèche à leurs chevaux usés. Cette nourriture a la propriété de les engraisser très-promptement, en sorte que, trompé par cette apparence de santé que l'on doit toujours rechercher, on croit avoir fait une bonne acquisition, et l'on s'aperçoit bientôt que l'on n'a qu'une rosse entre les jambes.

DES REMONTES.

Les remontes ont pour but de pourvoir aux rempla-
cements des chevaux que les combats, les maladies,
l'âge et les fatigues détruisent journellement, ou mettent dans le cas d'être réformés.

Bien que plusieurs méthodes aient été présentées
pour remonter les différentes armes, le gouvernement
jusqu'à présent s'est trouvé dans la nécessité de s'en
tenir à celle de passer des marchés avec des sociétés.
Ces sociétés se chargent, à leurs risques et périls, frais
de transport, chances de rejet et marchés d'urgence,
de présenter à la réception des conseils d'administration des régiments, ou des dépôts de remonte, et dans
un temps déterminé, tous les chevaux nécessaires au
service. Cette méthode n'est pas sans inconvénient,
mais on ne saurait disconvenir qu'elle soit la meilleure
dans les moments de crise, puisqu'elle est la plus sûre
et la plus expéditive. On a bien proposé et même essayé
dans ces derniers temps s'il ne serait pas plus écono-
mique pour l'état et plus avantageux pour les corps de
charger des officiers de parcourir les campagnes pour
acheter directement les chevaux nécessaires à leurs régiments. On a proposé de suivre une méthode analogue
à l'égard des dépôts de remonte, c'est-à-dire que ces
dépôts dans lesquels les régiments viendraient puiser
au fur et à mesure des besoins, seraient constamment
alimentés par des chevaux achetés directement par des

agents spéciaux chargés de parcourir les campagnes ; mais ces deux méthodes, qui peut-être n'offriraient pas moins d'inconvénients que la première, auraient le désavantage de ne pouvoir s'appliquer qu'au temps de paix.

Quelle que soit au surplus la méthode qui finisse par prévaloir, les officiers délégués par les conseils d'administration pour la réception des chevaux de remonte, ou ceux qui pourraient être chargés de parcourir les campagnes pour faire des achats, doivent s'entourer de toutes les lumières qui peuvent les guider dans l'exécution d'une mission aussi délicate que difficile, et qui demande à la fois des connaissances positives, un coup d'œil prompt et sûr, et beaucoup d'habitude.

CHOIX ET RÉCEPTION DES CHEVAUX DE REMONTE.

L'âge auquel on doit recevoir les chevaux de remonte est fixé par les réglements ; mais il serait à désirer que ces réglements fussent modifiés à cet égard. Premièrement, ils laissent la faculté d'accepter les chevaux de 4 à 8 ans. La limite inférieure est beaucoup trop basse. Non seulement, à 4 ans, les chevaux n'ayant point encore jeté leurs gourmes, sont sujets à une foule de maladies qui multiplient les chances de pertes, mais il faut les attendre fort long-temps, ce qui augmente encore ces chances et leur prix. Il serait d'ailleurs nécessaire de fixer cette limite inférieure d'après la race ou l'espèce du cheval à recevoir, puisque les uns peuvent être employés à quatre ou cinq ans, tandis que les autres ont besoin d'être attendus jusqu'à sept.

Les réglements ont assigné la taille qui convient à chaque arme, il ne reste donc plus à l'officier chargé de la remonte qu'à choisir parmi les chevaux qui satisferont à ces deux conditions : âge et taille, ceux qui lui paraîtront les plus beaux et les meilleurs, les plus capables de rendre de bons et longs services, soit comme chevaux de selle, soit comme chevaux de trait.

DU CHEVAL DE GUERRE.

En général on recherchera dans le cheval de guerre, qu'il soit destiné au trait ou à la selle, une grande solidité, des mouvements libres, une bouche ni trop fine ni trop dure, c'est-à-dire à toutes mains, une vue nette, une poitrine intacte, un pied sûr, un bon appétit, plus de fond que d'ardeur, de la franchise et du courage ; les chevaux vicieux (1), qu'ils soient ombrageux, rétifs ou méchants, quelles que soient d'ailleurs les qualités qu'ils pourraient avoir, seront écartés avec soin.

(1) Il est de la plus grande importance, lorsque l'on achète un cheval, de s'attacher à reconnaître son caractère ; car il arrive bien souvent qu'un cheval, quoique remplissant toutes les conditions requises sous le rapport des formes, des aplombs, proportions et allures, a des défauts, des vices de caractère qui le rendent impropre au service et d'un emploi difficile et dangereux. Il est des défauts de caractère que l'homme de cheval parvient aisément à corriger, mais il en est aussi qui sont incorrigibles, ou qui demandent un temps si long pour être réprimés, qu'ils doivent être considérés comme cas de rejet. La paresse, la timidité, l'impatience et la colère sont au nombre des premiers ; la lâcheté, la méchanceté, ainsi que tous les défauts qui rendent le cheval vicieux, c'est-à-dire ombrageux et rétif, sont au nombre des seconds. La paresse cède

Les chevaux de trait employés dans les armées ne doivent pas avoir entièrement les caractères qui appartiennent à ce genre de service, puisqu'il s'agit moins pour eux de vaincre habituellement de grandes résistances, que de fournir souvent à des marches très-rapides. Ils participeront donc à la fois des qualités du cheval de selle et de celles du cheval de trait, c'est-à-dire, qu'ils seront bien tournés, bien proportionnés, bien

à la chambrière et à l'éperon ; la timidité exige une grande douceur, pour donner de la confiance à l'animal ; l'impatience demande de la douceur et beaucoup de calme, et la colère exige en outre de sévères corrections, mais appliquées à propos, et lorsque le cavalier est bien sûr de mater son cheval.

La lâcheté rend le cheval impropre au service de la guerre. Le cheval vicieux, en général, n'a d'attachement pour personne ; il mord et rue toutes les fois qu'il en trouve l'occasion. S'il est ombrageux, il est d'autant plus dangereux, qu'il fait des pirouettes et des sauts de côté au moment où on s'y attend le moins. On parvient à la longue à le corriger de ce défaut en le flattant, le caressant et lui parlant, et en l'approchant doucement de l'objet qui l'effarouche. On appelle cheval rétif celui qui s'obstine à ne pas bouger de place quand il est dans ses lubies. Ce défaut est bien souvent le résultat de châtiments appliqués sans raison ; on parvient aussi à l'en corriger, mais ce n'est qu'avec beaucoup de persévérance et de fermeté.

Enfin, il ne faut pas perdre de vue que l'éducation du cheval demande en général beaucoup de patience et de douceur, du tact et de la fermeté ; que le cheval a une assez grande mémoire pour conserver le souvenir des bons comme des mauvais traitements ; qu'une punition injuste ou trop sévère l'exaspère promptement ; que les chevaux du meilleur naturel se perdent en peu de temps, tandis que les vicieux deviennent encore plus vicieux s'ils sont brutalisés.

étoffés sans être trop chargés de chair, et pourvus d'une certaine légèreté.

La cavalerie de réserve (carabiniers et cuirassiers) est la plus difficile à bien remonter, parce qu'on ne trouve le plus souvent parmi les grands chevaux que des animaux, ou décousus et pleins d'ardeur, ou trop massifs et trop lourds, par conséquent sans agrément, sans vitesse, et se ruinant promptement.

Les chevaux de dragons et de lanciers, ainsi que les chevaux de selle d'artillerie, doivent être assez étoffés, bien ouverts et non chargés d'épaules, doués de beaucoup de vitesse et de légèreté. Ce genre de chevaux commence à devenir rare, parce qu'il convient généralement à tout le monde, et que c'est parmi les chevaux de moyenne taille que se trouvent ceux dits à deux fins.

La cavalerie légère est l'arme qui peut se remonter le plus facilement en France, parce que, d'une part, les petits chevaux y sont plus nombreux que les grands, et que, d'une autre, ils y sont plus généralement bons. Le cheval de cavalerie légère doit avoir du nerf et de l'haleine, des reins et des jarrets, beaucoup de souplesse et de vitesse, afin de servir avec avantage son cavalier dans les entreprises hasardeuses dont il est souvent chargé.

Bien pénétré de ces principes, l'officier chargé de l'achat d'un cheval doit premièrement le visiter à l'écurie, afin de reconnaître la manière dont il se tient habituellement, comment il mange, s'il se laisse panser facilement, et s'il n'est pas méchant avec les autres chevaux ses voisins; il le fait ensuite sortir de l'écurie.

et profite de cette sortie pour examiner l'état de sa vue. Quand l'animal est placé et tranquille, il le considère dans son ensemble, s'assure de la justesse de ses aplombs, de l'état de ses membres, de son âge et de sa taille. Il le fait alors marcher, d'abord au pas, puis au trot, en se tenant successivement de côté, en avant et en arrière, pour s'assurer de la liberté des épaules, de la solidité des reins et du jeu des extrémités antérieures et postérieures. Après l'avoir arrêté, pour reconnaître s'il n'est pas immobile, il le fait reculer; puis il le fait monter, afin d'asseoir définitivement son jugement sur la solidité de ses reins, la franchise de ses mouvements et sa docilité. Il faut lui faire faire aussi quelque temps de galop en ligne droite et en cercle, dans l'intention de reconnaître l'intégrité des organes de la respiration et la non-existence du cornage. L'officier termine enfin cet examen par faire lever les pieds au cheval et frapper sur le fer, pour savoir s'il se laisse ferrer facilement.

Quand il s'agira d'un cheval de prix, l'officier le montera lui-même pour mieux apprécier la douceur de ses allures, la bonté de sa marche, sa légèreté, son adresse, sa docilité, et pour le détailler enfin dans ses moindres parties.

Le cheval une fois reçu, il en prend le signalement avec la plus grande exactitude, et fait placer l'animal dans l'écurie où se trouvent déjà ceux qui doivent faire partie du même détachement. Dans la deuxième partie, qui traite de la conservation du cheval, nous indiquerons les soins à donner aux chevaux de remonte depuis le moment de leur réception et de leur arrivée au corps jusqu'à leur admission définitive dans les rangs.

JURISPRUDENCE VÉTÉRINAIRE.

La jurisprudence vétérinaire est une chose trop importante pour celui qui s'occupe du cheval, et la nécessité d'en faire l'application se présente trop fréquemment, pour que nous ne la traitions pas avec une certaine étendue. Toutefois, dans l'étude que nous allons en faire, nous ne nous occuperons que de ce qu'il importe le plus à l'amateur de connaître, c'est-à-dire, de ce qui se rapporte seulement à la vente ou à l'achat des chevaux, sous les rapports de la garantie.

NOTIONS PRÉLIMINAIRES.

La bonne foi, qui devrait toujours présider à toutes les opérations commerciales, étant malheureusement trop souvent en opposition avec l'intérêt personnel, de tous temps et pour toute espèce de commerce, les hommes ont senti la nécessité de s'imposer certaines conditions propres à ménager leur bourse, et à mettre ainsi l'honnête homme à l'abri des ruses du fripon. Ces conditions sont pour le commerce des chevaux plus nécessaires peut-être que pour tout autre; aussi la jurisprudence vétérinaire n'est-elle pas chose nouvelle. Mais anciennement, au lieu d'être uniforme sur toute l'étendue du territoire français, comme elle l'est aujourd'hui, elle variait d'une province à l'autre, quelquefois même dans les différentes parties de la même province; elle devenait ainsi la source d'une multitude de friponneries, de procès et d'injustices. Si nous remontons en effet aux us et coutumes qui s'observaient dans les différentes parties de la France, nous remarquerons, parmi celles qui se rapportent au commerce des chevaux, que telle maladie qui dans certaine localité était rédhibitoire, ne l'était point dans toute autre, et que la rédhibition, quand elle existait, n'avait pas en tous lieux et pour la même cause la même durée. Ainsi, par exemple, dans l'Ile-de-France, la morve, la pousse, la courbature, l'immobilité, le cornage, la claudication de vieux mal et le tic étaient des cas rédhibitoires, tandis que la morve, la pousse et la courbature seulement l'étaient dans la Champagne; à Cambrai, on n'y citait que la morve et la pousse, et dans la ville de Douai, appartenant à la même province, on y ajoutait le cheval rebous et felle de la dent (qui mord). La rédhibition exerçait son action pendant quarante jours dans la Lorraine, trente dans la Normandie, quinze dans la Bretagne, neuf dans l'Ile-de-France, et seulement huit dans le Bourbonnais. Ainsi donc un marchand déloyal pouvait acheter à bas prix un cheval atteint d'un vice rédhibitoire, et aller le vendre fort cher dans un lieu où ce même vice n'était pas rédhibitoire, abusant ainsi de la bonne foi ou de l'ignorance d'un acheteur. Ce dernier découvrant plus tard le défaut de son acquisition, se trouvait ainsi dans l'alternative ou de supporter à lui seul une perte considérable, ou de la faire supporter ou au moins partager à un autre, en l'engageant par un bon marché apparent à lui acheter son mauvais cheval. Il est inutile de s'appesantir davantage sur les inconvénients d'un pareil défaut d'uniformité dans les usages ; il est évident pour tout le monde qu'ils devaient se présenter journellement, et qu'une législation aussi variée, loin de prévenir les abus, devait au contraire les multiplier en favorisant la fraude aux dépens du bon droit.

Tous ces inconvénients, ainsi que nous allons le prouver, ont disparu, du moins en partie, depuis la promulgation du code civil, et c'est à ce code seul que nous devrons recourir toutes les fois qu'il s'élevera des contestations, sans avoir nullement égard aux anciennes coutumes dont nous venons de parler. Si l'on pouvait avoir le moindre doute à ce sujet, il suffirait de se reporter à la loi du 10 germinal an XII, qui ordonne la réunion des lois civiles en un seul corps sous le titre de code civil. L'article 7 de cette loi est ainsi conçu :

« A compter du jour où ces lois sont exécutoires, les lois romaines, les ordonnances, les coutumes générales ou locales, les statuts, les réglements, cessent d'avoir force de loi générale ou particulière dans les matières qui sont l'objet desdites lois composant le présent code. »

Ainsi donc, plus de doute : tout ce qui, touchant le commerce des chevaux, a précédé l'institution du code civil est aboli, et c'est dans ce code, et nullement ailleurs, que nous devons trouver les lois sur lesquelles nous pourrons appuyer nos prétentions, toutes les fois que nous nous croirons en droit de les faire valoir.

DE LA GARANTIE DE DROIT.

Celles de ces lois qu'il nous importe le plus de connaître, sont celles qui se rapportent à la garantie. La garantie a pour but de faciliter les opérations commerciales en déterminant d'une manière claire et précise les droits des acheteurs et des vendeurs, et de prévenir les contestations ou de les lever lorsqu'elles se présentent.

Ces contestations, dans toute espèce de commerce, sont le plus souvent relatives aux conditions de la vente, mais dans celui des chevaux, elles viennent presque toujours de la qualité, et ceci doit être, car rien n'est plus difficile à bien juger que le cheval. Celui qui nous paraît le plus beau, le plus sain, celui qui par conséquent nous paraît devoir être le meilleur, est souvent entaché de défauts, de vices ou de maladies que l'œil de la personne la plus exercée ne peut reconnaître, et qui le rendent absolument impropre au service auquel on le destinait. Ces défauts, vices ou maladies, constituent les vices *rédhibitoires*, vices toujours cachés ou dissimulés, qui donnent à l'acheteur le droit de faire annuler son marché, ou d'en faire réduire le prix, et même, dans certains cas, celui d'exiger du vendeur une indemnité en dommages et intérêts. Ce droit de l'acheteur résulte évidemment de ce que s'il avait connu les vices de l'animal vendu, il ne l'aurait pas acheté ou n'en aurait donné qu'un moindre prix, tandis que le vendeur qui l'a possédé, ou qui est toujours censé l'avoir possédé assez long-temps avant de s'en être défait, a dû les connaître, à moins d'une ignorance ou d'une insouciance dont en aucun cas il ne peut être admis à se prévaloir. Cependant, comme, d'un autre côté, il serait injuste que le vendeur eût été exposé à se voir condamné à reprendre, peut-être même en mauvais état, un animal qu'il aurait livré sain et exempt de tout vice rédhibitoire, soumis par conséquent au caprice ou à la malveillance d'un acheteur peu délicat, il n'a dû être donné à ce dernier qu'un temps limité pour reconnaître les vices rédhibitoires dont pourrait être affecté le cheval acheté, et pour se pourvoir en résiliation. Ce temps forme la durée de la garantie. La garantie, outre l'assurance de la possession de la chose vendue, doit donc indiquer la nature des vices qui établissent la rédhibition et la durée du temps pendant lequel elle a lieu.

Voyons si, telle qu'elle est présentée dans le code civil, elle satisfait parfaitement à ces diverses conditions. Or, si nous ouvrons le code, nous trouvons d'abord :

« Art. 1625. La garantie que le vendeur doit à l'acheteur a deux objets : le premier est la possession paisible de la chose vendue ; le second, les défauts cachés ou vices rédhibitoires. »

Cet article indique que la garantie a deux objets, l'un relatif à la possesion et l'autre aux vices rédhibitoires. Il fait en conséquence le sujet de deux paragraphes. Le premier, qui se rapporte à la possession, ne peut donner lieu à la moindre difficulté. S'il n'assigne aucun terme à la garantie de la possession, c'est parce qu'elle ne peut en avoir et qu'elle doit exister aussi long-temps que la chose vendue peut ou doit durer ; c'est, au surplus, ce que confirme l'article 1630 qui porte textuellement que : « lorsque la garantie a été promise ou qu'il n'a rien été stipulé à cet égard, si l'acquéreur est évincé, il a droit de demander contre le vendeur, 1.º la restitution du prix, 2.º celle des fruits lorsqu'il est obligé de les rendre au propriétaire qui l'évince, et 3.º les frais faits sur la demande en garantie de l'acheteur et ceux faits par le demandeur originaire.

Les articles 1631 et suivants du même paragraphe précisent toutes les obligations auxquelles le vendeur est tenu envers l'acheteur, lorsque celui-ci est évincé en tout ou en partie de la chose vendue; ils sont tellement clairs que toute explication à ce sujet devient inutile.

Passons maintenant au deuxième paragraphe, à celui qui traite des vices rédhibitoires. Le voici dans son entier.

§ II. DE LA GARANTIE DES DÉFAUTS DE LA CHOSE VENDUE.

1641. Le vendeur est tenu de la garantie, à raison des défauts cachés de la chose vendue qui la rendent impropre à l'usage auquel on la destine, ou qui diminuent tellement cet usage, que l'acheteur ne l'aurait pas acquise ou n'en aurait donné qu'un moindre prix s'il les avait connus.

1642. Le vendeur n'est pas tenu des vices apparents, et dont l'acheteur a pu se convaincre lui-même.

1643. Il est tenu des vices cachés, quand même il ne les aurait pas connus, à moins que, dans ce cas, il n'ait stipulé qu'il ne sera obligé à aucune garantie.

1644. Dans le cas des art. 1641 et 1643, l'acheteur a le droit de rendre la chose et de se faire restituer le prix, ou de garder la chose et de se faire rendre une partie du prix, telle qu'elle sera arbitrée par experts.

1645. Si le vendeur connaissait les vices de la chose, il est tenu, outre la restitution du prix qu'il a reçu, de tous les dommages et intérêts envers l'acheteur.

1646. Si le vendeur ignorait les vices de la chose, il ne sera tenu qu'à la restitution du prix, et à rembourser à l'acheteur les frais occasionnés par la vente.

1647. Si la chose qui avait des vices a péri par suite de sa mauvaise qualité, la perte est pour le vendeur qui sera tenu envers l'acheteur à la restitution du prix et autres dédommagements expliqués dans les deux articles précédents; mais la perte arrivée par cas fortuit sera pour le compte de l'acheteur.

1648. L'action résultant des vices rédhibitoires doit être intentée par l'acquéreur dans un bref délai, suivant la nature des vices rédhibitoires et l'usage des lieux où la vente a été faite.

1649. Elle n'a pas lieu dans les ventes faites par autorité de justice.

L'ensemble de ce paragraphe nous indique de la manière la plus claire et la moins contestable que le vendeur doit à l'acheteur la garantie de tous les vices cachés dont l'animal vendu pourrait être atteint; mais comme ces vices ne sont point désignés nominativement, ce n'est pas dans le texte de la loi, mais bien dans son esprit qu'il faut les chercher, et pour les y trouver, il suffit d'y porter un esprit juste et consciencieux. Or, quelle a été l'intention du législateur en rédigeant ce paragraphe? Nul doute; son intention a été bien évidemment de garantir les droits de l'acheteur en rendant le vendeur responsable de tous les vices cachés du cheval vendu. Mais cependant, comme il ne pouvait pas entrer dans tous les détails relatifs à chaque espèce de commerce, et que sa loi devait les embrasser tous, il a dû seulement poser des principes de justice, d'équité, qui pussent s'appliquer dans tous les cas; il a dû par conséquent, dans les principes généraux, dé-finir et indiquer, sans les spécifier, les vices qui devaient être réputés rédhibitoires, et laisser l'application de ces préceptes aux juges compétents. Pour le commerce des chevaux en particulier, tous les vétérinaires sont d'accord et reconnaissent comme vices cachés, ou pouvant être cachés pendant un certain temps, la pousse, l'immo-bilité, certains tics, les boiteries de vieux mal, les vieilles courbatures, le cornage, l'épilepsie, la fluxion pério-dique et la goutte sereine. Je ne cite pas ici la morve, le farcin, la rage et le charbon, parce que ce sont des maladies contagieuses ou présumées telles, et que la loi du 19 juillet 1784 défend expressément de mettre en vente tout animal qui en est suspecté. Cette loi, quoique antérieure à la promulgation du code civil, est toujours en vigueur dans les marchés, et reçoit une nouvelle sanction des articles 459, 460 et 461 du code pénal, qui prescrivent des peines correctionnelles, non seulement contre ceux qui laisseraient communiquer leurs animaux infectés de maladies contagieuses avec d'autres, mais encore qui n'auraient pas prévenu l'autorité du lieu de la présence de pareils animaux, même de ceux qui seraient seulement soupçonnés d'être infectés. Il résulte

de ces articles que si un marchand ou tout autre individu vendait des animaux sans garantie, il resterait
néanmoins responsable envers l'acheteur des maladies
contagieuses qui par conséquent dans tous les cas sont
rédhibitoires.

Reprenons maintenant la série des articles du deuxième paragraphe. Le premier de ces articles frappe de
rédhibition tous les vices cachés, mais il ne dit rien
de ceux qui pourraient être apparents, et c'est avec
raison; car, si ces derniers se trouvaient dans la même
catégorie que les premiers, comme il n'existe peut-être
pas un cheval contre lequel il n'y ait quelque chose à
redire, le vendeur n'aurait plus aucune sûreté, et se
trouverait ainsi à la merci de l'acheteur. Le législateur
a dû même prévoir le cas d'un acheteur déraisonnable
ou de mauvaise foi, et c'est ce qu'il a fait en établissant
l'article 1642. Cet article toutefois ne serait pas applicable
dans le cas d'un marché de confiance, c'est-à-dire, d'un
marché où l'acheteur, s'en rapportant tout-à-fait à la
bonne foi du vendeur pour lui procurer un cheval propre
à tel service, pourrait ne l'avoir pas vu au moment de
la vente. Dans un marché de ce genre, le vendeur devient responsable de tous les défauts ou vices visibles
ou non visibles qui rendraient l'animal impropre à remplir l'objet pour lequel il aurait été acheté. Tout abus
de confiance devant être réprimé sévèrement, nul doute
qu'aucun tribunal en pareil cas hésitât à prononcer la
résiliation du marché.

L'article 1643 rend le vendeur responsable des vices
cachés, quoiqu'il ne les aurait pas ou prétendrait ne

les avoir pas connus. Cet article est de toute justice, car si l'on avait admis une exception, tous les vendeurs auraient voulu en profiter. D'ailleurs, et nous en avons déjà fait l'observation, tout vendeur doit connaître sa marchandise; s'il ne la connait pas, tant pis pour lui; il ne doit pas moins en supporter les conséquences, à moins cependant qu'il n'ait spécifié, par une convention écrite et acceptée par l'acheteur, qu'il ne s'obligeait à aucune garantie.

L'article 1644 laisse à l'acheteur le droit, ou de rendre le cheval affecté de vices rédhibitoires, en s'en faisant restituer le prix, ou de le garder en se faisant rendre une partie de ce prix. Ceci est encore de toute justice, car dans aucun cas l'acheteur ne doit être lésé. Or il est évident qu'il pourrait l'être, si, à la faculté de rendre l'animal lorsqu'il ne peut s'en servir, il ne joignait pas celle de le garder, lorsque, malgré ses défauts, il peut l'utiliser en l'absence d'un autre; mais, dans ce dernier cas, il est admis à demander une diminution dans le prix, soit parce que le cheval, en raison des vices qui donnent lieu à la rédhibition, ne pourra pas faire un service aussi long, aussi considérable, ou ne pourra pas être vendu dans la suite sans une grande perte pour le premier acquéreur.

L'article 1645 porte que le vendeur, s'il connaissait les vices qui donnent lieu à la rédhibition, sera tenu, outre la restitution du prix qu'il a reçu, de tous les dommages et intérêts envers l'acheteur, tandis que l'article 1646 qui suppose qu'il les ignorait, ne l'oblige qu'à la restitution du prix et au remboursement des frais occasionnés par la vente. Bien que le premier de ces deux articles soit d'une application très-rare, parce qu'il est toujours fort difficile de prouver au vendeur qu'il connaissait les vices de sa marchandise, et que les tribunaux, pour peu qu'il y ait de doute, s'en rapportent de préférence à l'article 1646, le législateur, autant dans l'intérêt de la morale publique que pour prévenir les fraudes, a dû prévoir les deux cas, celui de l'homme de mauvaise foi et celui de l'homme seulement ignorant.

Bien que l'article 1647 soit de la plus grande clarté, l'application en est ordinairement très-difficile. On voit très-souvent, en effet, des chevaux périr peu de jours après avoir été achetés ; mais presque toujours alors il est impossible de connaître la cause première de leur mort. Un cheval, par exemple, peut être parfaitement sain le jour de sa vente, mais ce cheval n'a point travaillé depuis plusieurs jours; il est essayé, tourmenté par une nouvelle main s'il est cheval de selle, ou fortement poussé s'il appartient au trait; il s'échauffe beaucoup, prend un refroidissement et meurt quelques jours après d'une fluxion de poitrine; ou bien encore, une nourriture plus abondante, un changement de régime lui donne une gastro-entérite aiguë qui l'emporte également en peu de jours. La faute assurément, dans ces deux cas, n'est point au vendeur. Mais un cheval est atteint d'une maladie chronique, d'une entérite ou d'une lésion pulmonaire; ce cheval, entretenu au régime de l'orge et de la paille, et à un exercice modéré, a tous les signes extérieurs de la santé; la veille et le jour de la vente, le vendeur, pour lui donner plus de force,

lui administre un régime plus substantiel et plus échauffant: le cheval est beau, paraît sain et vigoureux , on
l'achète; mais peu de jours après les symptômes inflammatoires se manifestent, et l'animal meurt. Ici la faute
est bien évidemment au vendeur, cependant les circonstances se présentent sous le même jour que dans les
deux cas précédemment cités. Alors il n'y a que l'autopsie du cadavre de l'animal par un homme de l'art
qui puisse éclairer les juges appelés à prononcer dans
une pareille cause. Mais cette autopsie ne peut pas toujours avoir lieu, ou bien elle est mal faite; de là mille
difficultés qu'il est très-difficile, pour ne pas dire impossible, de lever en justice.

Lorsque des cas semblables se présentent, à moins
d'arrangement à l'amiable, ce qu'il y a de mieux à faire,
aussi bien de la part de l'acheteur que de celle du vendeur, c'est de prendre toutes les mesures convenables
pour faire ouvrir le cadavre par un et même par deux
vétérinaires, et de faire constater par procès-verbal ce
qui peut avoir causé la mort de l'animal, car il n'y a
guère que ce procès-verbal qui puisse éclairer la conscience des juges et motiver leur jugement. Si le cheval
est déclaré dans le cas de la rédhibition, le vendeur
se trouve alors sous le poids de l'un des deux articles
1645 et 1646, qui assignent les dédommagements qu'il
doit à l'acheteur, suivant qu'il connaissait ou qu'il ignorait les vices du cheval vendu.

L'article 1648, relatif à la durée de la garantie, est
d'une application peut-être encore plus difficile que
le précédent. En effet, il ne fixe pas cette durée, il

dit seulement que l'action résultant des vices rédhibitoires doit être intentée par l'acquéreur dans un bref
délai suivant la nature de ces vices; il semble même
impliquer contradiction en ajoutant: et l'usage du lieu
où la vente a été faite; car que veut dire cet usage,
puisque la loi du 10 germinal an XII déjà citée les a
tous abolis? Pour bien interpréter cet article, il faut
encore de toute nécessité rechercher quelle a été l'intention du législateur en le rédigeant. Cette intention
a été d'être juste avant tout, et nous la trouvons dans
l'exposé des motifs de la loi : *la loi proposée*, y est-il
dit, *veut que l'action soit intentée dans le plus court
délai ; elle ne pouvait établir à cet égard un délai
commun ; l'usage des lieux et la prudence des juges
y suppléeront.* Ce qui bien évidemment veut dire que
les juges pourront consulter et appliquer les anciens
usages toutes les fois qu'ils leur sembleront justes, mais
qu'ils seront libres aussi de les modifier quand ils leur
paraîtront injustes. Voilà comme tout homme de bonne
foi doit entendre l'article 1648; et pour en faire une
application qui se rapproche le plus des principes de
justice qui ont présidé à la rédaction du code civil, les
juges seront encore obligés de s'éclairer des lumières
d'un homme de l'art, car tous les vices rédhibitoires
ne peuvent être reconnus dans un délai commun, de
même que, sans exister au moment de la vente, ils
peuvent se déclarer plus ou moins promptement.

Enfin l'article 1649 porte que la garantie n'a pas
lieu dans les ventes faites par autorité de justice. Il
faut cependant entendre ici qu'il y a exception pour

les animaux atteints de maladies contagieuses, car nous avons vu précédemment qu'il était expressément défendu et sous aucun prétexte de les exposer en vente.

Telle est la législation qui régit aujourd'hui le commerce des chevaux aussi bien que tous les autres, et la seule qu'il faille invoquer toutes les fois qu'il s'élève des contestations. La garantie qu'elle assure est de droit, et le vendeur, en l'absence de toute convention particulière, est obligé de s'y soumettre.

DE LA GARANTIE CONVENTIONNELLE.

Mais indépendamment de cette garantie, il en existe une autre dite conventionnelle ; celle-ci résulte de conventions ou de stipulations particulières qui modifient la garantie légale, soit en l'étendant, soit en la restreignant. La garantie conventionnelle doit toujours être écrite, à moins cependant qu'il ne s'agisse d'un objet d'un prix au-dessous de 150 francs, auquel cas la preuve par témoins suffit : ceci résulte de l'article 1341 du code civil.

La garantie conventionnelle est ordinairement réclamée par l'acheteur qui ne se croit pas suffisamment rassuré par la garantie légale, qui craint que le cheval qu'il achète ne soit affecté de défauts apparents qu'il ne connaît pas ou qu'il n'aperçoit pas, qui demande même que son cheval ait telle qualité, parce qu'il le destine à tel service pour lequel cette qualité est indispensable. La garantie conventionnelle peut aussi être réclamée par le vendeur qui craignant que le cheval qu'il vend ait tel défaut, ne veut pas garantir qu'il ne l'a pas, ni s'exposer à se voir condamné à le reprendre. Cette garantie est la conséquence de ce principe que tout individu doit être maître de disposer de sa propriété selon son bon plaisir, pourvu toutefois qu'il ne porte préjudice à personne. Il doit être bien entendu que la garantie conventionnelle pour un vice ou défaut quelconque, qu'elle soit demandée par l'acheteur ou par le vendeur, n'exclut pas ceux que la loi range dans la catégorie des cas rédhibitoires.

Il doit être bien entendu aussi que l'acheteur est tenu, dans tous les cas, de rendre l'animal dans l'état où il était au moment de la vente, et que la rédhibition ne pourrait plus être intentée par celui qui aurait fait acte de propriété, soit en coupant la queue ou les oreilles, soit en appliquant une marque de feu, ce qui prouverait une prise de possession définitive.

Enfin, la garantie conventionnelle peut modifier aussi la durée de la garantie légale; et comme le code civil ne fixe pas cette durée, qu'il indique seulement qu'elle doit être courte, ce qu'il y aurait de mieux à faire toutes les fois que l'on achète ou que l'on vend un cheval, serait de la fixer soi-même par écrit, ainsi que les différents vices dont on redouterait l'existence. Un refus en pareil cas de la part du vendeur serait déjà un juste motif de défiance. Si au contraire la garantie conventionnelle est acceptée, il est nécessaire dans l'intérêt des parties contractantes, et plus encore dans celui du vendeur que dans celui de l'acheteur, qu'elle soit rédigée en termes clairs et précis, puisque sans cela elle serait interprétée par les tribunaux en faveur de l'acheteur, d'après l'article 1602 du code civil conçu en ces termes :

« Art. 1602. Le vendeur est tenu d'expliquer clairement ce à quoi il s'oblige. »

« Tout pacte obscur et ambigu s'interprète contre le vendeur. »

Pour éviter même jusqu'au moindre sujet de contestation, il sera bien d'y faire insérer en toutes lettres :

1.º Le nom, les qualités et la demeure du vendeur;

2.º Ceux de l'acheteur;

3.º Le signalement bien détaillé de l'animal;

4.º Le prix de la vente ;

5.º Le nom du lieu où la vente s'est faite;

6.º La date précise de la livraison.

DE L'EXÉCUTION DE LA RÉDHIBITION.

Voyons maintenant quelle sera la conduite à tenir dans le cas de rédhibition. D'abord, comme un mauvais accommodement vaut souvent mieux qu'un bon procès, ainsi qu'on l'a très-bien dit, il sera prudent et sage de la part de l'acheteur de commencer par proposer ou de faire proposer au vendeur de reprendre le cheval vendu. Si ce dernier y consent, l'affaire est terminée; si au contraire il refuse, l'acheteur fera de suite placer l'animal en fourrière, parce que non seulement alors il ne sera plus responsable des accidents qui pourront se présenter, mais les frais de nourriture et d'entretien retomberont à la charge du vendeur, s'il est condamné.

Les accommodements, outre celui que nous venons

de citer comme le plus simple, peuvent avoir lieu de plusieurs manières. Il peut arriver que les parties contractantes conviennent entre elles de s'en rapporter à la décision d'un vétérinaire. Il peut arriver aussi que chacun des contractants choisisse un vétérinaire ; mais ce cas est moins commun que le premier, parce qu'il nécessite presque toujours le recours à un troisième vétérinaire, dit tiers-arbitre, ce qui arrive forcément lorsque les deux premiers ne sont pas d'accord. Quelle que soit la volonté des contractants, la marche à suivre est absolument la même. L'arbitre, s'il n'y en a qu'un, ou les arbitres, s'il y en a plusieurs, doivent avant de donner leur opinion se faire remettre un acte rédigé sur papier timbré, par lequel le vendeur et l'acheteur les reconnaissent pour juges uniques et sans réserve. Cet acte porte le nom de compromis et doit être conçu en ces termes:

Nous soussignés (*noms*, *prénoms*, *qualités et demeures*) convenons, relativement au marché d'un cheval que nous avons fait (*date et lieu de la vente*) et à la contestation qui s'est élevée à la suite de ce marché, de prendre le sieur N...... médecin vétérinaire à.......... (*ou les sieurs* N...... *etc.*) pour arbitre, et renonçons à appeler de son jugement, nous en rapportant complètement à sa décision, qui devra être donnée dans un délai de dix jours, à dater d'aujourd'hui.

Fait à N....., le....

Les parties contractantes, au lieu de s'en rapporter à l'arbitrage des vétérinaires, préfèrent quelquefois

avoir recours au juge de paix; mais comme les juge-
ments de ce magistrat ne sont pas sans appel pour les
objets dont la valeur excède cinquante francs, il vaut
mieux préférer la première méthode.

Voici maintenant la manière de se faire rendre justice,
si le vendeur refuse l'accommodement à l'amiable. L'a-
cheteur, après avoir mis en fourrière l'animal qui fait
l'objet de la discussion, rédige une demande sur papier
timbré qu'il présente dans le plus court délai au président du tribunal compétent, c'est-à-dire, du tribunal
du commerce si le vendeur est marchand, ou du tribunal
civil s'il ne l'est pas, ou bien encore à ce dernier, si
dans le lieu il n'y a pas de tribunal de commerce. Cette
demande est conçue en ces termes :

Le sieur (*nom, prénom, qualité et demeure*) a l'honneur d'exposer que le (*date et lieu de la vente*) il a
acheté du sieur (*nom, prénom, qualité et demeure*) un
cheval (*signalement*) moyennant la somme de... payée
comptant, et que ledit-cheval paraît atteint de vices
rédhibitoires.

Pour quoi l'exposant demande qu'il vous plaise, monsieur le président, de nommer un vétérinaire pour expert
à l'effet de visiter et examiner ledit cheval, constater
son état, et notamment les vices rédhibitoires dont il
peut être atteint, et du tout dresser procès-verbal, sur
le vu duquel il sera statué ce que de droit, et vous
ferez justice.

Présentée à N..., le (*date.*)   *Signature.*

Le président du tribunal, ou en son absence un

juge délégué, nomme alors par une ordonnance un vétérinaire expert pour visiter l'animal et dresser procès-
verbal de sa visite. L'acheteur, muni de cette ordonnance
qui lui est envoyée en réponse à sa demande, se rend
chez le vétérinaire désigné pour convenir de l'heure
et du lieu de la visite, et fait ensuite sommer par
huissier le vendeur de s'y trouver. Si le vendeur est
loin du lieu, il est d'usage, pour éviter les frais de
sommation et les délais, de nommer d'office une personne, vétérinaire ou non, chargée de le représenter à
la visite et de prendre ses intérêts.

Le vétérinaire, ou les vétérinaires désignés, s'il y en
a plusieurs, dressent immédiatement après leur visite
leur procès-verbal, et le remettent au demandeur qui
le dépose au greffe du tribunal. S'il résulte de ce procès-
verbal que l'animal en question est atteint de vices
rédhibitoires, l'acquéreur fait assigner le vendeur à
comparaître à la prochaine audience pour se voir condamné à reprendre l'animal et à rembourser le prix
d'achat ainsi que tous les frais.

Telle est aujourd'hui la jurisprudence vétérinaire.
Il ne nous resterait plus, pour en compléter l'étude,
qu'à examiner quelles sont les maladies qui doivent
être considérées comme rédhibitoires, et la durée de
la rédhibition pour chacune d'elles; mais comme les
vétérinaires ne sont pas encore unanimes sur ces deux
objets, et que ce que nous en dirions ne pourrait être d'aucune utilité, nous nous abstiendrons d'en
parler. Tous les tribunaux prononcent et continueront
de prononcer suivant les habitudes des localités où ils

se trouvent, et il n'y a que l'adoption définitive par les chambres du code rural si impatiemment attendu, qui pourra remédier à ce défaut d'uniformité dans les habitudes, défaut d'uniformité qui n'existe plus maintenant, ainsi que nous l'avons prouvé, dans la jurisprudence, mais seulement dans la nature des maladies qui doivent donner lieu à la rédhibition, ainsi que dans la durée de cette rédhibition.

FIN DE LA 1.re PARTIE.

TRAITÉ

SUR

LA CONNAISSANCE

ET LA CONSERVATION

DU CHEVAL,

OU

COURS D'HIPPIATRIQUE

A L'USAGE DES ÉCOLES D'ARTILLERIE;

PAR A. HOUDAILLE,

ANCIEN ÉLÈVE DE L'ÉCOLE POLYTECHNIQUE, CAPITAINE AU CORPS ROYAL DE L'ARTILLERIE, CHEVALIER DE L'ORDRE ROYAL DE LA LÉGION-D'HONNEUR.

II.ᵉ PARTIE.

METZ.

VERRONNAIS, IMPRIMEUR – LIBRAIRE – ÉDITEUR
ET LITHOGRAPHE,
RUE DES JARDINS, N.° 14.
1836.

TRAITÉ

SUR

LA CONSERVATION

DU CHEVAL.

DEUXIÈME PARTIE.

Ire SUBDIVISION.

HYGIÈNE VÉTÉRINAIRE.

L'hygiène vétérinaire s'applique à la connaissance de tous les moyens de conserver la santé du cheval. Pour l'étudier avec plus d'ordre et par conséquent plus de facilité, nous la diviserons en hygiène générale et hygiène appliquée. Sous le premier point de vue, nous nous occuperons de toutes les causes qui peuvent avoir une influence quelconque sur les organes, la conformation, et sur la santé du cheval ; nous y étudierons par conséquent, 1.º les modifications qui résultent dans l'économie animale de la différence des sexes, des âges, des tempéraments, des races et des habitudes ; 2.º les influences des saisons, des climats, des localités et des habitations ; 3.º la nature et les effets sur l'économie animale de toutes les substances dont le cheval se nourrit.

L'hygiène appliquée nous apprendra ensuite à user de toutes les substances et de tous les moyens dont nous aurons précédemment étudié l'action, afin d'en faire une judicieuse application dans toutes les circonstances où le cheval pourra se trouver. L'hygiène appliquée nous prescrira par conséquent le régime, qui se compose de la nourriture et de l'emploi du temps, suivant les sexes, les âges, les tempéraments, les races et les habitudes, suivant aussi les saisons, les climats et les localités, l'état de paix ou l'état de guerre, la station ou la route. Cette première subdivision de la deuxième partie du cours sera terminée par les théories de l'embouchure et de la ferrure, considérées comme moyens de conservation du cheval.

HYGIÈNE GÉNÉRALE.

DES SEXES, DES AGES, DES TEMPÉRAMENTS, DES RACES ET DES HABITUDES.

Nous ne répéterons pas ici ce que nous avons déjà dit dans la première partie du cours, relativement à ces différentes modifications de l'économie animale ; nous en rappellerons seulement les idées principales, afin d'en déduire les conséquences qui se rattachent à l'hygiène. Il est facile en effet de concevoir que, dans l'espèce chevaline aussi bien que dans toutes les autres, la différence des sexes, des âges, des tempéraments, des races et des habitudes, doit en apporter une dans le régime alimentaire, ainsi que dans la répartition des travaux.

En général, le mâle a plus de force que la femelle, mais cette différence, avons-nous dit, ne se fait que bien faiblement remarquer en France, où la plus grande partie des chevaux subissent l'opération de la castration, opération qui leur enlève une partie de leurs forces et les rend fort souvent inférieurs aux juments. Il en résulte que beaucoup de personnes préfèrent ces dernières, non seulement parce qu'elles sont capables de supporter les mêmes travaux, mais encore parce qu'elles sont, en général, plus sobres et moins délicates dans le choix de leurs aliments. La qualité de ces derniers, qui peut être plus ou moins commune en raison des sexes, doit nécessairement varier en raison des âges. Dans la jeunesse, lorsque le corps de l'animal se développe, comme la majeure partie des forces se concentrent sur les organes de la digestion, on doit s'attacher principalement à la quantité; mais plus tard et à mesure que le cheval vieillit, les forces digestives perdant insensiblement de leur activité, il est nécessaire que les aliments soient d'une qualité supérieure, moins abondants, mais plus substantiels, et cédant plus facilement leurs principes nutritifs à l'activité des organes digestifs.

Quant aux tempéraments, il faut se rappeler les principales maladies qui y sont pour ainsi dire inhérentes, pour en déduire le régime qui leur convient. Ainsi, le tempérament sanguin prédisposant les animaux qui en sont doués aux maladies inflammatoires et à la pousse, demande une alimentation abondante si l'on veut, mais peu substantielle, tempérante et rafraîchissante : de la paille, peu de foin et de fréquents barbotages. Le tempérament lymphatique qui l'expose aux maladies asthéniques et chroniques, c'est-à-dire, à celles qui sont le produit du ralentissement des fonctions, et plus particulièrement des fonctions circulatoires, telles que faiblesse générale, digestions lentes et pénibles, maladies cutanées, morve et farcin, en exige une sèche et riche en principes nutritifs, qui réveille en quelque sorte les forces vitales, et soit par conséquent excitante : du foin de première qualité et force avoine. Enfin, les tempéraments bilieux et nerveux qui sont sujets à toutes les maladies qui reconnaissent pour causes l'épaississement des humeurs, l'exaltation du sang et de la bile, la surexcitation générale de tous les organes, réclament un régime délayant et le fréquent usage des bains et des boissons calmantes et acidulées ; ils réclament encore des soins, de la douceur, et beaucoup de patience.

La différence des races est aussi d'une grande importance en hygiène, et il serait tout-à-fait contraire à la conservation du cheval de le soumettre à un travail ou à un régime quelconque, sans avoir égard à la souche à laquelle il appartient. Ainsi, l'on n'exigera point d'un cheval de trait le travail d'un cheval de selle, et moins encore celui d'un cheval de manège. Quant au régime alimentaire, il est reconnu que le cheval commun peut se contenter d'une nourriture commune, pourvu qu'elle soit abondante; tandis que le cheval distingué, le cheval de race, ou seulement même de race perfectionnée, demande une alimentation choisie et de première qualité.

Enfin, il faut, autant que possible, avoir égard aux habitudes, afin de ne point y déroger sans motif ou sans gradation; car, chez les chevaux aussi bien que chez les hommes, l'habitude est une seconde nature, et ce serait agir sans discernement que de vouloir tout-à-coup leur faire quitter celles qu'ils auraient contractées depuis long-temps. Cependant, malgré la justesse de ce principe, et quoiqu'il soit bien prouvé, par l'exemple des chevaux de manège, que ceux qui ont des habitudes bien réglées vivent plus long-temps et se conservent beaucoup mieux que ceux qui n'en ont point, il serait à désirer de n'en point faire contracter aux chevaux de guerre, car étant exposés à tous moments à y déroger, il peut en résulter, pour eux et pour le service, les conséquences les plus fâcheuses.

DE L'AIR.

Avant de parler des modifications diverses qu'éprouve l'économie animale en raison de la nature des saisons, des climats et des localités, il est nécessaire de décrire les effets différents qu'elle reçoit de l'air atmosphérique.

L'air est, de tous les corps de la nature, celui dont l'action est la plus directe et sûrement aussi la plus puissante sur les animaux, parce qu'ils y sont toujours plongés et qu'ils ne peuvent exister sans le respirer constamment. L'air agit autant sur les parties extérieures qui en absorbent continuellement, qu'à l'intérieur où il porte les principes de la vie, et ses effets, plus ou moins favorables à la santé, sont les conséquences de sa plus ou moins grande pureté.

L'air est un fluide invisible, élastique et pesant. Il est composé, dans son plus grand état de pureté, de 79 parties d'azote sur 21 d'oxigène, mais le plus souvent il contient d'autres gaz qui en altèrent la pureté : l'acide carbonique, par exemple, s'y trouve ordinairement dans la proportion de deux sur cent parties. Ce gaz qui est absolument impropre à la respiration, qui asphyxie les animaux avec la plus grande promptitude, provient de l'expiration, de la combustion, de la putréfaction et d'une multitude de décompositions. Il deviendrait bientôt funeste par son accumulation, si la nature n'avait paré à cet inconvénient en donnant aux végétaux la propriété d'en absorber sans cesse, en sorte que ses proportions dans l'atmosphère restent toujours sensiblement les mêmes.

L'atmosphère est la couche d'air qui enveloppe la terre de toutes parts. Cet air étant pesant, les couches inférieures sont plus pressées que les supérieures, et sont par conséquent plus denses. Comme, d'une autre part, l'acide carbonique et les miasmes délétères sont plus lourds que l'air atmosphérique, il doit s'en trouver davantage dans les parties basses, et c'est ainsi que s'explique la plus grande pureté de l'air que l'on respire sur les lieux élevés. On s'aperçoit bien vite, en effet, que la respiration s'y exécute plus librement que dans les localités basses.

Parmi les corps qui se mêlent encore à l'air, se remarquent le calorique et l'eau réduite à l'état de vapeurs invisibles. Le calorique est un principe dont la nature n'est point connue, mais qui manifeste sa présence par les impressions qu'en reçoivent les organes. Nous supposons qu'il est d'autant plus abondant que la sensation qu'il produit est plus forte ; l'air en contient donc d'autant plus que nos organes en sont plus vivement affectés, et cette différence constitue les différentes températures. Son abondance produit la chaleur, et le froid est dû à sa rareté. L'abondance des vapeurs produit l'humidité, et leur diminution amène la sécheresse. Nous sommes donc conduits à examiner l'air sous quatre points de vue différents, résultant de la combinaison du chaud ou du froid avec le sec ou l'humide.

Air sec et chaud. Lorsque la sécheresse de l'air est accompagnée d'une chaleur modérée, de 10 à 12 degrés, les animaux en ressentent la plus heureuse influence. La chaleur pénètre doucement les organes, les excite et les stimule ; elle entretient la souplesse de la peau, dilate les pores, et rend facile, sans être trop abondante, l'excrétion des matières nuisibles ou superflues qui se trouvent répandues dans toutes les parties du corps. Mais si cette chaleur devient plus considérable, elle excite alors trop vivement les organes, elle attire à l'extérieur la majeure partie des forces ; les déperditions deviennent plus abondantes, en même temps que l'appétit diminue et que les digestions deviennent plus pénibles : d'où résulte nécessairement un affaiblissement général. On remarque, en effet, que dans les grandes chaleurs les animaux sont mous, paresseux, et ne se livrent qu'avec peine au travail.

Air sec et froid. Quand, au contraire, la chaleur diminue, et que le thermomètre se rapproche de zéro, le froid se fait sentir; la peau qui en est vivement affectée se resserre, et ce mouvement qui se communique à tous les tissus, leur imprime une vigueur nouvelle. La vie se porte à l'intérieur, l'appétit devient plus grand, les digestions plus faciles et les déperditions moins abondantes. Le corps se trouve alors dans les dispositions les plus favorables au travail; les animaux ont plus de gaieté, plus d'énergie, et le témoignent par leurs bonds et par la fréquence de leurs mouvements. Il ne faut pas cependant que le froid devienne trop considérable, car il ralentirait l'exercice des fonctions, et la vie deviendrait languissante.

Air humide et chaud. Lorsque l'atmosphère présente cette combinaison, la chaleur dilatant les pores, l'humidité les pénètre, se mêle aux tissus qu'elle relâche et qu'elle affaiblit, diminue le ressort et l'élasticité des organes, et porte dans toute l'économie la faiblesse et l'abattement.

Air humide et froid. Mais ces effets de l'air humide et chaud, tout fâcheux qu'ils sont, sont cependant bien moins pernicieux que ceux qui résultent d'un air humide et froid; car, à ce dernier état, le froid s'opposant à la transpiration insensible, tandis que les pores inhalants absorbent l'humidité qui entraîne avec elle les miasmes délétères répandus dans l'atmosphère, le trouble et la souffrance se font bientôt ressentir dans toutes les parties du corps; les fonctions n'ont plus d'énergie, les digestions languissent, la circulation se ralentit, et les animaux, même les plus fortement organisés, s'ils étaient forcés de vivre dans un semblable milieu, finiraient bientôt par y succomber.

Pour terminer ce que nous avions à dire sur l'air, il nous reste à faire une dernière observation, c'est que, quelle que soit la température de l'atmosphère, le corps des animaux persiste toujours dans le même degré de chaleur intérieure. Nous trouvons la cause de ce phénomène dans la manière dont s'opèrent les fonctions d'entretien, et plus particulièrement celles de la sanguification et de la nutrition. En effet le sang, après s'être répandu dans toutes les parties du corps, est ramené dans le cœur et de là dans les poumons. Dans ce dernier lieu il se passe une opération d'après laquelle une portion de l'oxigène de l'air qui s'y trouve est absorbée, tandis qu'il y a dégagement d'acide carbonique ; il y a donc bien réellement combustion dans cette combinaison du sang avec l'oxigène, et par conséquent dégagement de chaleur. Il y a aussi dégagement de chaleur par le phénomène de la nutrition, phénomène qui fait passer des portions de sang artériel de l'état liquide à l'état solide. Or, s'il est vrai que dans l'hiver, ou du moins lorsqu'il fait froid, le corps perd plus de chaleur que lorsqu'il fait chaud, comme alors toutes les fonctions s'exécutent avec plus d'énergie, que la respiration est plus régulière, la nutrition plus active, il en acquière davantage ; dans les temps chauds, il en perd moins. mais il en acquière aussi moins, et cet équilibre est maintenu par la force du principe vital qui régularise toutes ces actions dans l'état de santé.

DES SAISONS.

Le soleil, par son mouvement annuel entre les deux tropiques, produit les quatre saisons, et chaque saison est d'autant plus chaude, que les rayons solaires dardent plus perpendiculairement sur notre hémisphère. Le soleil, dans son trajet du tropique du capricorne à l'équateur, nous donne l'hiver; mais en s'avançant sur la ligne équinoxiale, comme il se rapproche en même temps de notre hémisphère, il l'échauffe insensiblement et nous amène le printemps, qui règne pendant son trajet de l'équateur au tropique du cancer. Le soleil échauffant ainsi graduellement notre hémisphère, nous éprouvons les plus grandes chaleurs ou l'été pendant son retour du cancer à l'équateur. Enfin l'automne a lieu pendant le temps qu'il emploie à revenir de l'équateur au tropique du capricorne. Le soleil s'éloignant alors de notre hémisphère, la chaleur se fait chaque jour moins vivement sentir, et nous prépare ainsi graduellement aux rigueurs de l'hiver. Il résulte de ce mouvement régulier que les saisons se succédant de toute éternité dans un ordre immuable, chacune d'elles doit nécessairement influer sur celle qui la suit, et qu'ainsi la chaleur n'est point un effet instantané de la présence du soleil, mais bien plutôt le résultat de son action long-temps continuée.

Chaque saison imprime sur la nature entière les marques de sa puissance. Pendant l'hiver, les végétaux n'ont plus qu'une existence occulte; au printemps, ils se raniment et se couvrent de feuilles et de fleurs;

l'automne les en dépouille, et l'hiver qui lui succède les replonge de nouveau dans l'engourdissement. Les animaux, aux mêmes époques, subissent aussi des mutations profondes. Au printemps, ils s'accouplent et naissent; ils se développent pendant les deux saisons qui suivent, et tombent dans une sorte d'engourdissement, émigrent ou se couvrent de longs poils, aussitôt que les rigueurs de l'hiver se font ressentir. L'homme lui-même, quoique moins soumis que les animaux à la puissance des saisons, ne peut cependant s'y soustraire entièrement, et tous les ans, aux mêmes époques, le trouble plus ou moins apparent qui se manifeste dans l'exercice de ses fonctions l'avertit des précautions qu'il doit prendre pour en éviter les fâcheuses conséquences.

Examinons maintenant les effets que chaque saison imprime sur l'économie animale.

HIVER.

C'est pendant cette saison que les froids ont le plus d'intensité. S'ils sont secs, leur action tonique porte toute la vie à l'intérieur, les fonctions s'exécutent avec beaucoup d'énergie, et les animaux sont gais et disposés au travail; s'ils sont au contraire humides, la transpiration insensible n'ayant plus son cours nécessaire, il en résulte un trouble général dans l'économie, et le développement du germe d'une multitude de maladies qui se manifestent au printemps.

Pendant l'hiver les jeunes sujets sont disposés aux maladies inflammatoires des viscères abdominaux, par suite du refoulement des forces à l'intérieur, et les vieux aux affections des membranes muqueuses. Il faudra donc donner aux premiers une nourriture abondante, si l'on veut, mais peu substantielle, et prendre pour les autres toutes les mesures qui tendent à prévenir les arrêts de transpiration.

PRINTEMPS.

Le printemps est la saison dont le pouvoir sur toute la nature vivante est le plus remarquable. Les puissances digestives sont aussi grandes qu'en hiver; mais comme toutes les forces vitales sont plus régulièrement réparties dans toutes les parties du corps, la nutrition est plus parfaite, et c'est par conséquent dans cette saison que les animaux jouissent de toute la plénitude de leurs forces. Les maladies auxquelles ils sont alors sujets ayant pour causes la surabondance et l'exaltation du sang, il sera bon de ne leur donner qu'une nourriture peu substantielle, tempérante et rafraichissante.

ÉTÉ.

Pendant l'été, les grandes chaleurs appelant toutes les forces vitales à l'extérieur, l'appétit diminue et les digestions se ralentissent. Ces causes, jointes à l'excitation permanente de tous les organes, amènent insensiblement la faiblesse et l'épuisement; la transpiration devenant aussi trop considérable, le sang s'épaissit, les tissus se dessèchent, et de là, nécessairement, des maladies d'échauffement, d'irritation et d'épuisement. Il sera donc nécessaire d'introduire encore quelques changements dans le régime, de ne donner, par exemple, qu'une nourriture peu abondante, mais tonique et riche en principes nutritifs, afin de rappeler les forces à l'intérieur sans augmenter la fatigue des intestins.

AUTOMNE.

Le calorique et le fluide lumineux, pendant cette dernière saison, devenant chaque jour moins abondants, les organes que ces deux principes, pendant l'été, avaient tenus dans un état permanent d'excitation, tombent dans une sorte d'affaissement; l'appétit devient presque nul, les digestions lentes et pénibles, la sanguification incomplète ou sans énergie, et la nutrition languissante; un relâchement général se remarque dans toutes les fonctions, et les animaux les plus robustes et les mieux organisés n'y résisteraient pas long-temps, si les froids de l'hiver qui se font bientôt ressentir, ne venaient produire sur tous les tissus un resserrement fibrilaire qui les fortifie et leur donne le pouvoir de réparer les pertes qu'ils ont éprouvées.

Pendant l'automne, les animaux sont mous et suent facilement; ils sont exposés aux maladies asthéniques et dyssentériques et réclament, plus que dans aucun autre temps, un régime bien approprié, tel qu'une alimentation peu abondante, mais tonique et substantielle, et un travail modéré qui les exerce plutôt qu'il ne les fatigue.

DES CLIMATS.

Toute la nature vivante est soumise à la puissance des climats, dont la variété produit sur toutes les espèces vivantes des modifications quelquefois si grandes, que ce n'est qu'en examinant de très-près certains animaux, que l'on parvient à reconnaître qu'ils appartiennent à la même famille. L'homme lui-même n'est point à l'abri de cette puissante influence des climats, et s'il y résiste mieux que les animaux, c'est moins à la faculté qu'a son corps de s'y plier, qu'à l'avantage de pouvoir s'y soustraire par son industrie, qu'il est redevable de ce privilège.

Ce n'est pas seulement la température moyenne de chaque climat qui en fait la puissance, il faut y noter aussi l'intensité de la lumière et la nature des aliments. Ces derniers étant chargés de plus ou moins d'arôme, sont par cela même plus ou moins excitants, et doivent par conséquent produire des effets bien remarquables sur toute l'économie animale.

La nature des climats variant à l'infini, nous ne les considérerons, dans ce que nous allons en dire, que dans les parties du globe où leurs effets sont le plus apparents ; ainsi nous les partagerons en climats méridionaux, climats septentrionaux et climats tempérés.

CLIMATS MÉRIDIONAUX.

Dans ces climats, où les actions combinées du calorique et de la lumière portent la majeure partie des forces à l'extérieur, l'appareil gastrique a peu d'énergie, l'appétit est faible, une petite quantité d'aliments suffit pour l'apaiser : témoin ces chevaux arabes, si beaux et si renommés, qui ne mangent que deux fois par jour 5 ou 6 litres d'orge et un peu de paille. Le cours du sang y est rapide, la respiration fréquente, les appareils sécréteurs pleins d'activité. Les animaux s'y font remarquer par leur vivacité, par la finesse de leur peau, par la sécheresse de leurs membres. Doués d'un instinct plus développé que dans les régions septentrionales, d'une sensibilité plus exquise, leurs mouvements sont plus rapides, plus souples et plus liants. En général les chevaux du Midi sont plus agiles que robustes, moins forts mais plus adroits que ceux du Nord. Les maladies qui les affectent le plus souvent étant du genre de celles qui attaquent l'appareil gastrique et le système hépatique, il est convenable de ne leur administrer que des aliments tempérants et des boissons rafraîchissantes : c'est précisément pour cette raison que dans tout l'Orient, ainsi qu'en Espagne et en Italie, on ne donne aux chevaux que de l'orge, qui est à la fois tempérante et nourrissante.

CLIMATS SEPTENTRIONAUX.

Dans les climats septentrionaux, l'appareil digestif est au contraire plein d'énergie ; la respiration est lente et régulière, la sensibilité obtuse ; les animaux y sont forts et vigoureux, mais lents dans tous leurs mouvements ; leur vie est, pour ainsi dire, tout intérieure, et c'est pour cette raison que le besoin de manger s'y renouvelle si souvent. Il faut une grande quantité d'aliments pour le satisfaire et pour occuper les organes digestifs, mais il n'est pas nécessaire que ces aliments soient très-nourrissants. Il faut aussi qu'ils soient excitants, pour activer la circulation qui est ralentie par l'effet prolongé du froid. C'est pour cette raison que les liqueurs fortes, dont les effets sont si pernicieux dans les climats méridionaux, sont d'un usage si fréquent et si répandu dans les climats septentrionaux. Tout le monde sait que les hommes du Nord engloutissent dans un seul repas ce qui pourrait nous servir pour plusieurs jours, et prennent, sans éprouver la moindre indisposition, des quantités de liqueurs alcooliques capables de nous plonger dans la plus complète ivresse.

CLIMATS TEMPÉRÉS.

Les climats tempérés sont ceux où la santé se maintient le plus long-temps dans un état prospère. Les maladies y sont moins énergiques que dans le Nord et moins opiniâtres que dans le Midi, et comme elles ne sont le plus souvent déterminées que par la différence des saisons, qui peuvent être plus ou moins chaudes ou froides, humides ou sèches, le régime doit y subir les modifications déjà prescrites pour ces différentes constitutions atmosphériques.

DES LOCALITÉS.

Dans chaque climat il y a des localités hautes, des localités basses et des pays de plaines; voyons quels sont les effets qui en résultent sur l'économie animale. D'abord, en comparant les animaux de même espèce, il est facile de reconnaître des différences notables entre ceux qui habitent des lieux hauts et secs, et ceux qui vivent habituellement dans des lieux bas et humides. Ces différences se laissent apercevoir non seulement dans leurs formes extérieures et dans leur caractère, mais nous savons aussi, par ceux qui nous servent de nourriture, que leur chair acquiert des qualités particulières, généralement supérieures, dans les hautes expositions. Cette influence des localités n'est pas seulement le produit de l'état habituel de l'atmosphère, elle dérive aussi de la nature du sol, de son exposition, et de ses productions qui sont plus aromatisées et par conséquent plus excitantes dans les lieux élevés. Ces différences de localités variant à l'infini, nous ne les décrirons que pour les localités élevées, les localités basses et les pays de plaines.

Dans les localités élevées, le sol s'y montre avide d'humidité ; il tend sans cesse à soutirer les molécules aqueuses répandues dans l'atmosphère, et la rend par conséquent plus pure et plus vive. Dans de telles expositions, surtout si le terrain est sur le penchant d'une montagne et regarde le midi, la réflexion des rayons solaires y occasionne un grand dégagement de calorique, et comme les corps terrestres en retiennent peu par leur nature, il en résulte que les jours y sont très-chauds ou très-froids, suivant que le ciel est pur ou chargé de nuages, et les nuits toujours excessivement froides. Ces circonstances en rendent le séjour presque toujours funeste aux animaux faibles, à ceux particulièrement dont la poitrine ne jouit pas d'une intégrité parfaite. Pour eux l'air paraît y avoir trop d'activité, en même temps qu'ils sont exposés, plus que partout ailleurs, aux brusques changements de température. C'est ce qui fait que les animaux des localités élevées sont généralement forts et bien constitués, tous ceux qui ne sont pas nés bien organisés y succombant très-promptement. En général, les chevaux des pays élevés, les chevaux de montagnes sont petits, sobres et courageux, pleins d'haleine et de feu, agiles et légers, peu chargés d'embonpoint, mais bien corsés, bien musclés, et capables de supporter les travaux les plus pénibles. Les maladies qui les affectent sont presque toujours aiguës, et parcourent en très-peu de temps leurs différentes périodes.

Dans les localités basses, l'air y est au contraire calme et tranquille ; la terre qui s'y trouve presque toujours humide y laisse échapper des vapeurs aqueuses qui rendent l'air moins pur et moins vif que dans les lieux élevés ; la chaleur s'y concentre aussi davantage, en sorte que les changements de température y sont moins instantanés ; les aliments, composés de plantes grasses et aqueuses, y sont également moins excitants et les digestions plus lentes. Comme, d'ailleurs, l'absorption cutanée est très-considérable dans les lieux bas et humides, tandis que le système exhalant est faible et languissant, tous les tissus sont imprégnés d'une humidité superflue qui favorise le développement des systèmes cellulaire et lymphatique ; l'embonpoint y tient presque toujours de l'obésité. Il en résulte que les chevaux de ces localités sont mous, paresseux et indolents. Généralement élevés en taille, ils sont chargés de tête et d'encolure, forts en épaules et par conséquent privés de grâce et de légèreté. Ils sont aussi plus particulièrement exposés aux maladies qui tiennent au ralentissement des forces vitales, telles que les empâtements, les congestions humorales, et les affections chroniques et cutanées. Une nourriture tonique et stimulante pourra seule les en préserver.

Dans les pays de plaines, la saison et la nourriture sont les causes qui seules ont une influence notable sur l'organisation des animaux ; ainsi, suivant que le sol en sera gras et humide, ou sec et sablonneux, les animaux se rapprocheront ou s'éloigneront davantage de ceux qui vivent dans les localités que nous venons d'examiner.

DES HABITATIONS OU DES ÉCURIES.

Les écuries sont destinées à mettre les chevaux à l'abri des intempéries de l'air, qui, presque nulles pour les animaux sauvages, deviennent bientôt funestes à ceux qui ont goûté les douceurs de la vie domestique.

La première condition que doit remplir une écurie, c'est d'être saine. Pour être saine, il faut d'abord qu'elle soit bien exposée, c'est-à-dire, qu'elle soit à l'est ou au nord-est, et sur un sol un peu plus élevé que les terrains environnants, ou au moins à leur niveau. Il faut qu'elle soit construite en matériaux qui n'attirent point ou ne conservent pas l'humidité ; qu'elle soit bien close, mais pourvue cependant d'un assez grand nombre d'ouvertures, portes et fenêtres, pour qu'il puisse s'y établir des courants d'air suffisans pour renouveler son atmosphère intérieure, et sécher, en l'absence des chevaux, le sol que les urines imprègnent toujours d'humidité. Il faut, enfin, que sa température ne soit pas trop différente de celle du dehors, parce qu'au moment où les chevaux en sortiraient, surtout le matin pour le pansage, ils en seraient désagréablement affectés. Une écurie qui jouira de tous ces avantages sera saine, mais cela seul ne suffit pas; il est nécessaire aussi qu'elle soit suffisamment grande pour le nombre de chevaux qu'elle doit contenir, et que sa distribution intérieure et son mobilier soient calculés de manière à ce qu'ils y soient logés convenablement à leur bien-être.

On divise les écuries en simples et en doubles. Dans les premières, les chevaux sont placés sur un rang; ils en occupent deux dans les secondes, soit qu'ils s'y trouvent fixés au milieu, mangeant à un râtelier double, soit qu'attachés aux murs latéraux et opposés, l'espace libre qui les sépare soit le milieu même de l'écurie. Cette dernière disposition est la plus commune, parce qu'elle économise le terrain.

La largeur des écuries est facile à déterminer. Il faut qu'il y ait au moins trois mètres depuis le mur où les mangeoires sont fixées, jusqu'à l'endroit où le cheval doit pouvoir, en raison de la longueur de son corps et de celle de sa longe, poser ses extrémités postérieures. Il est nécessaire ensuite qu'il y ait deux mètres de terrain libre jusqu'au mur opposé, pour la sûreté des cavaliers et la commodité du service. Dans les écuries doubles où les chevaux sont attachés aux murs opposés, il suffit qu'il y ait un intervalle libre de trois mètres entre les extrémités postérieures de chaque rang, en sorte que ces écuries auront au moins neuf mètres de largeur, tandis que les doubles avec un seul rang de mangeoires au milieu en auraient au moins dix.

Leur longueur est relative au nombre de chevaux que l'on veut y loger, et doit varier selon qu'ils y sont séparés par des stalles ou par de simples barres. La première de ces deux méthodes est peu usitée, parce qu'elle est très-coûteuse, qu'elle exige beaucoup de terrain, et qu'elle offre l'inconvénient, en isolant les chevaux, de les rendre quelquefois méchants. Quand on se sert de barres, on peut calculer la longueur de l'écurie d'après un intervalle moyen de 1^m 35 par cheval. Les réglements militaires n'accordent que 1^m 10 pour toutes les armes, mais nous pensons que cet espace est insuffisant; bon, tout au plus, pour les chevaux de cavalerie légère, il devrait être de 1^m 20 pour les chevaux de cavalerie de ligne, et de 1^m 30 pour ceux de cavalerie de réserve et de trait. Quoi qu'il en soit, lorsqu'il y aura des barres, elles devront être attachées par une de leurs extrémités à l'auge, et soutenues par l'autre à deux pieds et demi de terre par des cordes fixées au plafond et faciles à détacher, pour les cas où les chevaux viendraient à s'enchevêtrer.

Quant à la troisième dimension des écuries, à leur élévation depuis le sol jusqu'au plafond, il est impossible de la déterminer à l'aide du raisonnement, ni même par approximation, parce qu'il faudrait, pour y parvenir, tenir compte d'une foule de circonstances qui d'ailleurs peuvent varier à chaque instant, telles, par exemple, que la quantité d'air nécessaire à un cheval pendant un temps donné, le nombre d'ouvertures au moyen desquelles l'atmosphère intérieure de l'écurie peut se renouveler progressivement, combien de fois ces ouvertures seront ouvertes dans les vingt-quatre heures, etc. Il faut donc, pour la hauteur des écuries, s'en rapporter uniquement à l'expérience. Cette expérience indique que les écuries ne doivent pas avoir moins de quatre mètres de hauteur. Plus basses, l'air s'y vicie trop promptement, et la température y acquiert également un degré trop élevé.

Les ouvertures ayant pour but non seulement d'éclairer les écuries, mais encore d'y favoriser le renouvellement de l'air, devraient être placées de la manière la plus propre à produire ce dernier effet, et c'est ce qui n'a presque jamais lieu. La plus grande partie des écuries n'ont qu'une porte, et les fenêtres, presque toujours élevées, ne permettent pas d'y établir des courants d'air dans les parties basses où se trouvent les miasmes délétères en plus grande abondance. Il suffirait, pour corriger un pareil inconvénient, de pratiquer sous les mangeoires des ouvertures que l'on ouvrirait et que l'on fermerait à volonté. Cette disposition serait d'autant plus favorable dans les écuries militaires, que l'on a l'habitude de relever la litière sous l'auge depuis le matin jusqu'au soir, en sorte que cette place étant toujours humide, les chevaux ont constamment, nuit et jour, une mauvaise odeur sous le nez. Ajoutons encore que par ces ouvertures il serait beaucoup plus facile, dans les grandes écuries, de sortir la litière pour la faire sécher et de la rentrer ensuite.

Le sol des écuries est une chose des plus importantes

pour la conservation des aplombs et des pieds. On peut le faire en planches, en pierre ou en terre.

Les planches présentent une surface unie et facile à nettoyer, mais elles se pourrissent facilement, et sont par cela même d'un entretien dispendieux ; indépendamment de cet inconvénient, elles deviennent glissantes et déterminent des écarts et des chutes toujours fort graves.

Les pierres, dalles, pavés ou cailloux, ne sont pas non plus sans inconvénients. Les dalles coûtent fort cher, les pavés et les cailloux se dégradent promptement, l'urine séjourne dans leurs joints, s'y infiltre et produit des exhalaisons malfaisantes ; les chevaux y font des trous dans lesquels ils engagent la pince de leurs pieds postérieurs, ce qui les rend pinçards. Toutes ces considérations doivent faire rejeter les sols en pierre, à moins cependant qu'ils ne soient faits en briques placées de champ et bien jointes.

La terre, celle particulièrement qui est susceptible de se bien tasser, de manière à former une espèce de mastic, comme le blanc de salpêtre, les plâtras ou les blocailles fortement damées, est ce qui nous paraît préférable. Un sol de cette nature, avec une légère inclinaison qui permet aux urines d'y couler facilement, est peu dispendieux, facile à réparer, très-favorable aux aplombs, et ne présente aucun des inconvénients précédemment signalés.

Il ne nous reste plus à parler que des auges et des râteliers. Les premières se font le plus souvent en bois et quelquefois en pierre. Il faut avoir l'attention, lorsqu'elles sont en bois, de faire garnir le bord supérieur en tôle, afin d'empêcher les chevaux de le ronger, et d'en faire arrondir les angles, lorsqu'elles sont en pierre, afin que les contusions qu'ils s'y donnent quelquefois soient moins dangereuses. Les auges doivent être à trois pieds de terre et avoir de douze à quinze pouces de largeur et de profondeur.

Les râteliers qui occupent le dessus des mangeoires doivent être inclinés en avant; les fuseaux sont ronds, espacés de cinq pouces, d'axe en axe, et quelquefois mobiles; cette dernière disposition donne plus de facilité aux chevaux pour tirer le foin et la paille.

TENUE ET DÉSINFECTION DES ÉCURIES ET DES HARNAIS.

Il est indispensable que les écuries soient entretenues dans le plus grand état de propreté; en conséquence, le premier soin, tous les matins, des palefreniers ou gardes d'écurie doit être de nettoyer les mangeoires, d'enlever le fumier, balayer le pavé, etc. Ils doivent aussi remuer souvent la litière pendant le courant du jour, afin de l'entretenir toujours sèche et propre; à cet effet, ils auront soin de ne laisser séjourner sous les chevaux que le moins de fumier possible, et d'enlever les crottins au fur et à mesure, sans les entasser dans un coin de l'écurie.

Lorsque les écuries seront humides, et par conséquent malsaines, il faudra prendre tous les moyens à sa disposition pour les assainir. On pourra, par exemple, en exhausser le sol s'il est bas, établir des courants

d'air s'il en manque, et enlever toutes les matières sal-
pêtrées qui se seraient formées à la surface des murs.
Lorsqu'elles seront infectées, c'est-à-dire, lorsqu'elles
auront été habitées par des chevaux atteints de maladies graves ou contagieuses, qu'elles seront par conséquent imprégnées de miasmes putrides capables d'y
perpétuer ces maladies, il faudra user de tous les moyens
propres à les détruire, moyens qui consistent à gratter
les murs, les mangeoires et le mobilier, et à tout laver
ensuite avec de l'eau de chaux ou de l'eau chlorurée
au douxième. Il est nécessaire aussi de faire relever le
pavé dont on changera le lit à six pouces de profondeur.

Si l'on n'avait pas d'eau chlorurée à sa disposition,
on pourrait se servir de fumigations. A cet effet, et
après avoir exécuté le grattage comme auparavant, on
laverait le tout à grande eau. Cette première opération
terminée, et dans la supposition où l'écurie serait de
douze chevaux, on déposerait dans un vase de terre
vernissé 12 onces de sel de cuisine, 3 onces d'oxide
noir de manganèse, 6 onces d'acide sulfurique et autant d'eau; on exposerait le tout sur un réchaud au
milieu de l'écurie, dont à l'instant on fermerait hermé-
tiquement toutes les issues; six heures après, on ouvrirait, et, par surcroit de précaution, on passerait encore
tout à l'eau de chaux.

Pour une écurie du même nombre de chevaux, il
faut 6 bouteilles de chlorure d'oxide de sodium mélangées à 72 bouteilles d'eau ordinaire.

On emploiera ce dernier mélange avec avantage pour
désinfecter les harnais, brides, selles, couvertures, et tout

ce qui généralement aurait pu servir à des chevaux atteints de maladies contagieuses ou seulement présumées telles.

Pour que l'opération soit bien faite, il faudra commencer par isoler toutes les parties; alors on les lavera parfaitement en les brossant, une à une et en tout sens, avec des brosses en racines. Les couvertures, schabraques, tapis, etc., seront trempés dans la dissolution, mais on ne les y laissera que pendant cinq minutes.

Chaque objet, après avoir été lavé, sera passé à l'eau naturelle et retiré presque aussitôt pour être étendu. Dès que les cuirs seront secs, on les passera à l'huile de pied de bœuf, pour les empêcher de se durcir et pour leur rendre en même temps toute leur flexibilité.

Une bouteille de chlorure doit suffire pour la désinfection d'un harnais complet.

DES ALIMENTS.

C'est le nom que l'on donne à toutes les substances qui servent de nourriture. Ces substances, qui appartiennent exclusivement au règne organique, sont composées de principes nutritifs mélangés ou combinés avec d'autres qui ne le sont pas. Les principes ou sucs alimentaires en sont extraits par le travail des organes digestifs et transportés dans toutes les parties du corps pour le nourrir, c'est-à-dire, pour réparer les pertes qu'il éprouve, et même pour l'accroître jusqu'à certaines limites fixées invariablement par la nature.

Les substances alimentaires, ainsi que nous venons

de le dire, appartiennent exclusivement aux règnes animal et végétal, le règne minéral ne fournissant que des assaisonnements, des médicaments et des poisons. Ces substances, considérées comme aliments, sont d'autant meilleures qu'elles contiennent le principe nutritif en plus grande quantité sous un même volume, et qu'elles le cèdent plus facilement à l'action des organes digestifs sans en attaquer les tissus. L'étendue de ces mêmes organes est, ainsi que nous l'avons fait observer précédemment, relative à la nature des aliments dont les animaux se nourrissent. Moins ces aliments sont par leur nature analogues à la substance même de l'animal qui s'en nourrit, ou moins ils renferment de principes nutritifs, plus il en faut pour satisfaire à ses besoins, et plus long-temps ils doivent séjourner dans les organes de la digestion pour y subir les altérations nécessaires à la digestion, plus, par conséquent, doit être grande l'étendue de ces mêmes organes. Aussi remarque-t-on que le tube intestinal des herbivores est très-long, leur estomac fort ample et souvent multiple, tandis que celui des carnivores est court, étroit et tellement disposé, que les substances animales qui, sous le même volume, contiennent plus de principes nutritifs que les substances végétales, dont la digestion est plus facile et plus prompte, le parcourt avec rapidité.

Les avis sont partagés sur la nature du principe alimentaire. Les uns le regardent comme simple et unique, et prétendent que chaque organe se l'approprie à sa manière ; les autres pensent, au contraire, qu'il est composé, et qu'il existe autant de principes alimentaires qu'il y a de tissus différents dans l'organisme animal. Sans prétendre décider quelle est celle de ces deux opinions qui se rapproche le plus de la vérité, bornons-nous à reconnaitre que, quelle que soit la nature des substances alimentaires, les organes de la digestion en séparent toujours les mêmes principes. Ces principes sont bien certainement de la nature des gommes, du sucre et du mucilage, puisque rien ne nourrit mieux, plus promptement et sous un plus petit volume, que ces trois substances. L'exemple des Arabes du désert qui entreprennent souvent de longs trajets sans autres provisions que quelques morceaux de gomme, et l'expérience souvent renouvelée par des militaires sur les effets étonnants des sucs, ne laissent aucun doute à cet égard.

Il ne faut pas croire, cependant, que l'homme pourrait prolonger long-temps son existence en ne se nourrissant que de ces trois substances, même en quantité suffisante ; il serait bientôt épuisé, non seulement parce qu'il est nécessaire que les organes digestifs soient occupés et lestés, mais aussi parce qu'il paraît que ces trois substances, bien que contenant ce qu'il faut pour nourrir le corps, ne contiennent pas cependant tout ce qui est indispensable à la vie. Il n'y a que le lait qui ait cette propriété, et c'est ce qui explique comment ces montagnards, ces paysans des Vosges, et plus particulièrement ceux du Ban-de-la-Roche, qui ne se nourrissent exclusivement que de pommes de terre et de lait caillé, jouissent cependant d'une santé admirable, et prolongent même souvent leur existence au-delà du terme ordinaire.

Pour que les substances alimentaires puissent servir à une alimentation complète, à la nutrition qui s'entend de l'assimilation définitive des principes nutritifs en la propre substance de l'animal qui s'en nourrit, il faut qu'il existe des rapports suffisants entre l'altérabilité de ces substances, la force digestive de l'estomac et des intestins, et la force d'assimilation des organes. Si ces rapports ne sont pas parfaitement en harmonie, l'animal ne s'entretient pas ou s'entretient mal. Mais l'observation a démontré qu'il était quelquefois possible de rétablir cette harmonie lorsqu'elle n'existait pas ou qu'une cause quelconque l'avait détruite, et que c'était en adoptant plutôt certains aliments que d'autres, parce que leurs effets sur l'économie n'étaient pas les mêmes pour tous. De cette observation on a été conduit à classer les substances alimentaires d'après les effets particuliers que chaque espèce produisait sur l'homme et les animaux ; ainsi, l'on a eu des aliments toniques, des aliments nourrissants, échauffants, rafraîchissants, etc.

Indépendamment de cette première division relative à leurs effets, on les considère encore sous le rapport de leur nature propre ; ainsi, les uns sont solides et les autres liquides ; les premiers pour le cheval, qui se nourrit exclusivement de végétaux, sont secs ou verts ; les seconds, simples ou composés. Les aliments solides forment la nourriture proprement dite, les liquides composent les boissons. Les aliments secs sont privés de leur eau de végétation, tandis que les verts en sont encore imprégnés ; les premiers sont excitants, toniques et fortifiants, tandis que les autres sont tempérants, laxatifs et relâchants. Les boissons simples qui se bornent à l'eau pure, facilitent les digestions en dissolvant les aliments, et les composées qui sont des mélanges d'eau et de diverses substances, ou bien encore des liqueurs fermentées, ne sont employées que comme moyens hygiéniques ou médicaments.

DES ALIMENTS SOLIDES.

ALIMENTS SECS.

Les aliments secs se composent de foins et de fourrages secs, de pailles et de grains.

Les foins et les fourrages sont les plantes que l'on recueille dans les prairies : les foins dans les prairies naturelles, et les fourrages dans les prairies artificielles. Les pailles sont les tiges des céréales, et les grains en sont les fruits ou ceux de certaines légumineuses, telles que pois, fèves, lentilles, etc.

DES PRAIRIES NATURELLES.

Les prairies naturelles sont celles qui n'ont été l'objet d'aucun soin, sauf quelquefois l'ensemencement. La qualité de leurs produits, les foins, reconnaît essentiellement pour causes la nature du terrain et plus encore son exposition. On les distingue en prairies de 1.re, de 2.e et de 3.e classe, donnant des foins de première, de deuxième et de troisième qualité.

Les prairies de 1.re classe sont situées à mi-côte, sur un terrain légèrement incliné ; celles de 2.e classe sont en plaine, et celles de 3.e classe sont basses, plus ou moins humides et marécageuses. Les prairies naturelles sont composées d'un très-grand nombre de plantes qui peuvent être rangées en trois grandes divisions : 1.° (1) celles qui sont agréables et très-nourrissantes, 2.° (2) celles qui ne sont que peu nourrissantes, dures et grossières, et 3.° (3) celles qui ne sont que très-peu ou pas du tout nourrissantes, âcres, corrosives et vénéneuses. Les premières dominent dans les prairies de 1.re classe ; elles sont mélangées en plus ou moins grande quantité avec les secondes dans les prairies de 2.e classe, et les plantes de la seconde di-

(1) Cette première division se compose d'un très-grand nombre de plantes qui appartiennent presque toutes aux familles des graminées et des légumineuses : telles sont, parmi les graminées, la flouve odorante, les fétuques, les paturins, les agrostis, le phléau des prés, les différentes avoines, les vulpins, etc. ; et parmi les légumineuses, le sainfoin, le trèfle, la luzerne, la vesce à bouquet, le lotier articulé, le mélilot, etc. Cette première division contient encore d'autres plantes appartenant à d'autres familles, telles que la jacée des prés, la pimprenelle, le carvi commun, etc.

(2) La seconde division comprend les bromes, les chiendents, l'orge des prés, l'orge des murs, la brise tremblante, la jacobée, la grande pâquerette, les mille-feuilles, la carotte sauvage, les mauves, les bourraches, les caille-lait, les rubaniers, etc.

(3) Enfin la troisième division comprend les préles, les joncs, les roseaux, les butomes, les laîches, etc., qui sont des plantes dures, coriaces, et nullement nourrissantes, ainsi que les ciguës, les renoncules, les scrophulaires, les tithymales, les euphorbes, le nénuphar, etc., qui sont des plantes toutes plus ou moins vénéneuses.

vision dominent essentiellement dans les prairies de 3.ᵉ classe, où se trouvent d'ailleurs un très-grand nombre de celles de la 3.ᵉ division.

Le nombre et les proportions de toutes les plantes qui forment la base des prairies naturelles varient en même temps que la nature et l'exposition du terrain. C'est pour cette raison que souvent des prairies de plaine, lorsqu'elles sont sèches, donnent des foins qui ne diffèrent pas de ceux des prairies élevées, les mêmes plantes se plaisant et prospérant également dans les unes et les autres; tandis que si la prairie de plaine est humide, ses produits se rapprochent davantage de ceux des prairies basses.

La nature et les proportions de ces plantes dépendent aussi de la latitude : ainsi les graminées croissent plus abondamment dans les régions tempérées et septentrionales, tandis que dans les régions méridionales, ce sont les légumineuses. Il en résulte que les foins du Midi sont plus aromatisés et par conséquent plus excitants et plus appétissants que les foins du Nord.

Le foin de première qualité, lorsqu'il a été bien récolté, se reconnait aux caractères suivants : couleur verte, ni foncée ni pâle, odeur agréable, saveur douce et sucrée, tiges minces et courtes, ne se brisant pas trop aisément, mais cédant cependant à l'effort de la main. La fauchaison doit en avoir été faite dans le moment qui suit le développement de la fleur et qui précède la formation de la graine; car, plus tôt la maturité, n'est pas complète, et, plus tard, tous les sucs nutritifs se portant sur les grains qui doivent servir à la reproduc-

tion et qui tombent le plus souvent à la moindre secousse, il ne reste plus que des tiges peu ou point du
tout nutritives.

Les foins de seconde qualité doivent présenter à
peu près les mêmes caractères, seulement les brins en
sont moins fins et souvent entremêlés de plantes à
grosse tige et à larges feuilles. Il existera donc quelquefois bien peu de différence entre les foins de première
et de seconde qualité, et cette différence ne tiendra le
plus souvent qu'à la nature particulière et à l'exposition des terrains qui les auront produits. On sait,
en effet, que les mêmes plantes récoltées sur un sol
riche ou pauvre, bien ou mal exposé, ont des propriétés bien différentes. La seconde qualité est la seule
qui soit fournie dans les magasins militaires, la première
étant très-rare et d'un prix très-élevé. L'usage habituel
de celle-ci ne doit même pas être trop recherché pour les
chevaux de guerre, car une fois qu'ils y seraient accoutu-
més, ils refuseraient toute autre nourriture moins bonne.

Enfin les foins de troisième qualité, ceux provenant
des prairies basses, humides et marécageuses, se re-
connaîtront à leur couleur verdâtre et foncée, à leurs
tiges et à leurs feuilles qui sont grosses et larges, dures
et coriaces, à leur odeur qui est plus ou moins vireuse,
et à leur saveur qui est plus ou moins âcre et brûlante. Un tel fourrage doit être entièrement banni des
approvisionnements militaires, car non seulement il surcharge inutilement l'estomac des animaux qui en font
usage, mais de plus il engendre une foule de maladies
graves et meurtrières.

En général les prairies de troisième classe ne sont bonnes que pour le bétail et pour servir à mettre le cheval au vert en liberté. A cet état, presque aussi bien qu'à l'état sauvage, son instinct naturel est assez développé pour l'empêcher de manger les plantes dont l'usage lui serait dangereux. Mais à l'état de domesticité, à l'écurie, lorsque les plantes sont desséchées, ses facultés d'appréciation sont tellement diminuées et perverties, qu'il ne discerne plus les bonnes plantes des mauvaises, et qu'alors même qu'il les distinguerait, son appétit pourrait quelquefois le porter à surmonter la répugnance que lui inspireraient ces dernières.

ALTÉRATION DES FOINS.

Indépendamment de la nature propre des plantes qui forment les foins et du sol qui les produit, il existe une multitude de causes qui en altèrent, qui en vicient les qualités. C'est ainsi, par exemple, que des foins récoltés dans les meilleures prairies peuvent être mauvais, nuisibles, et devenir dangereux même pour les animaux qui s'en nourrissent, si la coupe, la fauchaison, ou l'engrangement, n'en ont pas été faits avec soin ; si les magasins qui les contiennent sont humides et malsains. Toutes ces causes souvent jointes à l'intérêt particulier des vendeurs ou des fournisseurs, exigeront une attention soutenue de la part des acheteurs ou des personnes chargées de la réception.

DES FOINS SECS ET CASSANTS.

Le foin peut devenir sec et cassant par une trop

longue exposition au soleil ou à l'air libre, par une coupe tardive ou par vieillesse. A cet état les chevaux le dédaignent, ou bien il devient pour eux la cause d'une foule d'indispositions, telles qu'aphtes, indigestions ou coliques. Pour prévenir ces accidents, lorsque la nécessité obligera de s'en servir, il faudra l'arroser au moment de s'en servir avec une certaine quantité d'eau salée.

DES FOINS ÉCHAUFFÉS ET POUDREUX.

Les foins échauffés et poudreux sont ceux qui n'ont pas subi une entière dessiccation, ou qui ont été mouillés avant d'être emmagasinés, ou bien encore ceux qui ont été déposés dans des lieux bas et humides. Il en résulte une fermentation putride qui décompose les principes mucilagineux et sucrés, et qui laisse à nu une partie du parenchyme, lequel se réduit en poussière à la moindre pression. Ce foin se reconnaît à une odeur forte de moisi, ainsi qu'à sa couleur qui devient obscure.

DES FOINS ROUILLÉS.

On appelle foins rouillés ceux sur les tiges desquels croît et séjourne une plante de la famille des champignons. Cette plante qui apparaît plus particulièrement dans les années humides et brumeuses, naît sous l'épiderme, détruit le parenchyme et se montre sous la forme d'une poussière jaunâtre et brunâtre. La rouille, en s'emparant des sucs nutritifs des plantes, non seulement nuit à leur développement, mais elle les rend âcres, irritantes, et par conséquent malsaines. On remarque, en effet, que c'est pendant les années qui

succèdent à la consommation des foins rouillés, que
les régiments perdent un plus grand nombre de chevaux
par la morve et le farcin. Les effets pernicieux en sont
d'autant plus prompts et plus certains, que les pailles
et les avoines éprouvent presque toujours en même
temps les mêmes altérations.

DES FOINS VASÉS, MARÉS OU MARNÉS.

Ces foins proviennent de prairies qui ont été inon-
dées. L'eau qui les a recouvertes a déposé sur les
plantes un limon qui s'y est fixé, et qui, avalé avec
elles, surcharge l'estomac, trouble les digestions, épuise
les forces, et cause des maladies d'autant plus promptes
et plus graves, que la vase provient quelquefois de
terrains qui sont surchargés de principes âcres et cor-
rosifs. Les marchands et les fournisseurs, avant de
livrer de pareils foins, ont l'attention de les faire battre,
mais il reste toujours une certaine quantité de poussière
qui affecte désagréablement les organes de la respiration.
Les foins vasés, marés ou marnés, se reconnaissent
facilement à leur odeur vaseuse, ainsi qu'à leur couleur
qui est jaunâtre.

FOINS DES FORÊTS.

Il existe encore des foins très-malfaisants, et qu'il
est important de signaler, ce sont ceux qui sont récoltés
à la lisière des bois et dans les forêts. Ces foins qui
toujours sont de la plus mauvaise qualité, produisent
quelquefois les accidents les plus graves; c'est lorsqu'ils
sont infectés de cette espèce de chenilles que l'on

appelle processionnaires. Ces chenilles dévorent souvent pendant plusieurs années consécutives les feuilles des arbres, et particulièrement celles des chênes ; elles tombent ensuite et empoisonnent toutes les herbes environnantes. Tout le monde sait que ces insectes font éprouver des irritations de peau très-désagréables aux hommes, et l'on a vu des chevaux mourir dans des souffrances inouïes, après avoir mangé du foin qui avait été récolté à la lisière des bois ou sous des arbres dévorés de ces chenilles. Les foins (1) des forêts se reconnaissent facilement à leur couleur qui n'est point uniforme, et qui dans le même tas ou dans la même botte présente des nuances très-variées, très-pâles, très-foncées, noirâtres et verdâtres ; ils ne sont d'ailleurs nullement aromatiques, ou bien n'ont qu'une légère odeur de champignon.

FOINS TROP NOUVEAUX ET TROP VIEUX.

Il nous reste enfin, pour compléter ce que nous avions à dire sur les foins, à parler des inconvénients que présente l'emploi des foins trop nouvellement ou trop anciennement récoltés.

Les plantes des premiers sont pénétrées d'une trop forte odeur ; leurs principes fermentescibles ne sont point encore calmés ou détruits. Administrés avant six se-

(1) Ces foins se composent en grande partie des plantes ci-après : agrostis traçante, paturin des bois, canche touffue, mélique penchée, benoîte officinale, boucage saxifrage, astragale réglisse, scabieuse des bois, mille-pertuis, roseaux plumeux, germandrée des bois, sarrette, laîche élevée, brome stérile, etc., etc.

maines ou deux mois, ils excitent beaucoup trop l'appétit des chevaux qui les mangent avec une extrême voracité; ils dégagent aussi une très-grande quantité de gaz dans les voies digestives, et causent des indigestions, des vertiges, des maux d'yeux, et mille autres accidents. Si l'on était forcé par les circonstances de se servir de foins trop nouveaux, il faudrait de toute nécessité bien les mélanger avec de la paille avant de les donner aux chevaux.

Le foin trop vieux, au contraire, c'est-à-dire celui qui a plus de deux ans d'emmagasinement, n'a plus ni odeur ni saveur, et n'est nullement goûté par les chevaux. On le reconnaît à sa couleur qui est jaunâtre, et quelquefois à une odeur plus ou moins forte de renfermé. Quand on sera réduit à accepter un pareil foin, il sera nécessaire de l'asperger d'eau, et mieux encore d'eau salée. Cette précaution aura le double avantage de le rendre plus appétissant, et de parer à l'inconvénient qu'il a presque toujours d'être poudreux, et d'affecter par conséquent les organes de la respiration.

DES PRAIRIES ARTIFICIELLES.

Les prairies artificielles sont entièrement dues aux soins de la culture qui en multiplie tous les jours le nombre, parce que leurs produits offrent le triple avantage de nettoyer les terrains, de les reposer, et de fournir une excellente nourriture, soit en vert, soit en sec. Aussi est-il à présumer que tôt ou tard, du moins dans certaines localités, le nombre des prairies naturelles diminuant pendant que celui des prairies arti-

ficielles augmente, les régiments se trouveront dans
la nécessité d'adopter l'usage des produits de ces dernières; et nous pouvons ajouter que cette époque ne
peut être qu'impatiemment attendue, car le foin des
prairies inférieures, qui n'entre que trop souvent dans
les magasins militaires, est certainement bien loin de
présenter des qualités aussi précieuses que les fourrages
des prairies artificielles.

La luzerne, le sainfoin et le trèfle sont les plantes
qui jusqu'à présent ont fait le plus généralement la base
des prairies artificielles.

DE LA LUZERNE.

La luzerne est sans contredit la première des plantes
qui forment la base des prairies artificielles, non seulement par ses propriétés nutritives, mais encore par
l'abondance de ses produits; et s'il est vrai qu'elle exige
une terre substantielle, on peut du moins toujours en
obtenir plusieurs coupes. Toutes ces coupes, à l'exception de la première, prennent le nom de regain. Certaines prairies naturelles donnent aussi des regains;
mais à moins qu'ils ne soient le produit d'irrigations
artificielles, les produits en sont ordinairement mé-
diocres. Dans tous les cas, les regains sont inférieurs
à la première coupe.

Bourgelat blâme l'usage de la luzerne, soit en vert,
soit en sec; il prétend qu'elle donne la gale, le farcin
et les eaux aux jambes. Mais cette assertion provient
sûrement du peu de connaissances que l'on avait de son
temps sur les propriétés de cette plante, et l'expérience

l'a depuis long-temps démentie. L'usage de la luzerne se répand au contraire de plus en plus; déjà même, dans les environs de Paris, on ne donne presque pas d'autre nourriture aux chevaux de trait. Dire ensuite que la luzerne est une alimentation aussi fine, aussi délicate que le foin des meilleures prairies naturelles, ne serait peut-être pas exact; mais avancer que bien récoltée, ni trop verte ni trop mûre, elle donne un excellent fourrage, c'est énoncer une vérité que l'expérience démontre tous les jours. Le seul inconvénient que l'on puisse reprocher à la luzerne, c'est d'être souvent ligneuse, et d'une distribution moins facile que le foin ordinaire, parce qu'elle se conserve moins bien.

DU SAINFOIN.

Cette plante, dont la dénomination indique les bonnes qualités, est extrêmement nourrissante; elle est peut-être même préférable à la luzerne par l'avantage qu'elle a de se mieux conserver; elle a de plus celui de réussir parfaitement dans les terrains secs et sablonneux. On la récolte en fleur. Dans certains départements, dans le Poitou, dans la Normandie, on en fait des meules que l'on tasse le plus qu'on peut, et dans lesquelles on coupe avec des faux au fur et à mesure des besoins. Quelquefois ces meules sont par lits alternatifs de paille de froment et de sainfoin, et forment une nourriture abondante.

DU TRÈFLE.

Le trèfle participe beaucoup des qualités de la luzerne, mais il est, dit-on, indigeste et d'une administration assez difficile. Nous pensons cependant que bien récolté, bien ordonné, le trèfle ne peut produire d'autres inconvénients que ceux qui suivent un changement trop brusque dans la nourriture. Il est nécessaire d'apporter beaucoup d'attention dans sa réception, parce que cette plante se plaisant particulièrement dans les prairies basses et humides, ses tiges deviennent souvent grosses, dures et ligneuses.

Ainsi, d'après ce que nous avons dit des trois plantes qui forment habituellement la base des prairies artificielles, on voit que le choix de l'une ou de l'autre sera déterminé par la nature du terrain que l'on aura à sa disposition, et qu'il faudra toujours conserver de préférence le sainfoin, la luzerne et le trèfle ayant le grand inconvénient de s'altérer en très-peu de temps.

DES PAILLES.

Les pailles participent toujours des propriétés des graines qu'elles portent; les meilleures par conséquent sont d'abord celles de froment, et puis ensuite celles d'orge, d'avoine et de seigle; ces deux dernières ne sont même employées comme nourriture, que lorsqu'il y a impossibilité de s'en procurer d'autres.

La bonne paille se reconnaît aux caractères suivants: tuyaux minces et flexibles, couleur d'un blanc mat ou d'un jaune doré, odeur agréable et presque nulle, saveur douce et sucrée. Quelques plantes appartenant ordinairement aux graminées et aux légumineuses se trouvent quelquefois interposées à sa base: on lui donne alors le nom de paille fourrageuse (1); et comme il arrive rarement que les céréales soient mélangées d'herbes nuisibles, cette circonstance ne fait qu'ajouter à ses qualités.

ALTÉRATION DES PAILLES.

La paille est, comme le foin, susceptible d'être diversement altérée. Dans les années orageuses, elle peut avoir été versée; la plante alors ne mûrit pas, sa tige dépérit, noircit et se gâte. Dans ce cas, on la reconnaît à la ténuité de ses brins qui se réduisent en poussière à la moindre pression; elle a d'ailleurs une odeur de vase et de pourriture. Si elle a été rouillée, elle est comme piquée, et présente les mêmes inconvénients que les foins qui le sont. Celle qui a été emmagasinée par des temps brumeux s'échauffe et s'altère, et prend une odeur de moisi qui dégoûte extraordinairement les chevaux.

La paille nouvelle peut être employée sans inconvénient, mais en vieillissant elle perd de ses qualités et devient moins savoureuse.

DES GRAINS.

Les grains étant destinés à la reproduction des plantes, qui est le but essentiel de la nature, c'est dans cette partie des végétaux que se trouve la plus grande quantité de sucs nutritifs. Ils s'y présentent sous la forme

(1) Les plantes qui rendent la paille fourrageuse sont ordinairement: le vulpin des champs, le millet, l'agrostis traçante, le trèfle, la luzerne, le sainfoin, la gesse sans feuilles, le bluet, le liseron des champs, la matricaire des blés et le coquelicot.

d'une substance pulvérulente, sans odeur ni saveur, et toujours blanche. On a donné le nom de son à la pellicule qui l'enveloppe, et dont elle est séparée par l'action de la mouture et de la bluterie. Le son de froment est le plus répandu, c'est aussi celui que l'on doit préférer. Il est connu dans le commerce sous différents noms; on l'appelle son, recoupe ou recoupette, selon son degré d'atténuation.

Le son, dont l'usage pour les chevaux est si généralement répandu, ne doit être cependant considéré comme aliment que lorsqu'il contient une certaine quantité de farine; privé de ce principe alimentaire, le son n'est plus qu'une substance indigeste qui résiste à l'action de l'estomac et des sucs gastriques. Des expériences positives et souvent répétées ont démontré que le son est rendu par les animaux sans avoir subi la moindre altération. C'est ce qui explique comment il se fait que les grains d'avoine, d'orge ou de froment, que les chevaux avalent sans les avoir broyés, sont rejetés intacts du conduit alimentaire. C'est donc à tort que beaucoup de personnes regardent le son comme rafraîchissant; il ne peut l'être qu'en ce sens, qu'il excite les chevaux à boire lorsqu'on en met quelques jointées dans l'eau qu'on leur présente : circonstance qui introduit dans le corps une plus grande quantité de liquide, et calme ainsi l'exaltation du sang. Le son, d'ailleurs, n'étant point nourrissant par lui-même, ne peut être que débilitant, et doit par conséquent être exclus de la ration du cheval de guerre.

Quoi qu'il en soit, et puisque l'habitude fait encore

loi, toutes les fois que l'on croira devoir employer le
son, il faudra s'assurer qu'il est de froment, frais, fari-
neux, presque sans odeur et d'une saveur douce.

DE L'AVOINE.

L'avoine est spécialement affectée à la nourriture du
cheval dans les contrées septentrionales, parce qu'indépendamment de ses propriétés nutritives, sa tonicité la
rend très-favorable à l'excitement dont tous les êtres vivants ont besoin dans les climats froids. Dans les pays
chauds, on la remplace par l'orge qui est à la fois plus
tempérante et plus nourrissante.

On distingue huit ou dix sortes d'avoines que nous
réunissons sous les dénominations d'avoine d'hiver et
d'avoine de printemps. L'avoine d'hiver, semée en automne, reste plus long-temps en terre que celle qui ne
l'est qu'au printemps ; elle y devient plus forte, donne
des produits plus abondants, et se reconnaît à la grosseur de ses grains, ainsi qu'à leur couleur qui est généralement plus foncée.

L'avoine d'hiver, à volume égal, renfermant moins
de son que l'avoine de printemps, doit lui être préférée.
Quelle que soit au surplus celle qu'il s'agira de recevoir,
il faudra qu'elle soit lourde, pesante à la main, coulant
et s'échappant facilement entre les doigts ; son écorce
sera brillante et lustrée, son amande blanche et sucrée,
d'une saveur agréable et farineuse ; elle n'aura point
d'odeur et sera purgée de tous corps étrangers, tels que
terre, cailloux, grains de sénevé, d'ivraie, fausse moutarde et fausse avoine, nielle et coquelicots.

Avant d'être livrée dans le commerce, l'avoine éprouve différentes altérations qu'il n'est pas inutile de connaître. Celle qui est le plus généralement observée résulte de l'opération du javelage, opération qui consiste à laisser l'avoine étendue sur le champ jusqu'à ce qu'il survienne une petite pluie qui, en la mouillant, pénètre le grain, le fait enfler et lui donne plus d'apparence. Mais qu'arrive-t-il alors? l'amande humectée fermente et perd de ses qualités.

Les fournisseurs à leur tour lui font subir d'autres altérations. S'ils sont tenus de la livrer à la mesure, ils la font remuer fortement et jeter contre les murs, de sorte que l'amande se séparant de son enveloppe et le grain s'émoussant à sa pointe, elle occupe un volume plus considérable. Cette fraude, qui heureusement n'influe pas sur la qualité de l'avoine, se reconnaît à la simple vue, ou bien en jetant dans un seau d'eau une poignée de celle que l'on soupçonnera avoir été battue sur les murs : l'amande se précipitera et l'enveloppe surnagera.

Quelquefois les fournisseurs la font mouiller dans les greniers pour la faire enfler et lui donner plus de poids et plus de volume; alors elle est terne et ne coule plus facilement entre les doigts. Si l'avoine a été mouillée tout récemment, elle est molle et boursouflée; si elle a eu le temps de sécher, elle est ridée, légère à la main, spongieuse, et ne se précipite pas au fond de l'eau; son odeur est forte, désagréable, et sa saveur poudreuse et piquante. Une pareille avoine ne doit être acceptée sous aucun prétexte, car non seulement elle ne possède plus les propriétés nutritives nécessaires à l'alimentation, mais elle a acquis, par la fermentation, des principes irritants qui portent très-promptement le trouble dans l'exercice des fonctions.

Il faut refuser aussi l'avoine qui n'aurait pas été bien nettoyée, qui serait mélangée de poussière, gravier ou plâtras, ou dans laquelle on reconnaîtrait une grande quantité de grains de sénevé, d'ivraie, nielle ou fausse moutarde.

L'avoine trop nouvelle, ou qui n'a pas encore subi son entière dessiccation, est dangereuse à donner sans précaution ; celle, au contraire, qui a trop vieilli, a perdu beaucoup de ses qualités.

DE L'ORGE.

L'orge est, après l'avoine, la céréale la plus généralement consacrée à la nourriture du cheval ; on en connaît dans le commerce trois variétés : l'orge commune, l'orge d'hiver ou escourgeon, et l'orge fromentée dite sucrillon. Cette dernière est la plus précieuse par la qualité de son grain.

L'orge, par la grosseur et par la qualité de son amande, forme une nourriture aussi saine qu'abondante ; elle est en même temps tempérante et rafraîchissante, en sorte qu'elle convient essentiellement aux chevaux dans les pays chauds, pour modérer les effets de la chaleur qui occasionne des déperditions considérables, et pour calmer l'état d'échauffement qui en est la conséquence immédiate.

Il en est de l'orge comme de tous les végétaux, elle

a des qualités plus ou moins développées et relatives au sol qui la produit ; elle est excellente et très-nutritive dans le midi de l'Europe et dans tout l'Orient, aussi ne faut-il l'administrer dans ces climats qu'avec beaucoup de précautions, au moins dans les premiers temps, car autrement elle pourrait produire de graves inconvénients, comme, par exemple, la fourbure. C'est l'absence de ces précautions qui a causé de si grandes pertes à la cavalerie française, à l'époque de la première entrée en Espagne, sous l'empire. L'orge bien récoltée est très-peu altérable ; elle n'est pas aussi facile à falsifier que l'avoine. En vieillissant elle devient tellement dure, que les vieux chevaux la broient difficilement, de là l'usage de la concasser ou de la détremper avant de la leur donner. Quelquefois on la mélange avec de l'avoine, mais il faut alors que l'orge ait été préalablement concassée, car les grains étant plus gros que ceux de l'avoine, il pourrait arriver que certains chevaux qui ne se donnent pas le temps de bien mâcher leurs aliments, avalassent une partie de l'avoine en grains entiers.

DU FROMENT.

Le froment ne s'emploie qu'accidentellement, et particulièrement dans l'intention de réparer promptement les forces d'un animal épuisé ; mais il faut toujours l'employer avec beaucoup de précautions, car ce grain donnant la farine la plus pure, la plus analeptique, exalte promptement les propriétés vitales, et causerait infailliblement, par un usage immodéré ou trop long-temps continué, des maladies inflammatoires, des hémorragies, des fourbures, des apoplexies, etc. On prévient ces accidents, lorsque l'on est forcé de s'en servir pour les chevaux, en le mélangeant avec de la paille hachée. On en met avec succès une poignée, une jointée, dans la ration d'avoine des chevaux qui digèrent mal, ou dont on veut faire tomber promptement le poil d'hiver.

La paille de froment dans laquelle il serait resté une certaine quantité de grains pourrait tenir lieu de toute autre nourriture.

DE L'ÉPEAUTRE.

L'épeautre est un grain qui ne diffère que peu du froment et que l'on cultive beaucoup dans le Nord. L'épeautre donne une nourriture cordiale et stimulante qui exalte les propriétés vitales, et qui par conséquent ne doit être donnée qu'avec ménagement. La paille de l'épeautre est infiniment inférieure à celle du froment.

DU SEIGLE.

Ce grain ne s'emploie qu'accidentellement ; quoique nourrissant, son usage continuel débilite l'estomac. L'eau blanchie avec de la farine de seigle pourrait servir à rafraîchir les chevaux échauffés.

DU MAIS.

Le maïs, que l'on cultive en grand dans le midi de l'Europe pour la nourriture de l'homme et des animaux, se distingue par des produits très-abondants et très-nourrissants. Il est employé avec beaucoup de succès pour engraisser toutes les espèces granivores. Les chevaux qui n'y sont point habitués le refusent d'abord, mais ils ne tardent pas à le goûter et le préfèrent ensuite à toute autre nourriture.

Le maïs convient particulièrement aux chevaux vieux, maigres ou fatigués, dont il répare promptement les forces et rétablit l'embonpoint ; il convient également à ceux qui ont un estomac faible ou qui se vident au moindre travail. Le seul inconvénient qu'on lui reproche, c'est d'altérer et de produire ainsi l'amplitude du ventre, ce qui rend le cheval lourd et court d'haleine.

Le maïs, ainsi que l'orge, devient tellement dur en vieillissant, qu'il est indispensable de le concasser ou de le détremper avant de le donner aux chevaux.

DE LA FÉVEROLE.

La féverole, que l'on nomme aussi petite fève, fève de cheval ou gourgane, est un grain très-substantiel dont les chevaux sont très-friands ; mais comme elle est en même temps très-échauffante, on ne la leur donne que par jointée, mélangée avec de l'orge dont elle corrige les propriétés trop tempérantes pour les animaux soumis à un travail pénible, ou qui auraient besoin de prendre du ton.

DU SARRASIN.

Le sarrasin ou blé noir est un grain que l'on donne quelquefois aux chevaux en place d'avoine, mais toujours à petites doses, parce qu'il renferme un principe âcre et irritant. On peut en corriger les mauvais effets, soit en le mélangeant avec de l'orge, soit en le faisant macérer dans l'eau.

DES POIS, VESCES, LENTILLES, BISAILLES, ETC.

Ce sont des plantes que l'on cultive particulièrement pour l'usage des bestiaux, mais que l'on peut également donner aux chevaux. Coupées entre fleurs et fruits, elles forment un fourrage excellent ; plus tard elles deviennent dures et coriaces ; il faut alors attendre qu'elles aient atteint leur complète maturité, parce que les grains qu'elles fournissent composent une alimentation aussi saine qu'abondante.

DES RACINES.

Parmi les racines, nous distinguons spécialement les carottes, les betteraves, les pommes de terre, les topinambours, les panais et les navets. On les donne au cheval crues et coupées en morceaux, et quelquefois cuites ; cependant il ne faudrait pas ne le nourrir que de racines, surtout s'il était soumis à un travail pénible, car il ne tarderait pas à s'affaiblir.

La carotte est celle que les chevaux aiment le mieux. Cultivée en grand, elle fournirait en hiver une nourriture fraîche et abondante en sucs nutritifs. On la donne souvent en place d'avoine, dans l'intention de calmer un état d'irritation qui se serait déclaré dans les voies digestives. Les carottes engraissent les chevaux promptement et concourent à leur donner un beau poil. Nous en dirons autant de la betterave, qui est à la fois très-nourrissante et rafraîchissante. Quant à la pomme de terre, tous les chevaux ne la digèrent pas également bien ; elle a d'ailleurs l'inconvénient, qu'elle partage avec les panais et les navets, d'empâter les chevaux, et de les rendre mous et paresseux.

SUBSTANCES INUSITÉES, MAIS DONT ON PEUT SE SERVIR DANS LES MOMENTS DE DISETTE.

Le foin des prairies naturelles, la paille de froment, l'avoine et la farine d'orge sont les substances qui entrent le plus habituellement dans la composition de la ration du cheval ; mais il arrive quelquefois que l'une ou plusieurs de ces substances viennent à manquer, il est nécessaire alors de s'en procurer d'autres qui puissent, sinon les remplacer, du moins suffire aux besoins du cheval. C'est ainsi que les fourrages des prairies artificielles remplacent le foin ; les pailles d'orge, de seigle et d'avoine, les tiges de pois, de fèves, de haricots, remplacent la paille de froment ; de même le froment, le seigle, le maïs, la gourgane, le sarrasin et les bisailles peuvent tenir lieu d'avoine et d'orge. Mais il est des circonstances, surtout à la guerre, où toutes ces substances manquent également, il faut alors avoir recours à son industrie.

Parmi les moyens d'alimentation les plus connus, nous avons déjà cité la drèche ; mais cette nourriture, ainsi que tous les grains fermentés, quoique très-favorables à l'engraissement, produit en très-peu de temps un état de faiblesse qui rend le cheval incapable de supporter le moindre travail un peu pénible.

On peut employer aussi l'ajonc ou genêt épineux,

plante vivace dont les feuilles petites, dures et piquantes, offenseraient les organes de la mastication, si l'on n'avait pas la précaution de les faire préalablement macérer. Comme cette plante appartient à la nombreuse famille des légumineuses, les chevaux qui s'en nourrissent ne manquent pas de vigueur.

Les gousses de caroubier et d'acacia, les feuillards d'orme, de chêne, de baguenaudier, de platane et de cytise, les feuilles de vigne, les tiges de mauve, guimauve, etc., peuvent aussi servir à sustenter le cheval pendant les temps de disette.

Enfin, dans les moments de la plus grande pénurie, dans les villes assiégées, lorsque l'on n'a pas encore perdu tout espoir de délivrance, on peut soutenir l'existence du cheval en lui donnant des copeaux très-minces, mélangés à quelques parties de fourrage et de paille; on peut même faire un composé de farine et de terre tamisée : celle-ci, bien entendu, n'étant destinée qu'à augmenter le volume du repas, et à détourner l'action des sucs gastriques, qui, par une longue abstinence, portent toute leur activité sur la membrane interne de l'estomac et la corrodent.

DES BOULES ANGLAISES.

Nous ne dirons que quelques mots sur les boules anglaises dont l'expérience a depuis long-temps fait justice, et pour que l'on ne soit plus tenté d'y revenir. Ces boules, de la grosseur d'un œuf de poule, sont composées de substances toniques et fortifiantes intimement mélangées. Elles sont d'un usage assez fréquent en Angleterre et même en Allemagne. On les y emploie plus particulièrement pour les chevaux de chasse, lorsque dans une partie on ne veut pas leur donner le temps de manger, et que l'on désire cependant prolonger l'emploi de leurs forces ; mais il est évident que si ce moyen se répétait souvent, les chevaux en ressentiraient bientôt de funestes atteintes.

SUITE DES ALIMENTS SOLIDES.

ALIMENTS SOLIDES VERTS.

Les aliments solides verts ne diffèrent des aliments solides secs que par leur eau de végétation qu'ils n'ont point encore perdue ; il en résulte que les principes nutritifs y étant moins rapprochés et moins élaborés que dans ces derniers, doivent produire sur l'économie animale des effets bien différents. En introduisant dans tous les tissus un liquide aqueux et abondant, ils augmentent les déjections et favorisent le transport des sucs nutritifs, en même temps qu'ils relâchent la fibre et diminuent sa contractilité. La conséquence immédiate de la nourriture verte doit donc être de disposer les animaux à l'engraissement et de les affaiblir, et voilà précisément pourquoi on ne les y soumet qu'accidentellement, par mesure hygiénique, ou lorsque les circonstances ne permettent pas de faire autrement.

La nourriture verte se compose le plus habituellement des plantes que l'on recueille dans les prairies naturelles et artificielles ; quelquefois aussi on y consacre les tiges des céréales, mais c'est presque toujours par nécessité, et l'on doit alors en user avec beaucoup de prudence, car elles forment une nourriture tellement substantielle, qu'il en résulterait inévitablement des maladies pléthoriques, des apoplexies et des fourbures. Pour éviter ces accidents, il faut ne pas attendre que la maturité de ces plantes soit très-avancée, ou bien il faut les mélanger avec des plantes aqueuses et peu nourrissantes, du fourrage sec ou de la paille.

Les prairies naturelles et artificielles, destinées à fournir des aliments verts, se fauchent dans le moment de la floraison, les céréales à la sortie de l'épi, et les bisailles à l'époque de la formation de leurs graines.

DES ALIMENTS LIQUIDES.

Les boissons forment les aliments liquides; elles sont simples ou composées. L'eau pure constitue les premières pour le cheval, et l'eau mélangée à différentes substances ainsi que les liqueurs fermentées constituent toutes les autres.

DE L'EAU.

L'eau est le corps le plus répandu dans la nature. Sa répartition sur toute la surface du globe reconnaît pour causes essentielles et constantes son évaporation, et sa condensation sur les montagnes, d'où naissent, par son infiltration, les sources, les torrents, les rivières et les fleuves, et pour causes accidentelles, la résolution des nuages et la fonte des neiges.

L'eau pure est destinée à calmer la soif; elle dissout les aliments dans l'estomac, facilite ainsi la digestion, et entretient la souplesse des tissus à mesure que la vaporisation les dessèche. Prise en trop grande quantité, l'eau diminue l'action des sucs gastriques sur les aliments ingérés, et nuit alors à la digestion ; elle peut, ensuite, influer sur l'économie animale par ses qualités particulières. La bonne eau est claire, limpide, inodore et sans saveur ; elle doit contenir une certaine quantité d'air, et jouir de la propriété de dissoudre le savon, de bouillir facilement et de bien cuire les légumes ; elle est mauvaise lorsqu'elle est fade ou salée, ou bien encore lorsqu'elle est remplie de corps étrangers qui en altèrent la pureté.

L'eau trop froide affecte désagréablement l'estomac ; elle peut ainsi causer des arrêts de transpiration à l'animal qui s'en abreuve. L'eau chaude affaiblit les puissances digestives et ne désaltère pas. L'eau doit donc être pure, contenir une certaine quantité d'air et jouir d'une certaine fraîcheur.

L'eau des rivières, surtout des rivières peu profondes et coulant sur un lit de sable, est la meilleure ; celle des sources et des puits est souvent mauvaise à cause de sa trop grande fraîcheur, du peu d'air qu'elle renferme et de sa crudité ; celle des mares est insalubre, parce qu'elle contient toujours une plus ou moins grande quantité de débris de matières animales et végétales.

Pour rendre potables les eaux qui ne le sont pas, ou pour en corriger les effets malfaisants, on emploie les moyens suivants :

Les eaux de puits et de citernes sont tirées en été plusieurs heures avant d'être présentées aux chevaux ;

il est bon de les agiter avec la main, ou mieux encore de les battre avec des poignées de paille ou d'osier, pour les charger de l'air qui leur manque. En hiver, il est préférable de ne les tirer qu'au moment même de les donner. Si d'ailleurs les eaux sont mélangées de principes étrangers et nuisibles, il faut les filtrer à travers un ou plusieurs lits de charbon, ou si la quantité n'en est pas considérable, on peut se borner, pour les purifier, à y plonger un tison enflammé.

Enfin, il ne faut jamais perdre de vue que les mauvaises eaux agissent de la manière la plus funeste sur toute l'économie animale, surtout lorsque l'usage en est habituel; il est par conséquent de la plus haute importance de reconnaître dès le premier jour la qualité des eaux de l'habitation dont on prend possession, afin d'adopter sur-le-champ, si elles sont mauvaises, les moyens propres à les rendre meilleures.

L'eau considérée comme base des boissons composées et des aliments liquides est mêlée à différentes substances. Si l'on y jette un peu de son, elle devient plus agréable, désaltère mieux le cheval et le rafraîchit; elle devient nourrissante si, au lieu de son, on la charge de farine; quelquefois on y fait dissoudre quelques onces de nitre, alors elle porte aux urines et précipite leurs sécrétions.

Les chevaux généralement aiment le vin, mais on ne leur en donne que lorsqu'ils sont harassés de fatigue et couverts de sueur, ou bien encore quand on veut leur rendre du courage et prolonger une course. On peut aussi leur donner de la bière, du cidre et d'autres liqueurs fermentées, mais il faut bien prendre garde d'abuser de ces boissons, qui ne doivent être considérées que comme moyens hygiéniques ou de circonstance.

HYGIÈNE APPLIQUÉE.

Après avoir étudié toutes les substances dont le cheval se nourrit, et dans leur nature, et dans leurs effets, nous allons nous occuper de la manière de les lui administrer, c'est-à-dire, du régime, qui consiste dans l'usage raisonné des aliments dans toutes les circonstances de la vie. Ces aliments composent la nourriture qui est, ainsi que nous l'avons dit, verte ou sèche.

DE LA NOURRITURE AU SEC.

La nourriture au sec consiste dans l'emploi des substances que nous avons précédemment décrites, privées de leur eau de végétation ; nous appelons ensuite ration la quantité de ces substances qui suffit à l'alimentation du cheval pendant vingt-quatre heures, soit qu'il se nourrisse d'une seule espèce d'aliments, soit qu'il s'en nourrisse de plusieurs. Il faut donc considérer la ration d'abord sous le rapport de sa composition, la considérer ensuite relativement à sa réception et à sa consommation.

COMPOSITION DE LA RATION.

Le foin, la paille de froment et l'avoine sont les trois substances qui composent habituellement la nourriture du cheval; on ne leur en substitue d'autres, telles que le son, l'orge, le maïs, ou on ne les y ajoute que par nécessité ou mesures hygiéniques.

Les quantités et les proportions de ces substances ne sont pas invariables; elles dépendent non seulement de la différence des armes, mais encore de l'état de paix ou de l'état de guerre, de la station ou de la route; elles devraient même aussi dépendre de la saison, c'est-à-dire, qu'en thèse générale, la ration devrait être calculée d'après l'espèce du cheval, d'après la nature et la durée de son travail journalier, et d'après aussi la saison où l'on est. S'il n'en est pas tout-à-fait ainsi, ce ne peut être que pour la commodité du service. La composition ne se base effectivement que sur la taille des chevaux et la nature de leurs services; de là quatre rations différentes : celle des chevaux de trait appartenant aux trains des parcs et des équipages, celle de la cavalerie de réserve, celle de la cavalerie de ligne, et celle enfin de la cavalerie légère. Ces quatre espèces de rations qui ont subi beaucoup de modifications en raison des expériences qui ont été faites et souvent renouvelées, paraissent enfin définitivement arrêtées ; les voici pour chacune des trois circonstances où le cheval de troupe peut se trouver.

DÉSIGNATION des ARMES.	COMPOSITION DES RATIONS EN USAGE DANS L'ARMÉE. SUR LE PIED DE								
	PAIX.			GUERRE.			ROUTE.		
	Foin.	Paille.	Avoine.	Foin.	Paille.	Avoine.	Foin.	Paille.	Avoine.
	Kil.	Kil.	Kil.	Kil.	Kil.	Kil.	Kil.	Kil.	Kil.
Chevaux de troupe d'artillerie.....	5 »	5 »	3 80	6 »	4 »	4 20	5 »	5 »	4 20
Cavalerie de réserve.........	5 »	5 »	3 60	7 »	4 »	3 80	6 »	5 »	3 80
Cavalerie de ligne et chevaux d'offi—ciers d'artillerie..........	4 »	5 »	3 40	6 »	4 »	3 80	5 »	5 »	3 80
Cavalerie légère et chevaux d'officiers des trains............	4 »	5 »	3 »	6 »	4 »	3 80	5 »	5 »	3 80
Trains des parcs et des équipages..	5 »	5 »	3 80	7 »	4 »	4 20	6 »	5 »	4 20
Mulets...............	4 »	5 »	3 »	5 »	4 »	3 80	5 »	5 »	3 80

Ce tableau, bien que paraissant très-compliqué **au** premier coup d'œil, est fort simple et très-facile à graver dans la mémoire. Il est non seulement indispensable de connaître parfaitement la composition de la ration pour l'arme à laquelle on appartient, mais il peut être quelquefois utile, surtout en voyageant, de connaître aussi la composition de celle des autres armes.

DE LA RÉCEPTION.

La réception des substances alimentaires qui **entrent** dans la composition de la ration des chevaux de troupe doit toujours se faire en présence d'un officier désigné à cet effet. Cet officier doit non seulement aller reconnaître quelques heures à l'avance si les magasins sont approvisionnés convenablement et de denrées de qualité supérieure, mais il doit assister à leur délivrance même, afin de s'assurer que celles qu'il a reconnues bonnes et qu'il a désignées pour être délivrées n'ont point été remplacées par d'autres de qualité inférieure.

Dans la première visite au magasin, cet officier s'assurera que toutes les denrées jouissent des qualités précédemment décrites. Lorsque le foin sera déjà bottelé, il en examinera très-attentivement le bottelage. Si ce bottelage est ancien, ce qu'il reconnaîtra facilement à la couleur uniforme des bottes et à leurs formes aplaties, il lui suffira d'en faire délier quelques-unes prises au hasard, pour s'assurer que le foin qu'elles renferment dans leur intérieur est de la même qualité que celui de l'extérieur; le poids sera constaté en même temps. Mais si les bottes, à la fraîcheur des liens, à leurs formes arrondies, pa raissent avoir été remaniées, il sera nécessaire de les examiner plus minutieusement; il faudra même s'assurer qu'elles ne renferment pas dans leur intérieur des foins avariés ni d'autres substances malfaisantes, car il est arrivé quelquefois que l'on y a trouvé des joncs, des roseaux et même du fumier.

Les boltes de six kilogrammes et au-dessous doivent n'avoir que deux liens; celles de sept kilogrammes et au-dessus, trois; chacun des ces liens pèse quatre onces. Ils entrent pour leur poids lorsqu'ils sont en foin de bonne qualité, et pour moitié s'ils sont en paille de froment; ils en sont défalqués s'ils sont en paille de seigle, foin avarié, ou toute autre substance. L'avoine doit peser quarante kilogrammes l'hectolitre, et l'orge soixante-cinq. Si par hasard il s'élevait quelques difficultés pour l'acceptation, le rapport en serait fait immédiatement, et la chose regarderait alors l'intendance militaire, qui ferait nommer des experts afin de décider la question.

DES SUBSTITUTIONS.

Lorsque, par régime ou par nécessité, on se trouve dans le cas d'admettre des substitutions, elles ont lieu de la manière suivante:

Le foin est remplacé par le double en poids de paille de froment, et par conséquent la paille par la moitié de son poids en foin. Le plus généralement, la ration d'avoine est échangée contre le double de la ration de foin et contre les deux tiers de son poids en farine d'orge. Au surplus ces deux derniers rapports dépendant des localités, doivent être fixés à l'avance par l'autorité administrative ou débattus de gré à gré. Il en sera de même de toutes les substitutions qui auront pour objet des substances alimentaires inusitées, telles que le fourrage des prairies artificielles, l'orge, le maïs, les pois, les fèves, etc. Cependant, il faut observer que, dans aucun cas, le trèfle ne doit être donné seul, mais toujours mélangé à d'autres foins ou fourrages, dans la proportion d'un tiers au plus. Quant au froment, aux fèves, au sarrasin, comme ce sont des substances très-échauffantes, dont quelques-unes même contiennent un principe irritant, elles ne seront jamais admises pour plus d'un sixième.

Enfin, lorsque par des motifs quelconques les substitutions auront pour objet l'échange de la ration ordinaire contre le vert, ce vert sera donné le plus habituellement à la soûlée, ou au moins à raison de quarante kilogrammes par jour et par cheval.

DE LA CONSOMMATION.

La ration journalière du cheval se divise en plusieurs parties qui forment les différents repas. Ces différents repas doivent être donnés de manière à ne point contrarier le travail et à ce que rien ne soit perdu, de manière aussi à occuper le cheval pendant la plus grande partie de ses moments de repos. Il résultera nécessairement de cette attention que le cheval ne sera jamais affamé, qu'il se donnera le temps de manger, et que par conséquent ses digestions seront faciles.

Le nombre des repas du cheval pourrait se borner à trois : le déjeuner, le dîner et le souper. Rien n'empê-

-cherait, par exemple, de lui donner le matin un tiers de sa ration en foin, paille et avoine, un second tiers au milieu du jour, et le dernier tiers le soir, lorsque le travail est terminé : c'est même ce qui se pratique le plus généralement dans les écuries de propriétaires ; mais il n'en est pas ainsi dans les régiments. Comme les chevaux n'ont presque jamais plus de deux heures de travail par jour, et que l'on veut non seulement éviter tout ce qui pourrait fatiguer leur estomac, mais encore les occuper dans les écuries, pour qu'ils n'y contractent point de mauvaises habitudes, on partage la ration en cinq ou six repas ; et pour que ces cinq ou six repas puissent se donner de la manière la plus simple, la plus commode et la plus facile à surveiller, on partage aussi les chevaux en *ordinaires* composés, chacun, de trois chevaux, chaque ordinaire ayant par conséquent pour sa journée trois bottes de foin, trois bottes de paille et trois rations d'avoine. Le matin, au réveil, on donne une botte de foin ; après le pansage, on fait boire et l'on donne la moitié de l'avoine, plus une botte de paille. Lorsque les chevaux doivent aller à la manœuvre après ce second repas, on ne leur donne la botte de paille qu'au moment où ils rentrent aux écuries. A midi, une seconde botte de foin ; après le second pansage qui se fait à trois heures, les chevaux retournent à l'abreuvoir, et reçoivent l'autre moitié d'avoine et la seconde botte de paille ; enfin, le soir, ils reçoivent les troisièmes bottes de foin et de paille. Ils font par conséquent cinq ou six repas, et s'en trouvent généralement fort bien.

Quelque bien entendu que nous paraisse l'ordre que nous venons d'exposer, nous sommes bien loin de vouloir inférer que tout autre soit moins bon ; nous nous y tenons parce qu'il est simple, d'une exécution facile et régulière, et que tout est consommé. Nous reconnaissons d'ailleurs qu'il est fort peu important de donner telle partie de la ration plutôt avant qu'après telle autre, de faire boire même le cheval avant ou après qu'il a mangé ; l'essentiel, c'est que la ration soit consommée et parfaitement digérée. Mais il est quelques observations que nous ne devons point omettre, parce qu'elles nous paraissent devoir intéresser trop vivement la santé du cheval. Ainsi, nous recommanderons de ne jamais commencer le travail, surtout lorsqu'il devra s'exécuter aux allures vives, immédiatement après le repas, car l'animal ne vivant pas de ce qu'il mange, mais bien de ce qu'il digère, et ne digérant bien que ce que son estomac peut élaborer, il est évident que si l'on détournait par le travail les forces nécessaires à la première action de l'estomac sur les substances ingérées, la digestion ne se ferait pas ou ne se ferait qu'imparfaitement.

L'emploi des aliments nécessite quelquefois certaines précautions qu'il ne faut pas négliger. Les foins, par exemple, qui sont trop nouvellement récoltés, ayant une odeur et une saveur qui excitent les chevaux à les manger avec voracité, ce qui les expose aux coliques et aux indigestions, il est indispensable de prendre des mesures pour qu'ils soient mangés plus lentement. On y parviendra en donnant toujours alors la paille la première, afin de calmer la faim, ou bien encore en les mélangeant l'une avec l'autre. Le soin seul que les chevaux mettent dans ce dernier cas pour choisir le foin est déjà un bien obtenu, puisqu'il les force à manger plus lentement.

Quand c'est l'avoine qui est nouvelle, il faut en diminuer la ration d'un tiers ou d'une moitié, que l'on remplacera par autant de seigle ou d'orge écrasé ou mouillé.

Si le foin est trop vieux ou de mauvaise qualité, il faut l'asperger d'eau salée : ce sel lui donnera plus de saveur, et en rendra la digestion plus facile.

Si, par l'effet de circonstances non prévues, on était obligé de donner aux chevaux pendant quelque temps des céréales coupées sur pied, surtout lorsque ces plantes approchent de leur maturité, il faudrait en user avec beaucoup de ménagement, car étant chargées d'une grande quantité de sucs nutritifs, il en résulterait infailliblement des pléthores, des fourbures et des apoplexies. En général, on reconnaît que le cheval est trop nourri, lorsqu'il sue à l'écurie sans cause apparente.

En observant toutes ces petites précautions et quelques autres que l'expérience seule pourra enseigner, on parviendra à entretenir les chevaux dans un état de santé satisfaisant.

DE LA NOURRITURE AU VERT.

Nous entendons par nourriture au vert l'usage exclusif des plantes que l'on recueille dans les prairies naturelles et artificielles, lorsqu'elles sont encore entièrement saturées de leur eau de végétation. Cette nour-

riture est administrée aux chevaux dans l'intention de
prévenir, de combattre ou de guérir certaines affections
dont on redoute la présence ou la prochaine apparition ;
or, comme toute modification dans le régime en apporte
une dans l'exercice des fonctions, il est facile de concevoir que le régime du vert ne convient pas également
à tous les chevaux, et qu'il serait par conséquent absurde de vouloir les y soumettre tous indistinctement,
ainsi que cela se pratiquait anciennement dans les
régiments de cavalerie. Il faut en faire un choix, et laisser
au sec tous ceux qui s'en trouvant bien ne pourraient
que perdre à un changement quelconque.

EFFETS ORDINAIRES DU VERT.

Avant d'aller plus loin, reconnaissons quels doivent
être les effets ordinaires du vert. Nous savons que
les plantes fraîches, herbacées, qui forment la nourriture au vert, contiennent une plus ou moins grande
quantité d'eau de végétation, suivant leur nature propre,
suivant aussi celle du sol qui les produit ; nous savons
que ce principe aqueux relâche la fibre, diminue
les propriétés vitales et dispose à l'engraissement.
Par conséquent les premiers effets du vert doivent
être relâchants, c'est-à-dire, laxatifs et non pas purgatifs : laxatifs, parce que les plantes vertes contenant
une grande quantité d'eau qu'elles entraînent dans les
intestins, affaiblissent les puissances digestives, et produisent par cela même des excréments moins élaborés
et plus liquides ; mais non purgatifs, parce que les
purgatifs sont des substances plus ou moins irritantes

qui déterminent une action plus forte dans le tube intestinal et des sécrétions plus abondantes de ses membranes internes : sécrétions qui délayant tout ce qui s'y trouve, produisent nécessairement des stercorations plus liquides. Ce sont ces deux effets, semblables en apparence, qui ont fait confondre pendant long-temps les laxatifs avec les purgatifs. Les purgatifs purgent promptement, en quelques heures, tandis que les laxatifs n'arrivent au même résultat qu'à la longue, sans secousse et sans contractions.

Lorsque les premiers effets du vert sont produits, le cheval jouissant d'un air pur et du repos, conditions favorables à la nutrition, prend un embonpoint croissant et d'autant plus rapide, que l'eau dont tous les tissus sont imprégnés facilite nécessairement la répartition des principes réparateurs dans toutes les parties du corps. En somme, les effets de la nourriture au vert, lorsque ce régime convient au sujet que l'on y soumet, sont de favoriser la vie nutritive. Voilà précisément pourquoi dans certains cas il est nécessaire de saigner les chevaux qui prennent le vert ; c'est lorsque ce régime les engraisse trop rapidement, et pourrait les faire tomber dans un état pléthorique. Le cheval qui en ressent les atteintes se dégoûte ; son poil se pique, ses membranes muqueuses s'enflamment, sa fiente se durcit et se coiffe, et son pouls devient dur et plein. La saignée est alors, mais seulement alors, indispensable, et c'est une grande erreur que de croire qu'elle soit nécessaire à tous les chevaux qui prennent le vert. Elle est inutile si l'animal est gai, s'il respire librement, s'il a la peau souple et le poil luisant, si ses urines sont claires et abondantes, et ses crottins de bonne nature. Elle pourrait même devenir funeste, et ce serait lorsque l'animal s'affaiblirait progressivement, car la perte de son sang l'affaiblissant, le débilitant encore davantage, il ne tarderait pas à tomber dans le marasme. Toutefois, lorsque la saignée sera pratiquée pendant la durée du vert, ce ne sera jamais à la jugulaire, parce que l'inclinaison de la tête et de l'encolure pourrait déterminer un trombus ou bien une hémorragie.

INDICATION DU VERT.

Les aliments verts ayant la propriété de relâcher les tissus par la grande quantité d'eau qu'ils contiennent, d'augmenter les déjections et de favoriser le transport des sucs nutritifs dans toutes les parties du corps, conviennent essentiellement aux jeunes chevaux qui n'ont point encore ou qui ont mal jeté leurs gourmes, et dont la dentition est difficile, à ceux qui seraient tombés dans le marasme et la maigreur, à ceux dont les organes de la digestion seraient irrités ou fatigués par un usage trop long-temps prolongé d'aliments échauffants, durs et grossiers. Ils conviennent également aux chevaux dégoûtés, à ceux qui maigrissent sans cause apparente, qui ont des vers ou qui conservent des traces de maladies inflammatoires, à ceux qui ayant eu de grandes plaies ont besoin de réparer les pertes occasionnées par une abondante suppuration; ils conviennent encore pour la guérison des eaux aux jambes, crevasses et maladies de pied survenues accidentellement. Enfin, quand ils sont donnés en liberté, ils sont certainement le meilleur et peut-être le seul moyen de rétablir promptement les aplombs dans les jeunes chevaux dont les tendons et abouts articulaires sont fatigués.

On reconnaît l'utilité du vert dans la plupart de ces circonstances, lorsque les crottins sont secs et brûlés, les urines rares, la bouche sèche et brûlante; lorsque la peau n'a point de souplesse, qu'elle est sèche et adhérente aux surfaces osseuses ; lorsque l'animal paraît triste, dégoûté, et qu'il manifeste la plus grande tendance à manger les plantes vertes qui se trouvent à sa portée.

D'après les effets du vert cités précédemment, ce régime ne convient nullement aux vieux chevaux, surtout quand leurs digestions sont lentes ou pénibles, ou qu'ils ont une poitrine délicate; il ne convient pas davantage à ceux qui ont un tempérament lymphatique, qui sont sujets aux crevasses, aux engorgements, ou qui ont une tendance à l'hydropisie; bien moins encore à ceux qui auraient eu d'anciens catharres, un commencement de morve ou le farcin. Très-favorable dans le cas de gourme inflammatoire, le vert deviendrait bientôt funeste dans le cas de gourme asthénique. Cependant, comme il n'est pas toujours possible de prévoir quels seront les effets du vert sur tous les animaux désignés pour le prendre, il est de la plus grande importance de les bien observer pendant les huit ou dix premiers jours qu'ils y sont, c'est le seul moyen de reconnaître ceux auxquels il ne conviendrait pas. Si le vert produit un effet avantageux à l'animal, sa peau s'assouplit et se couvre bientôt d'une poussière grasse, ses urines coulent en abondance ; sa fiente, d'abord liquide, devient au bout de quelques jours plus consistante et mieux élaborée ; l'embonpoint reparaît, la physionomie s'éclaircit, et l'animal témoigne par ses bonds et sa gaieté les heureuses dispositions où il se trouve.

Quand au contraire le vert est défavorable, le cheval reste faible, il est triste, abattu ; son poil se pique davantage, son ventre se balonne, ses urines deviennent rares, et sa fiente plus liquide et plus fétide ; on y remarque même des brins d'herbe qui n'ont point été digérés ; souvent aussi les jambes et le fourreau s'engorgent. Ce qu'il y a de mieux à faire alors, c'est de remettre au plus tôt l'animal à la nourriture sèche, et de lui administrer quelques toniques amers et astringents.

DE LA DURÉE DU VERT.

Il serait fort difficile, pour ne pas dire impossible, de fixer exactement la durée du vert. Les effets qu'il produit dépendant d'une multitude de causes, de la nature et des qualités des plantes qui le composent, de la méthode de le donner, de la constitution et de l'âge de l'animal, ainsi que de l'affection dont il est atteint ou menacé, il est évident que sa durée doit varier pour chaque individu. La seule règle qu'il faille alors s'imposer, c'est d'en cesser l'emploi aussitôt qu'il a produit l'effet désiré, le rétablissement et l'embonpoint. Ce résultat s'obtient, le plus généralement, du vingt-cinquième au cinquantième jour, en sorte que dans les régiments on adopte un terme moyen de cinq à six semaines.

DE L'ÉPOQUE DU VERT.

Quant à l'époque de donner le vert, la nature prend soin de l'indiquer elle-même par l'état de la végétation et l'empressement que montrent les animaux à manger les plantes fraîches, même les plus grossières. Cet empressement se manifeste plus particulièrement au printemps, en sorte qu'il ne s'agit plus que de consulter l'état des prairies à sa disposition. On choisit ordinairement le moment de la floraison, parce que c'est l'époque où les tiges et les feuilles des plantes jouissent au plus haut degré de leurs propriétés nutritives.

Quelquefois le vert se donne plus tard et même en automne, mais ce ne peut être que par une intention motivée sur l'impossibilité ou le danger d'attendre le printemps prochain.

DES DIFFÉRENTES MÉTHODES DE DONNER LE VERT.

On donne le vert à l'écurie, en liberté ou sous des hangars. Chacune de ces trois méthodes présente des avantages et des inconvénients que nous indiquerons ci-dessous. Si le choix que l'on fait de l'une ou de l'autre se fonde quelquefois sur le bien-être du cheval, il se fonde bien plus souvent encore sur des considérations qui tiennent uniquement à des intérêts de localités ou de personnes. Quelle que soit au surplus celle de ces trois méthodes que l'on adopte, il est nécessaire d'y préparer les chevaux, afin d'éviter les accidents qui résultent presque toujours des transitions trop subites dans le régime. Ainsi, pendant les premiers jours, il est bon de leur conserver la totalité ou au moins une partie de la ration d'avoine. Cette pratique devient indispensable lorsqu'il s'agit de les ramener à la nourriture sèche ; quelques personnes prétendent même qu'il faut alors mouiller les premières bottes de foin.

DU VERT A L'ÉCURIE.

Lorsque l'on donne le vert à l'écurie, rien ne se perd, toutes les plantes sont mangées, surtout si l'on a la précaution de ne distribuer le fourrage qu'en petite quantité à la fois. Il est même démontré que par cette méthode la même prairie suffit au double d'animaux qu'elle nourrirait si on les y laissait paître en liberté ; c'est par cette raison qu'elle est généralement suivie dans toutes les localités où les fourrages sont rares.

On doit toujours avoir la précaution, lorsque les chevaux sont au vert à l'écurie, de faire couper l'herbe huit ou dix heures avant de la leur donner, c'est-à-dire, le matin, celle qui doit être mangée le soir, et le soir, celle qui doit servir au lendemain matin ; on la conserve d'ailleurs sans l'amonceler, sur des claies et à l'abri des pluies et du soleil.

DU VERT EN LIBERTÉ.

Le vert en liberté est la manière de le donner la plus conforme au vœu de la nature. L'animal choisit les plantes qu'il aime le mieux, il en mange à son appétit, respire un air pur, et prend l'exercice qui seul peut rétablir les aplombs que le sol des écuries ou un travail prématuré aurait dérangés. Mais il est exposé à toutes les intempéries de l'air et de la saison; les insectes souvent le tourmentent, surtout s'il a la queue coupée, au point quelquefois de l'empêcher de manger. et de se reposer. Les animaux de grande taille, ou bien ceux qui ont l'encolure courte, ne paissent que difficilement et maigrissent au lieu d'engraisser. Tous les chevaux de race, tous ceux qui ont la peau très-sensible, qui sont très-impressionnables, ne peuvent supporter, sans en être désagréablement affectés, ni les pluies, ni la fraicheur des nuits, bien moins encore les piqûres des mouches et des insectes. Ajoutons à ces nombreux inconvénients qu'une grande quantité de plantes sont foulées aux pieds, imprégnées d'excréments et perdues, que d'ailleurs les chevaux ne mangeant que les meilleures, toutes les autres seules portent graine, se reproduisent, et finissent bientôt par conséquent par envahir et perdre la prairie.

Malgré ce dernier inconvénient, il est des propriétaires qui consentent à consacrer leurs prairies à la pâture des chevaux au vert, parce qu'ils évitent par là les frais de fauchage et de transport, et qu'ils y trouvent en même temps l'avantage d'engraisser leurs pâturages, sur lesquels l'urine et la fiente des animaux sont répandus sans frais.

Lorsque les chevaux doivent prendre le vert en liberté, il faut autant que possible choisir des prairies dans lesquelles il y ait des arbres assez touffus pour

leur offrir un abri contre les pluies et les rayons trop
ardents du soleil. On peut même aussi, pour qu'il y
ait moins de déchet, partager le terrain en plusieurs
divisions. Les chevaux passant de l'une à l'autre, l'herbe
a le temps de repousser dans celles qu'ils abandonnent
avant qu'ils y reviennent.

DU VERT SOUS LES HANGARS.

Enfin, pour éviter les inconvénients et jouir des
avantages que présentent les deux méthodes que nous
venons de décrire, on établit dans les prairies des
hangars pourvus de râteliers propres à recevoir l'herbe
destinée à la nourriture des chevaux ; ces derniers sont
attachés aux râteliers pendant les heures de repas, et
sont abandonnés pendant tout le reste du temps dans
les parties du terrain qui ont été fauchées. On évite,
par cette troisième méthode, une partie des frais de
transport qui se réduisent à peu de chose ; toutes les
plantes sont mangées, les chevaux sont à l'abri des
intempéries de la saison, prennent un exercice salutaire, et sans occasionner ni pertes ni déchet, engraissent la prairie. Le seul inconvénient que présente
la méthode du vert sous les hangars, inconvénient
qu'elle partage avec celle du vert en liberté, c'est
que les chevaux étant abandonnés dans la prairie,
se donnent des coups de pied, se font des morsures,
et prennent aussi quelquefois des efforts en voulant
franchir les haies ou fossés qui limitent leur terrain.
On évitera de pareils accidents en les faisant préala-

blement déferrer des quatre pieds et surveiller par des gardiens attentifs et prévoyants.

Quelle que soit au surplus la méthode que l'on adopte, il sera toujours facile d'en modifier les inconvénients plus ou moins. Ainsi, par exemple, si l'on s'aperçoit que le vert est trop relâchant, trop débilitant, on pourra continuer de donner au cheval une portion de la ration d'avoine ou de foin; on pourra aussi le faire rentrer pendant la nuit, pendant les orages, et aux heures de la journée où la chaleur et les insectes deviennent le plus incommodes. Il sera nécessaire, surtout s'il prend le vert à l'écurie, de le conduire souvent au bain et à la promenade. Nous ajouterons même, malgré l'opinion de quelques personnes, qu'un pansage régulier de la main pendant le vert devient plus nécessaire que jamais; car s'il augmente les déperditions que le vert provoque suffisamment, il est encore plus vrai qu'il est tonique et fortifiant, qu'il supplée même en quelque sorte au défaut d'exercice pendant les mauvais temps, et qu'il modère par conséquent les effets toujours débilitants du vert.

DES SOINS DE PROPRETÉ.

Le cheval, lorsqu'il a goûté les douceurs de la vie domestique, demande non seulement une nourriture choisie et sagement administrée, mais encore une infinité de soins, qui, pour paraître peut-être minutieux, n'en concourent pas moins cependant de la manière la plus efficace à la conservation de sa santé ainsi qu'à la durée de ses services. Il est facile, en effet, de s'assurer que de deux chevaux, dont l'un sera parfaitement nourri, mais mal pansé, et l'autre pansé régulièrement, mais moins bien nourri, ce dernier jouira cependant d'une santé plus parfaite que le premier.

Parmi la foule des moyens qui concourent à la conservation de la santé, il faut citer en première ligne les soins de propreté. Ces soins résident dans la tenue des écuries, le pansement à la main ou pansage, et les bains. Le premier de ces trois moyens ayant été suffisamment traité à l'article des habitations, nous ne nous occuperons plus que des deux autres, du pansage et des bains.

DU PANSAGE.

Le pansage a pour but non seulement cette propreté extérieure qui flatte l'œil et fait valoir l'animal, mais il intéresse vivement aussi sa santé, en favorisant la circulation des humeurs et cette excrétion cutanée que nous appelons transpiration insensible.

La peau est, comme chacun sait, criblée d'une infinité de petites ouvertures dont les unes sont inhalantes et les autres exhalantes; c'est au moyen de ces dernières que le corps se débarrasse de toutes les humeurs nuisibles ou superflues qui s'y forment continuellement par le mouvement de la vie. Ces humeurs, par le refroidissement qu'elles subissent aussitôt qu'elles sont en contact avec l'air atmosphérique, éprouvent une condensation qui en arrête sur la peau une certaine quantité sous la forme de crasse grisâtre. Si cette crasse qui en recouvre bientôt toute la superficie, et qui s'y accumule d'autant plus promptement qu'elle y est retenue par les poils , n'en est pas incessamment enlevée, elle finit en peu de temps par obstruer toutes les bouches de ce vaste émonctoire; la transpiration insensible en est interrompue ou ne se fait plus qu'imparfaitement, et l'animal ne tarde pas à en ressentir les funestes conséquences. L'exactitude du pansage ne se borne donc pas à rendre le cheval propre, net et luisant; il influe de la manière la plus directe sur sa santé, il le débarrasse de la crasse qui se forme sans cesse à la surface de son corps, il favorise la circulation et le rejet des humeurs nuisibles, prévient ou dissipe les engorgements, et par l'action tonique qu'il imprime à la peau et qui se transmet de proche en proche à tous les tissus, il stimule vivement les propriétés vitales, et supplée même en quelque sorte au défaut d'exercice pendant les mauvais temps.

Les instruments nécessaires au pansage sont: l'étrille, la brosse, le bouchon, l'époussette, le peigne et l'éponge.

On emploie d'abord l'étrille, que l'on promène légèrement à poil et contre poil sur tout le corps jusqu'à ce qu'elle n'amène plus de crasse ; on prend ensuite l'époussette dont on le frappe, afin d'enlever les ordures que l'étrille a laissées à la superficie des poils. De là on passe au bouchon qui doit être de paille et légèrement humecté ; on le promène aussi à poil et contre poil sur toutes les parties du corps, et notamment sur celles que l'étrille ne peut toucher ou qu'elle ne doit que légèrement effleurer, telles que la tête et les jambes. On prend alors la brosse d'une main et l'étrille de l'autre, et l'on brosse en tous sens, la tête d'abord, ensuite toutes les parties du corps, et les jambes enfin; ces dernières doivent être brossées avec soin de haut en bas et de bas en haut, le long des tendons et aux jointures : c'est un excellent moyen de prévenir les engorgements.

Après ces diverses opérations, on prend un seau d'eau fraîche et une éponge que l'on y plonge à plusieurs reprises, pour laver et bassiner le tour des yeux, les naseaux, le fourreau, le fondement et les jambes. Enfin on prend le peigne et l'on démêle avec soin les crins du toupet, de la crinière et de la queue, que l'on mouille fortement en y faisant couler de l'eau avec l'éponge.

Le pansage doit se faire régulièrement deux fois par jour.

DES BAINS.

Les bains forment le complément des soins de propreté, et sont employés comme moyens hygiéniques et thérapeutiques. On les distingue en bains généraux et bains partiels; ils sont froids ou chauds, simples ou composés.

Les bains de rivière dans la belle saison plaisent infiniment aux chevaux; ils les délassent, les rafraîchissent, et impriment à tous les organes un mouvement tonique très-favorable à la santé. Il ne faut pas cependant en abuser, parce qu'alors ils finiraient par devenir débilitants.

Lorsque les chevaux sont conduits au bain, ce ne doit jamais être que deux heures après le repas, car avant il pourrait en résulter des indigestions souvent mortelles, des vertiges et des apoplexies.

Les bains généraux s'administrent encore aux chevaux dans des cuves et en vapeurs. La première de ces deux méthodes est rarement employée, parce qu'elle nécessite l'établissement d'un appareil de sangles et de poulies assez compliqué, et que d'ailleurs elle est presque toujours avantageusement remplacée par la seconde. Pour administrer les bains de vapeurs au cheval, on l'enveloppe avec une couverture de laine assez ample pour le couvrir entièrement et tomber jusqu'à terre; on dirige alors sous son ventre de la vapeur d'eau très-chaude, et les bains deviennent émollients, sulfureux ou fortifiants, suivant la nature des substances que l'on peut mélanger à l'eau.

Les bains partiels ou locaux ne servent le plus souvent que pour les extrémités; ils se donnent dans des cylindres en bois ou dans des bottes en cuir. Mais la difficulté que l'on éprouve à faire tenir les chevaux tranquilles oblige presque toujours à remplacer les bains locaux par de fréquentes fomentations ou lotions sur les parties malades.

Les bains locaux de rivière souvent répétés peuvent détériorer la corne en attaquant le gluten qui en unit toutes les fibres. Il faut avoir l'attention, pour éviter cet inconvénient, d'enduire les sabots, avant d'aller à la rivière, avec des corps gras, tels que du suif ou de l'onguent de pied.

DE L'EMPLOI DU TEMPS.

Tous les animaux qui vivent en liberté sont exempts d'une foule de maladies qui assiègent continuellement ceux qui sont soumis à l'homme, et, parmi ces derniers, le cheval est assurément celui qui se montre le plus sensible, le plus délicat, celui qui réclame le plus de soins et d'assiduité. L'espèce de contrainte qui lui est imposée devient pour lui la source d'une infinité de maux. Tous les soins de l'homme doivent tendre continuellement à en pallier les effets destructeurs, et à compenser par le régime et l'emploi raisonné du temps ce qui lui manque du côté de la liberté. Au nombre des moyens que nous avons décrits jusqu'à présent pour obtenir de semblables résultats, nous devons ajouter la juste mesure qui doit s'observer entre le travail et le repos.

DU TRAVAIL.

Le travail reconnaît trois degrés bien marqués : l'exercice, le travail ordinaire et le travail forcé.

L'exercice se compose de tous les mouvements qui sont nécessaires à l'entretien de la santé ; il favorise le transport et la juste répartition des sucs nutritifs dans toutes les parties du corps. On obtient ces effets par la promenade ou par quelques légers travaux.

Le travail ordinaire, le travail proprement dit, est l'emploi d'un plus grand développement de forces musculaires, mais sans aucun dérangement fâcheux pour la santé. Le repos et la nourriture réparent promptement les pertes qu'il occasionne.

Le travail forcé, s'il n'est qu'accidentel, produit une lassitude que quelques jours de soins et de repos dissipent aisément ; mais s'il est continu, le cheval en est bientôt épuisé. Ses organes affaiblis n'ont quelquefois plus la force de s'assimiler les sucs alimentaires qui seuls pourraient leur fournir les éléments d'une vigueur nouvelle. Cet état se reconnaît au dégoût que montre l'animal pour toute espèce de nourriture, et à la perte progressive de son embonpoint. Ce n'est qu'en étudiant bien le cheval que l'on possède, que l'on parviendra à déterminer la quantité de travail qu'il est capable de supporter sans préjudice pour sa santé ; il serait absolument impossible de l'assigner autrement, même par aperçu. La quantité de travail suffisante à chaque animal éprouvera même quelques modifications, en raison de la qualité des aliments qui est susceptible de varier, ainsi que de la nature de la saison.

Tout le monde reconnaît la nécessité d'entretenir les chevaux de guerre dans l'habitude du travail ; mais le détail du service est si grand dans les régiments, les instructions y sont si multipliées, que c'est à peine si l'on a le temps d'exercer les chevaux plus d'une heure et demie par jour, excepté même encore les samedis et les dimanches où ils ne font rien. Un pareil état de choses doit nécessairement leur donner une habitude de mollesse dont il est bien difficile ensuite de les guérir. Aussi ne doit-on pas être étonné des accidents nombreux qui se présentent dans les simples changements de garnison, et ne devrait-on pas l'être à plus forte raison des pertes extraordinaires que l'on ferait, si l'on entrait sérieusement en campagne. Mais comment faire? voilà précisément le problème à résoudre.

DU REPOS.

C'est le repos qui prépare les organes à soutenir de nouveaux efforts. Le repos par conséquent est nécessaire, mais il ne faut pas qu'il soit trop prolongé, car il deviendrait tout aussi nuisible qu'un travail outré, par le ralentissement qu'il apporterait dans l'exercice de toutes les fonctions circulatoires, et par les engorgements inévitables qu'il produirait dans la plus grande partie des organes. Si le repos doit succéder au travail, le travail doit succéder au repos, et c'est ainsi que par une alternative sagement combinée entre ces deux modifications de l'emploi du temps, on parvient à conserver les chevaux forts et bien portants.

DE L'ÉTAT DE PAIX.

Comme l'état de paix, qui paraît devoir être le plus durable, peut d'un jour à l'autre tourner à la guerre, il est indispensable que les travaux de la garnison préparent les chevaux aux fatigues qui les attendent en campagne. Les ordonnances bornent le travail de chaque cheval à deux heures au plus par jour, et seulement trois ou quatre fois par semaine : c'est trop peu. Des chevaux aussi bien nourris et pansés que le sont ceux des régiments devraient travailler tous les jours, sans exception, au moins pendant deux heures. Un pareil travail ne serait d'ailleurs, par sa régularité, qu'un exercice indispensable et salutaire, tout-à-fait même insuffisant pour les endurcir aux fatigues de la guerre, si l'on n'y joignait pas de fréquentes marches militaires.

Ces marches militaires auraient le double avantage de tenir les chevaux constamment en haleine, et de donner aux cavaliers la connaissance des parties du harnachement, qui, pour être mal ou moins bien ajustées qu'elles ne devraient l'être, produisent des blessures plus ou moins graves.

Lorsqu'on voyage à l'intérieur, la longueur des étapes est de six ou huit lieues; mais nous pensons qu'on pourrait fort bien la porter à douze, sauf les premières journées qui doivent être courtes. Ces distances sont parcourues au pas, qui est l'allure que le cheval peut soutenir le plus long-temps. Il vaudrait peut-être mieux se servir du trot, au moins pendant une partie du chemin à parcourir; car cette dernière allure non seulement abrégerait la durée de la marche, ce qui permettrait en arrivant au gîte de consacrer plus de temps aux soins hygiéniques et de propreté; mais lorsqu'elle est modérée, elle ne fatigue pas beaucoup plus le cheval, et force le cavalier à une tenue qu'il abandonne volontiers au pas, ce qui produit nécessairement de plus fréquentes blessures de reins et de garrot.

DE L'ÉTAT DE GUERRE.

Toutes les prescriptions que nous avons décrites jusqu'à présent sont très-faciles à observer en temps de paix ou en garnison; il suffit pour cela de les connaître et de s'intéresser aux chevaux que l'on possède ou dont on a la surveillance. Mais en temps de guerre, c'est différent. A mesure que les obligations augmentent, les difficultés s'accroissent, et c'est alors surtout que les connaissances acquises par l'étude deviennent vraiment précieuses par la multitude des moyens qu'elles suggèrent, et qu'une longue expérience pourrait seule enseigner.

Le cheval, ainsi que nous l'avons déjà fait observer, réclame une infinité de soins. Ces soins, il est toujours facile de les rechercher en temps de paix et d'en faire une heureuse application ; mais en campagne, où les circonstances changent à chaque instant, on est forcé de changer aussi de moyens. La théorie ne peut rien établir de positif à cet égard, mais elle conseille alors de se rapprocher toujours autant que possible des moyens, des soins et des précautions qu'elle prescrit pour les temps de paix.

La première chose à faire, c'est d'assurer la nourriture. Il faut à tout prix que le cheval ait sa ration, bonne ou mauvaise. Il faut s'occuper ensuite du logement, de manière à lui procurer le repos qui peut l'aider à supporter les fatigues de la guerre. Si l'on est forcé d'établir des bivouacs, le choix de leur emplacement doit être fait avec discernement ; il doit être tel que les chevaux y soient à l'abri des courants d'air, et qu'ils puissent manger et se reposer aisément. Ainsi, quoique le cheval puisse dormir debout, il ne faut pas négliger de lui donner la facilité de se coucher, parce qu'alors le sommeil et le repos sont encore meilleurs. A cet effet, on lui fait une litière tant bonne que mauvaise, on desserre les sangles, on enlève les parties du harnachement qui pourraient contrarier son repos, autant toutefois que ces attentions ne compromettent pas la sûreté du cavalier. Si l'on est obligé de laisser les chevaux continuellement sellés, il faut au moins saisir quelques instants favorables pour leur rafraîchir le dos, en lui donnant de l'air et le frottant avec de la paille pour y rétablir la circulation ralentie ou presque interrompue par la pression de la charge. Enfin, si des marches forcées, des travaux extraordinaires viennent augmenter les fatigues, il faut veiller plus que jamais à assurer le repos et la consommation, et redoubler les soins de pansage et de propreté, qui, nous l'avons déjà dit, contribuent de la manière la plus efficace à la conservation de la santé.

Nous placerons à la fin de ces deux derniers articles la description des soins à donner au cheval en voyage, soins qui trouveront leur application tout aussi bien pendant le temps de paix que pendant celui de guerre.

DES SOINS DU CHEVAL EN VOYAGE.

Lorsqu'on se dispose à entreprendre un voyage d'une certaine étendue, il faut mettre le cheval en haleine, en lui faisant faire des promenades de deux ou trois heures pendant les derniers jours qui précèdent celui du départ, s'assurer du bon état des pieds et de la ferrure, et reconnaître si toutes les parties du harnachement sont solides et bien ajustées. Les premières journées doivent être courtes et augmentées successivement. Un cheval bien ménagé peut fournir jusqu'à douze lieues de poste par jour : en exiger plus, serait porter atteinte à sa santé. La ration pendant les premiers jours doit également augmenter, mais progressivement, car si on la portait immédiatement à ce qu'elle doit être, le cheval pourrait se dégoûter, et ne tarderait pas alors à s'affaiblir. Beaucoup de personnes font la journée d'une seule traite, d'autres la divisent en deux. La première méthode paraît devoir être préférée, parce que le temps le plus favorable à l'exercice est celui où la digestion est achevée, et que d'ailleurs le cheval arrivant plus tôt au gîte, a plus de temps pour se rafraîchir et se reposer. Cependant, si l'on adoptait la seconde, si l'on préférait cheminer le matin et le soir, il vaudrait mieux que le cheval parcourût pendant la première partie du jour les deux tiers environ de sa course ; il faudrait éviter aussi de marcher pendant les heures de la journée où la chaleur se fait le plus vivement sentir, car les pertes qu'occasionnerait dans tous les tissus une transpiration trop abondante produirait bientôt l'épuisement de l'animal.

Il est nécessaire, à mesure que l'on approche du lieu où l'on doit s'arrêter, de ralentir un peu l'allure de son cheval, afin de lui donner le temps de se sécher avant d'entrer à l'écurie. Si cette sage précaution n'avait point été prise, ou si elle était restée sans effet, il serait prudent, en arrivant, de le promener en main pendant quelques instants ; on pourrait bien encore le faire entrer à l'écurie sans l'avoir préalablement promené, le débrider et le desseller, mais il faudrait alors abattre la sueur avec le couteau de chaleur, bouchonner fortement toutes les parties du corps, et laver avec une éponge et de l'eau fraîche les yeux, les naseaux et les jambes ; on le couvrirait ensuite avec quelques poignées de paille que l'on assujétirait avec la couverture et le surfaix. Lorsque le cheval serait parfaitement sec, on enleverait la paille. Cette méthode est infiniment préférable à celle de poser d'abord la couverture sur le cheval, car elle se mouillerait bientôt, et produirait infailliblement des refroidissements dangereux.

Quand les chevaux sont suffisamment refroidis, une heure après l'arrivée, on leur donne un peu de foin et de paille, puis on les fait boire, et manger ensuite l'avoine. Les pieds exigeant une attention soutenue, on doit les visiter tous les jours avant de partir et en arrivant ; on les nettoie avec le cure-pied, s'ils en ont besoin, et on les remplit, en arrivant au gite, de terre glaise ou de crottins, pour peu qu'ils soient sensibles ou chauds ; il est bon aussi de les enduire à la couronne de corps gras ou d'onguent de pied.

Il est une autre précaution trop souvent négligée, et qui peut cependant éviter bien des inconvénients, c'est de laver à fond les jambes des chevaux, afin d'en détacher les boues qui s'y fixent ordinairement. Ces lavages faits avec soin ne servent pas seulement à entretenir les jambes propres, mais encore à les affermir, à leur donner du ton, à favoriser la circulation, et à prévenir ainsi les engorgements qui pourraient s'y former.

Le soir, les chevaux doivent être attachés avec des longes assez longues pour qu'ils puissent se coucher aisément. Une bonne litière de paille fraîche contribue singulièrement à les reposer.

Quand enfin un cheval revient d'un voyage long et pénible, qu'il s'est échauffé, fatigué, il faut ôter deux

clous aux talons des quatre pieds, les emplir de terre
glaise, de crottins, ou de bouse de vache, et frotter
avec de l'onguent de pied le pourtour de la couronne ;
il faut aussi faire sur les jambes de fréquentes lotions
d'eau fraîche acidulée ou d'eau-de-vie camphrée étendue d'eau, mettre le cheval à l'eau blanche, et lui donner quelques lavements émollients. Quelques personnes
prétendent qu'une saignée faite à la jugulaire cinq ou
six jours après l'arrivée ne peut produire qu'un excellent effet.

Il est une infinité d'autres petites précautions à observer pendant le voyage et au retour, qu'il serait
beaucoup trop long de décrire, mais que les circonstances et l'habitude de soigner les chevaux indiqueront
suffisamment.

DES SOINS PARTICULIERS AUX CHEVAUX DE REMONTE.

Ce que nous venons d'exposer relativement aux soins
à donner aux chevaux en voyage s'applique dans tous
les cas, mais ne suffit pas lorsqu'il s'agit de jeunes
chevaux, de chevaux de remonte, qui généralement
ne sont point encore habitués à la nourriture sèche.
Ces derniers étant d'ailleurs soumis à une multitude
de causes qui influent plus ou moins défavorablement
sur leur santé, telles que leur âge, la délicatesse de
leur organisation qui n'est point encore perfectionnée,
les gourmes qui les tourmentent, la dentition qui s'a-
chève, la castration dont quelques-uns ne sont pas
encore bien guéris, les fatigues du voyage et le changement de localité ; ces derniers, dis-je, réclament

une infinité de soins particuliers qu'il est nécessaire de ne point négliger.

L'officier qui est chargé de la conduite d'une remonte doit commencer par faire un choix d'hommes doux et patients, et parfaitement entendus à tous les détails du pansement des chevaux. Il doit, autant que possible, se faire accompagner d'un vétérinaire, et toujours d'un ou de plusieurs bons maréchaux ; il doit, en outre, se munir d'un nombre suffisant de couvertures et de surfaix et d'une caisse de médicaments.

Dès que les chevaux de remonte lui sont délivrés, il les fait placer dans les écuries de manière à pouvoir les bien observer pendant le temps qui doit s'écouler depuis le moment de la réception jusqu'au jour du départ. Cette attention lui permettra d'apprécier l'état de force et de santé de chacun des chevaux qui doivent faire partie de son détachement, et lui fera connaitre ceux qui auraient le plus besoin d'être entourés de soins et de précautions.

Pendant la route, les chevaux les plus forts pourront être montés, mais ceux qui se montreront faibles ou indisposés seront conduits en main.

Souvent il arrive que le changement de régime et les fatigues du voyage font apparaître les gourmes chez ceux qui ne les ont point encore jetées. Il faut, aussitôt que le mal se présente, entourer les ganaches avec des morceaux de laine ou de peau de mouton, donner du miel et de l'eau blanche tiédie pour boisson. Les chevaux affectés de la gourme sont placés dans les écuries ou dans les parties d'écurie les plus chaudes ;

on leur prépare une excellente litière de paille fraîche, et on leur administre quelques lavements pour leur tenir le ventre libre. Si l'on croit devoir leur faire quelques saignées, elles seront toujours légères, afin de ne pas trop les affaiblir. Il en est qui se dégoûtent et refusent toute nourriture, les uns parce qu'ils sont trop pleins, et que souvent ils ont le palais engorgé, les autres parce qu'ils sont accablés par la fatigue ou les chaleurs. Il faut les mettre à l'eau blanche, pratiquer une saignée locale aux premiers, et mêler à l'eau des seconds quelques pincées de sel de cuisine. On remarque souvent aussi des jeunes chevaux qui ont des coliques ; ces coliques sont presque toujours le résultat de digestions laborieuses et de vents. Il faut, dans ce cas, et en arrivant au gîte, leur faire prendre d'abord quelques litres d'une forte infusion de sauge, d'absinthe ou de camomille, les bouchonner fortement sous le ventre, et quelques heures après leur administrer une bouteille de vin mêlée à trois ou quatre litres d'eau. Toutes les plaies enfin sont pansées sur-le-champ.

En arrivant au corps, les chevaux sont placés dans des écuries séparées, et suivent un régime alimentaire que l'on ne modifie que lentement, pour arriver sans secousse à celui du cheval de troupe ; et ce n'est que lorsqu'ils y sont parfaitement habitués, et que leur éducation est à peu près terminée, qu'ils entrent définitivement dans les batteries.

THÉORIE DE L'EMBOUCHURE.

La théorie de l'embouchure est une des plus importantes de celles qui font partie d'un cours d'hippiatrique. Non seulement elle donne à l'homme les moyens de s'assurer de la soumission d'un animal dont les forces sont infiniment supérieures aux siennes, mais elle le prémunit encore contre ceux que l'ignorance a préconisés si long-temps, et qui, fondés sur la violence et la douleur, révoltent promptement l'animal que la nature a doué d'une force assez grande pour s'y soustraire, et désespèrent et ruinent en peu de temps celui qui est trop faible ou trop sensible pour les supporter. Considérée sous ce dernier point de vue, la théorie de l'embouchure doit faire partie de l'hygiène vétérinaire, et c'est ce qui m'a décidé à la placer ici.

Parmi tous les moyens que l'homme emploie pour soumettre le cheval, le plus puissant de tous est le mors de bride ; c'est le seul dont nous aurons à nous occuper.

DU MORS DE LA BRIDE.

Le mors de la bride est l'assemblage de plusieurs pièces de fer, dont l'une, droite ou courbe, articulée ou non, se met dans la bouche du cheval où elle est maintenue par les montants de la bride, et fait sentir son action sur les barres par le moyen des rênes.

Le mors, quelle que soit sa forme, se compose de quatre pièces principales: l'embouchure, les deux branches et la gourmette ; toutes les autres ne sont qu'accessoires, et ne servent qu'à en assurer les effets, ou seulement même à l'orner ; tels sont les fonceaux, les bossettes, les tourets d'anneaux porte-rênes ou de chaînette, les anneaux porte-rênes, la chaînette ou la barre, l'esse et le crochet.

DE L'EMBOUCHURE.

L'embouchure est le plus souvent d'une seule pièce ; quelquefois, cependant, les éperonniers la font de deux et même de trois, quatre, six ou huit ; mais nous pensons que la première qui est la plus simple est en même temps la meilleure, et celle que l'on doit préférer toutes les fois que la bouche du cheval est bonne, car les effets en sont fixes et par conséquent plus certains. Les embouchures brisées sont, à la vérité, plus douces par le plus grand nombre de points d'appui qu'elles peuvent prendre, mais comme il est plus difficile de s'en servir avec précision, on ne les emploie que rarement, et plus particulièrement pour accoutumer au mors les jeunes chevaux trop faibles ou trop sensibles pour supporter immédiatement l'embouchure simple, ou bien encore pour ramener ceux qu'un mors trop dur aurait rebutés.

On distingue dans l'embouchure les canons et la liberté de langue. Les premiers reposent sur les barres, et leur action y est d'autant plus énergique qu'ils sont plus minces, et par conséquent plus incisifs. La liberté de langue a pour objet d'éviter que la langue soit trop fortement comprimée par l'embouchure, et, par là, d'augmenter la pression des canons sur les barres. La liberté de langue est donc indispensable, et sa hauteur doit varier suivant que la langue est plus ou moins épaisse, les barres plus ou moins sensibles. Il faut, toutefois, que dans aucun cas elle ne soit trop élevée; car lorsque le cavalier augmenterait la tension des rênes, elle pourrait non seulement porter sur le palais et l'offenser, mais elle troublerait naturellement le cheval, qui ressentant alors deux effets absolument opposés, l'un sur les barres qui le solliciterait à s'arrêter, l'autre sur le palais qui le pousserait en avant, ne comprendrait plus ce qui lui serait demandé. Elle ne doit pas non plus être trop large, car le mors entamerait nécessairement les barres latéralement.

DES BRANCHES.

Les branches du mors sont les deux tiges en fer qui sont fixées aux extrémités de l'embouchure ; elles agissent à la manière des leviers, et leur action est plus ou moins grande suivant qu'elles sont plus ou moins longues, suivant aussi qu'elles sont plus ou moins dirigées en avant. Ces deux propositions ayant besoin d'être démontrées, nous allons nous y arrêter un instant.

Les branches se divisent en deux parties, le haut et le bas. Le haut est la partie qui est située entre l'embouchure et le montant de la bride ; le bas est celle qui partant du même point, descend jusqu'au bout des rênes. Le bas de la branche peut être dans la direction du haut ou faire un angle avec cette partie du mors, en s'inclinant soit en avant, soit en arrière. Dans le premier cas, les branches sont dites droites ou sur la ligne ; elles sont dites hardies, si elles se portent en avant, et flasques si c'est en arrière. Enfin, on appelle œil de la branche le trou supérieur qui sert à passer le porte-mors, banquet celui qui reçoit l'extrémité de l'embouchure, arc du banquet le renfoncement circulaire de la branche, et gargouille l'extrémité inférieure de la branche qui sert à passer les tourets d'anneaux porte-rênes, de barres ou de chaînettes. La barre ou la chaînette a pour objet d'empêcher les branches de s'ouvrir, et donne en même temps de la grâce au mors.

Supposons maintenant que les rênes soient attachées aux deux extrémités de l'embouchure, il est évident que la pression sur les barres n'équivaut qu'à la puissance qui tire sur les rênes. Mais si les rênes sont attachées aux extrémités inférieures des branches, et que les extrémités supérieures de ces mêmes branches deviennent fixes, ce qui arrive aussitôt que la gourmette est tendue, il est évident que la pression sur les barres est plus grande que dans le premier cas, et qu'elle l'est d'autant plus que le bas des branches est plus grand. Les branches peuvent donc être considérées comme de véritables leviers dont les points d'appui sont aux extrémités supérieures, la résistance à la hauteur de l'embouchure, et la puissance aux extrémités inférieures. Quoique cette proposition soit de la plus grande évidence, beaucoup d'écuyers ne l'admettent pas, et diffèrent absolument d'opinion sur la nature du levier que représente chaque branche. Les uns veulent, comme nous, que le point d'appui soit à l'extrémité supérieure de la branche, ou, ce qui revient au même, à la barbe sur laquelle s'appuie la gourmette ; les autres prétendent qu'il est sur les barres.

Il suffit pour concilier deux opinions aussi diamétrale-
ment opposées, d'examiner avec bonne foi ce qui se
passe dans l'action des rênes et du mors. En effet, si
le cheval est parfaitement bien dressé, s'il a une bouche
fine et qu'il obéisse au moindre mouvement des rênes,
à la moindre pression des barres; si le mors, en un
mot, n'est pour lui qu'un moyen d'avertissement, il est
évident que la gourmette ne se tendant pas entièrement,
le haut de la branche conserve encore le pouvoir de se
porter en avant à mesure que le bas se porte en arrière;
les canons alors ne font que rouler sur les barres, qui
ne sont bien dans ce cas que points d'appui. Mais si,
au contraire, le cheval ne sait rien, ou s'il est méchant
et emporté; s'il faut, en définitive, employer la force
pour le faire obéir, dès que la gourmette est entièrement tendue, l'extrémité supérieure ne pouvant plus se
porter en avant, est bien réellement le point d'appui, et la
douleur se fait aussitôt sentir sur les barres, qui par
conséquent alors deviennent la résistance à vaincre. Nous
pourrions d'ailleurs parvenir au même résultat, en con-
sidérant le levier comme une verge inflexible qui s'ap-
puierait en même temps sur deux supports, dont l'un
serait au-dessus de l'une de ses extrémités, et l'autre
au-dessous d'un point convenable de sa longueur. Or,
si par l'effet d'une puissance appliquée à l'extrémité libre,
on parvient à rompre l'équilibre; si l'un des deux supports cède à l'autre, ce dernier restant fixe, est bien
évidemment le point d'appui, tandis que l'autre est la
résistance vaincue. Ainsi donc, suivant que la gourmette
permettra encore ou ne permettra plus à l'extrémité

supérieure de la branche de se porter en avant, les barres seront points d'appui ou résistance, et nous pensons que c'est sous ce dernier point de vue que nous devons les considérer, puisque la gourmette doit être assez courte pour se tendre complètement aussitôt que les branches agissent. Tout le monde sait d'ailleurs qu'un levier de ce genre a d'autant plus d'énergie, que la distance de la puissance à la résistance est plus grande relativement à celle de la résistance au point d'appui. On augmente donc l'effet du mors en donnant plus de longueur au bas de la branche : première proposition qu'il fallait démontrer. Passons à la seconde, c'est-à-dire, à celle qui détermine les effets qui résultent de la direction du bas de la branche relativement à celle de sa partie supérieure.

Lorsque l'on tire sur les rênes dans le sens de la direction du bas de la branche et de bas en haut, on ne fait que soulever le mors sans produire d'effet sur les barres ; mais si la main se porte en arrière de la tête du cheval, à mesure que l'angle que feront les rênes avec le bas des branches s'agrandira, la pression sur les barres par la même tension des rênes augmentera. Cette pression sera à son maximum lorsque cet angle sera droit ; et si la main continue son mouvement de manière à ce que l'angle devienne de plus en plus grand, la pression sur les barres s'affaiblira et redeviendra nulle, lorsque les rênes se trouveront de nouveau dans la direction du bas des branches, mais de haut en bas. Par conséquent, lorsque le cavalier placé sur son cheval tire sur les rênes, l'extrémité inférieure de chaque branche se portant en arrière, l'angle des rênes et du bas des branches, d'abord aigu, devient droit et puis ensuite obtus, c'est-à-dire que la puissance augmente d'abord et finit par diminuer. Il est évident d'après cela que les branches hardies sont celles qui doivent produire un plus grand effet, puisqu'elles permettent au cavalier de déployer une plus grande force avant d'arriver à l'angle droit, et que les branches flasques, au contraire, sont celles qui en produisent le moins.

Quant à la figure du bas de la branche, droite ou contournée, il est également évident qu'elle n'influe en rien sur les propriétés du mors, propriétés qui ne dépendent absolument que de sa longueur et de sa direction par rapport à sa partie supérieure. Le seul motif qui puisse faire préférer les branches contournées, c'est l'impossibilité où se trouve le cheval de les prendre avec ses lèvres.

DE LA GOURMETTE.

La gourmette est une chaîne composée de mailles et de maillons en fer qui lui permettent de se contourner sur la barbe du cheval; elle est maintenue par une esse à la branche droite et par un crochet à la gauche. D'après ces points d'attache sur le mors et son appui sur la barbe, elle empêche le haut de la branche de se porter en avant, et par conséquent le mors de faire la bascule. Il est essentiel que la compression ne cause aucune douleur, car le cheval éprouvant alors à la fois une souffrance d'avant en arrière sur les barres et une autre en sens inverse sur la barbe, ne comprendrait plus ce qu'on lui demanderait; il est même à présumer que, cherchant à fuir la souffrance la plus grande, si la gourmette la lui fesait ressentir, il se précipiterait en avant lorsque le cavalier chercherait à le retenir. Il est vrai, et c'est ce que prétendent les partisans de l'opinion contraire, que l'éducation et l'habitude portent toujours en pareil cas le cheval à s'arrêter ; mais aussi combien ne souffre-t-il pas avant d'avoir contracté cette habitude, et n'est-il pas évident qu'il lui faut plus de temps pour comprendre ce que l'on exige de lui par un moyen absurde, qu'il ne lui en faudrait en employant un moyen rationnel ! La gourmette la plus douce sera donc la meilleure.

MANIÈRE D'EMBOUCHER LE CHEVAL.

D'après les considérations qui précèdent, il est facile de déterminer la meilleure manière d'emboucher le che‑val. La première règle à observer à cet égard consiste à ce que toutes les pièces qui composent le mors soient tellement ajustées dans la bouche de l'animal, qu'elles n'en offensent aucune partie, et qu'elles concourent toutes et simultanément à produire l'effet désiré. Il faut donc commencer par reconnaître la structure intérieure de la bouche du cheval qu'il s'agit d'emboucher. Il faut ensuite avoir égard à sa conformation, ainsi qu'à la manière dont il porte habituellement sa tête; car le mors doit non seulement servir à le diriger et à le con‑tenir, mais à ménager la bouche trop sensible, et à ra‑mener celle qui est égarée; il doit encore avoir la propriété de remédier aux défauts de conformation de

toutes les parties du corps, ainsi qu'à une position défectueuse de la tête et de l'encolure.

Nous avons déjà dit que les barres maigres et tran-
chantes étaient plus sensibles que celles qui étaient
basses et charnues; il faudra par conséquent leur donner
des canons plus gros qu'à ces dernières, et la liberté
de langue sera d'autant plus petite que l'animal sera
plus sensible; car alors l'embouchure s'appuyant davantage sur la langue, les canons agiront moins douloureusement sur les barres.

Il est des bouches très-fendues et d'autres qui ne le
sont que fort peu. Les premières demandant de gros
canons, il sera nécessaire, lorsque les barres en exigeront de minces, d'augmenter la longueur du bas de la
branche ou de le porter en avant, pour produire l'effet
désiré. Pour les bouches peu fendues qui exigent que
les canons soient minces afin de pouvoir s'y loger facilement, il faudra ou diminuer la longueur du bas de
la branche, ou le porter en arrière, pour que l'effet
produit sur les barres ne soit pas changé.

La longueur et la direction des branches sont aussi
déterminées par la conformation du cheval et la manière
dont il porte habituellement sa tête. Ainsi le cheval qui
est bas ou faible du devant, qui a par conséquent des
dispositions à s'user plus promptement de cette partie,
a besoin d'un mors à longues branches qui le soutienne
et rejette peu à peu l'avant sur l'arrière-main ; celui
qui est bas ou faible du derrière demande au contraire
des branches courtes. Quant à la tête, si l'animal la porte

bas, on la lui relevera avec des branches hardies; ces branches seront longues s'il porte au vent, et courtes s'il s'encapuchonne. Les branches flasques seront employées lorsque les barres seront d'une extrême sensibilité, ou bien encore lorsque pour des motifs particuliers on sera forcé d'en augmenter la longueur ou de diminuer la grosseur des canons.

Ainsi l'on voit que les dimensions des différentes pièces qui entrent dans la composition du mors devront varier suivant la structure intérieure de la bouche du cheval, suivant sa conformation, et d'après la manière dont il porte habituellement sa tête. Je suppose, par exemple, qu'il s'agisse d'emboucher un cheval qui ait les barres maigres, très-sensibles, une bouche ordinaire, c'est-à-dire, ni trop ni trop peu fendue; je suppose en outre qu'il soit bas du devant; voici le raisonnement que je fais : les barres étant sensibles, les canons seront gros; le cheval ayant une prédisposition à s'user du devant ou à buter, je lui donne des branches longues. Mais comme l'effet de ces branches est d'augmenter la force du mors, je détruis cet excès de force, soit en les prenant flasques, soit en diminuant la liberté de l'angle; mais, ici, je diminuerai plutôt la liberté de l'angle, parce que les chevaux bas du devant portent habituellement la tête basse. Si le cheval était haut, mais faible du devant, et qu'il portât bien sa tête, je pourrais alors préférer les branches flasques.

Sans pousser ce raisonnement plus loin, on voit comment il faudra faire varier les dimensions des différentes pièces du mors. Mais comme il y aura toujours

plusieurs combinaisons qui produiront des effets satis-
faisants, il faudra choisir celle dans laquelle entrera la
dimension qui se rapporte spécialement au défaut le
plus saillant du cheval. Ainsi, que le défaut dominant
soit de porter au vent, les branches seront longues;
que le cheval soit très-faible du derrière, les branches
seront courtes ou flasques; qu'il ait une bouche excessivement dure, les canons seront incisifs.

Indépendamment de la grosseur, de la longueur et
de la direction des canons et des branches, le mors
doit avoir une embouchure dont la longueur soit pro-
portionnée à la largeur de la bouche du cheval : trop
courte, les branches compriment et blessent les lèvres;
trop longue, le mors vacille d'un côté à l'autre, et les
effets en sont moins justes. La gourmette ne comprimera
pas la barbe lorsque la main de la bride n'agira pas,
mais elle sera assez courte pour s'opposer à la bascule
du mors.

Le mors qui remplira toutes ces conditions sera doux
et agréable au cheval qui le recevra avec facilité, et
fera connaître en le mâchant qu'il n'a aucune peine à
s'y soumettre; mais si l'animal secoue la tête, s'il bat
à la main, tend le nez et se défend; en un mot, s'il
ne goûte pas le mors, suivant l'expression consacrée,
c'est une preuve qu'il en est désagréablement affecté.
Il faut alors s'empresser d'y remédier, car un mauvais
mors, surtout s'il est dans les mains d'un mauvais cavalier, désespère le cheval sensible, jette le désordre
dans la conformation du jeune sujet, ruine en peu de
temps celui qui est faible, et révolte aussitôt celui qui

est doué d'un caractère trop irascible pour s'y soumettre.

Quant aux proportions des différentes pièces qui entrent dans la composition du mors, bien qu'elles varient pour chaque cheval, il en est de moyennes dont elles ne s'écartent que fort peu, et qui par cela même peuvent servir de point de départ. C'est ainsi que l'embouchure pour un cheval d'une taille moyenne et bien conformé doit avoir 4 pouces 3 lignes de longueur, mesure prise en dedans des branches, les canons 8 lignes de diamètre et 16 de la branche au talon ; le haut de la branche 2 pouces 3 lignes, et le bas 4 pouces 6 lignes, c'est-à-dire, le double du haut ; l'écartement des branches dans leur partie supérieure doit être de 6 lignes en sus de la longueur de l'embouchure. Ces proportions sont celles que donne l'expérience et qu'ont adoptées les meilleurs écuyers, il ne faudra par conséquent s'en éloigner qu'autant que la conformation de chaque cheval l'exigera. Toutefois, les canons n'auront jamais plus de 10 lignes de diamètre et moins de 5 ; le bas des branches pourra bien n'avoir que la longueur du haut, mais jamais plus de trois fois cette même longueur, quelle que soit la conformation du cheval, quelle que soit l'insensibilité de sa bouche, et de quelque manière qu'il porte sa tête.

THÉORIE DE LA FERRURE.

Nous terminerons enfin ce que nous avions à dire sur la conservation du cheval à l'état de santé par la théorie de la ferrure, et pour en faciliter l'intelligence, nous commencerons par donner la description anatomique du pied du cheval.

DESCRIPTION ANATOMIQUE DU PIED DU CHEVAL.

Le pied du cheval a pour base deux os, l'un que l'on nomme os du pied ou troisième phalangien, et l'autre naviculaire ou petit sésamoïde. Le premier affecte à peu près la forme du pied à l'extérieur; il présente à sa surface une multitude de trous qui livrent passage aux vaisseaux sanguins et aux nerfs qui s'y rendent pour y porter la vie et la sensibilité. Il est recouvert à sa face supérieure d'un cartilage incrusté sur lequel repose l'os de la couronne, et l'on aperçoit sur ses côtés et près du bord supérieur une scissure transversale dans laquelle rampe la branche antérieure de l'artère préplantaire. La face inférieure donne implantation au tendon perforant. On remarque encore en arrière et latéralement un grand cartilage nommé cartilage latéral, qui fait partie intégrante de l'os du pied, et qui par plusieurs causes est susceptible de s'ossifier ou de se carier; il est en grande partie renfermé dans le sabot. Quant au naviculaire, c'est un os allongé d'un côté à l'autre, qui est fixé à la face postérieure de l'articulation de l'os du pied avec celui de la couronne, et qui sert à éloigner le tendon perforant du centre de cette articulation.

L'os du pied s'articule avec celui de la couronne par le moyen d'une capsule synoviale et de quatre ligaments fixés latéralement, deux de chaque côté. Les articulations des phalangiens sont d'ailleurs affermies par plusieurs tendons, qui se divisent en antérieurs et postérieurs. Les premiers, qui sont des productions des muscles extenseurs du pied, se réunissent à la face antérieure du boulet, et forment jusqu'à l'os du pied une large expansion tendineuse. Les postérieurs dérivent des muscles fléchisseurs du pied, et sont nommés, l'un le perforant, et l'autre le perforé. Le perforant après avoir traversé le perforé, va se fixer à la face plantaire de l'os du pied, tandis que celui-ci qui se bifurque, va se fixer par une expansion aponévrotique sur les faces latérales du même os.

L'os du pied est recouvert extérieurement par un tissu particulier que l'on appelle chair cannelée, formé d'une multitude de feuillets dont les uns partent de l'os du pied, et les autres du pourtour intérieur de la corne. Tous ces feuillets de chair, en s'interposant les uns dans les autres, unissent avec beaucoup de force la corne avec l'os du pied. La face plantaire est garnie d'un autre tissu nommé sole de chair, qui se compose d'une infinité d'aiguilles dont les unes émanent de l'os du pied, et les autres de la sole de corne.

La corne, l'ongle ou le sabot, peut être considérée comme formant la chaussure du cheval. Elle se divise en muraille, sole et fourchette. La muraille forme le pourtour du pied ; on désigne par le nom de pince sa portion antérieure, par celui de mamelle chacune de ses deux parties latérales antérieures, quartier chacune de ses deux parties latérales postérieures, et talon les deux parties qui en s'arrondissant se réunissent pour former le derrière du pied.

La face plantaire du pied se compose de la sole et de la fourchette. La sole s'unit à la paroi par on bord externe, et par son bord interne à la fourchette qui en occupe à peu près le milieu. L'étendue qui se trouve entre les deux bords de la sole prend le nom de glacis, et l'échancrure que l'on remarque au milieu de la fourchette porte celui de vide de la fourchette. La corne constitue de cette manière une enveloppe inégalement épaisse et dure qui protège les parties sous-jacentes, et se compose de fibres réunies par une substance glutineuse, qui étant susceptible de se ramollir ou de se dessécher, rend quelquefois la corne ou trop molle, ou trop dure, et cassante.

Le pied a ses beautés et ses défectuosités. Il est beau quand il est en rapport de grandeur avec toutes les autres parties, qu'il n'est extérieurement ni trop ni trop peu incliné, qu'il a une bonne direction, qu'il n'est ni panard ni cagneux, c'est-à-dire, qu'il n'est jeté ni en dehors ni en dedans; que la sole en est légèrement creuse à son glacis, formant par conséquent une espèce de voûte, et que la fourchette dépasse la sole de manière à pouvoir reposer sur le sol sans y être trop pressée au moment de l'appui. Le pied est bon lorsque la corne en est dure et liante, et par conséquent non cassante, que la fourchette n'est ni trop grasse ni trop maigre, et que toutes les parties enfin du sabot sont parfaitement unies, sans solution de continuité, sans dépression ni bourrelets. Généralement ce sont les pieds dont la corne est noirâtre et luisante qui sont les meilleurs.

S'il ne s'agissait ici que de faire connaître le pied, nous passerions immédiatement à la description de toutes les défectuosités qui peuvent s'y faire remarquer; mais comme cette connaissance n'est qu'accessoire à la théorie que nous nous proposons de développer, nous suivrons une marche un peu différente. Nous allons nous occuper d'abord de la ferrure en elle-même et de ses effets, et puis ensuite nous en ferons l'application, suivant les différents cas qui pourront se présenter, ce qui nous conduira naturellement à parler des défectuosités de tous genres qui se font remarquer aux pieds du cheval.

DE LA FERRURE.

L'époque précise où la ferrure commença à être pratiquée est inconnue et le sera probablement toujours. Quelques écrivains prétendent, il est vrai, que déjà du temps d'Homère les Grecs ferraient leurs chevaux, et se fondent sur certains passages des auteurs de l'antiquité qu'ils interprètent dans le sens le plus favorable à leur opinion; mais ce qui est beaucoup plus positif, c'est que l'on ne remarque aucune trace de fer sur les bas-reliefs que nous possédons de ces temps reculés, et que les sculpteurs grecs et latins n'auraient point fait une telle omission, si l'art de la ferrure avait été déjà connu, puisqu'ils n'ont pas négligé de figurer aux pieds antérieurs l'espèce de chaussure que l'on y plaçait et que l'on en retirait à volonté, ainsi que le prouve l'histoire du muletier de Vespasien. Cet homme, dit Suétone, sous le prétexte de rattacher le cothurne de l'un des chevaux attelés au char de l'empereur, s'arrêta, et donna de cette manière le temps à un solliciteur, qui l'avait payé, de remettre son placet au prince et d'obtenir la grâce qu'il en implorait.

Il est à présumer cependant que l'art de la ferrure remonte au moins au 5.ᵉ siècle; car, en 1653, on trouva à Tournay, dans le tombeau de Childéric I.ᵉʳ, roi de France, mort en 481, un fer que l'on présume avoir appartenu à son cheval favori.

Quoi qu'il en soit, que la ferrure ait été pratiquée ou non du temps des Grecs et des Romains, qu'elle détériore à la longue les pieds du cheval, toujours est-il que les pieds se détérioreraient encore davantage s'ils n'étaient point ferrés, et que, dans l'état actuel de nos rues et de nos routes, les chevaux ne peuvent plus se passer de fers.

La ferrure n'a pas seulement pour objet d'empêcher la corne de s'user trop promptement, et d'entretenir le pied dans l'état où il est, si sa conformation est belle et régulière, elle remplit encore plusieurs intentions. Ainsi, elle doit parer aux défectuosités naturelles du pied, et concourir à la guérison des maladies qui lui surviennent; elle doit aussi remédier aux suites inévitables des disproportions des parties de l'animal entre elles, ou du manque de justesse dans ses aplombs; elle doit enfin prévenir les fausses positions que le cheval pourrait prendre par suite d'habitudes ou défauts de conformation, et le rappeler ainsi à une sorte de franchise dans tous ceux de ses mouvements qui se rattachent à la progression.

DESCRIPTION DU FER.

Le fer, en général, est l'espèce de semelle que l'on fixe par des clous sous le pied du cheval. On distingue plusieurs parties dans le fer :

1.º Deux faces, l'une inférieure qui repose directement sur le sol, et l'autre supérieure qui répond au sabot ;

2.º Deux rives, l'une externe et l'autre interne ;

3.º La pince qui répond à la même partie du sabot ;

4.º La voûte qui répond à la pince sur la rive interne ;

5.º Les branches, l'une interne et l'autre externe ;

6.º Les éponges qui terminent les branches ;

7.º Les étampures qui donnent passage aux clous. On dit que les étampures sont maigres quand elles sont près de la rive externe, et qu'elles sont grasses quand elles en sont éloignées.

8.º Les crampons qui sont les éminences en forme de crochets que l'on rabat aux extrémités des éponges pour empêcher le cheval de glisser et pour élever les talons ;

9.º Les pinçons qui sont les éminences amincies que l'on élève à la pince pour assurer le fer et garantir la corne ;

10.º L'ajusture qui est la courbure que l'on donne à la surface du fer de manière qu'il ne soit pas plat. L'ajusture empêche le fer d'appuyer sur la sole ; elle présente au terrain une surface bombée qui favorise nécessairement la marche, et rend l'appui moins fatigant en le répartissant sur toute l'étendue du bord inférieur de la muraille.

DES PROPORTIONS DU FER.

Tous les auteurs en hippiatrique ne sont pas d'accord sur les dimensions à donner aux fers ; les uns les veulent longs, et les autres les désirent courts. Ces deux opinions offrent quelques inconvénients dans leurs applications. Les fers longs écrasent les talons ou les fatiguent, et rendent plus facile l'action de forger et de se déferrer ; les courts exposent les chevaux à glisser et les fourchettes à se meurtrir, et fatiguent considérablement les tendons postérieurs des jambes des chevaux long-jointés. Pour obvier à ces différents inconvénients, les bons maréchaux ont adopté une longueur moyenne que nous allons donner, ainsi que toutes les dimensions du fer ordinaire, c'est-à-dire, du fer ajusté sur le pied parfaitement bien conformé. Je suppose d'abord que ce pied soit paré tel qu'il doit l'être au moment d'y fixer définitivement le fer. On en prend la plus grande largeur que l'on augmente de deux lignes, on divise le résultat par quatre, et l'on a la largeur du fer en pince. Cette largeur est l'unité de mesure, et voici ce que l'on est convenu d'adopter :

Longueur des fers pour les pieds antér[s], 4 fois et 1/4 la largeur en pince.
Longueur des fers pour les pieds postér[s] 4 fois et 1/2　　　idem.
Largeur des fers pour tous les pieds, 4 fois la largeur en pince.
Epaisseur des fers antérieurs, ... 1/4 de la largeur en pince.
Epaisseur des fers postérieurs. . . . . . . 1/5　　　idem.
Longueur des éponges. . . . . 1 fois la largeur en pince.
Epaisseur des extrémités des éponges. 1/8 de la largeur en pince.
Largeur des extrémités des éponges. . . 1/2　　　idem.

La longueur totale d'un fer et sa forme particulière

suffiront donc pour indiquer à quel pied il appartient. Les fers des pieds antérieurs sont moins longs et plus arrondis en pince; ils y sont étampés, tandis que les fers des pieds postérieurs ne le sont qu'en branches, ce qui est cause en partie que l'on élève un pinçon à leur pince. Si d'ailleurs on examine la corne du pied du cheval, on reconnaîtra qu'elle est plus arrondie à la face latérale externe qu'à celle du dedans, par conséquent le fer dont la branche droite est plus arrondie que la gauche appartient à un pied droit.

Telles sont les dimensions et la forme des fers des pieds parfaitement bien conformés. Mais comme il arrive rarement que les pieds du cheval présentent une régularité aussi satisfaisante, que beaucoup même sont défectueux par leur nature ou par leur direction naturelle, on est obligé de faire subir aux fers quelques modifications qui se rapportent à ces défectuosités. De là une grande quantité de fers qui ont reçu différents noms. Nous allons décrire les principaux, ceux dont l'usage est le plus répandu.

Fer à pince prolongée. La pince de ce fer est prolongée en pointe plus ou moins relevée et privée d'étampures. On en fait usage pour les chevaux arqués ou brassicourts et pour les chevaux rampins.

Fer à pince tronquée. On ne l'emploie que pour les pieds postérieurs, lorsque les chevaux forgent.

Fer à éponges tronquées. On l'emploie pour les pieds antérieurs, lorsque les chevaux forgent. Il est également employé lorsque les talons sont faibles, ou bien quand ils sont serrés et disposés à l'encastelure.

On le nomme encore *fer à demi-lunette* ou *à lunette*, suivant que l'une des éponges ou que toutes les deux sont tronquées. Le fer à demi-lunette est employé pour le cheval qui se couche en vache.

Fer à éponges réunies, dit encore *fer à planche*. Il sert à ménager les talons lorsque la fourchette est bonne et qu'elle peut supporter un appui considérable.

Fer demi-couvert. Il est ainsi nommé parce que sa largeur entre les deux rives est plus grande que celle du fer ordinaire. Il sert à ménager la sole lorsque le pied est plat.

Fer couvert. Sa largeur est encore plus grande que celle du précédent ; il sert également à ménager la sole, particulièrement lorsque le pied est plat ou comble.

Fer à branches couvertes. C'est pour abriter les côtés de la sole.

Fer à une branche couverte. C'est pour n'abriter qu'un côté de la sole.

Fer à la turque. La branche interne est plus courte, plus étroite et plus épaisse que l'autre : c'est pour le cheval qui se coupe.

Fer à étampures irrégulières. C'est pour les chevaux dont la corne est mauvaise ou enlevée sur certaines parties, qui dès lors ne peuvent plus recevoir de clous. Il est nécessaire que ce fer soit léger, et l'on peut élever des pinçons sur les parties qui sont privées d'étampures.

Fer à plaque et à coulisse. On en fait usage lorsque le cheval a été dessolé.

Fer à bosse. Il sert à soulager les talons ou à rétablir les aplombs d'un cheval panard ou cagneux.

DES CLOUS.

Les clous servent à fixer le fer au sabot, et souvent à donner de l'assurance au cheval, comme quand il marche sur la glace. Dans ce dernier cas, ils ont une tête plus longue.

Les clous employés en maréchalerie doivent être d'un fer doux et liant, d'une grandeur relative à celle du fer ; la tête doit se loger exactement dans l'étampure.

Ils agissent sur la corne et en resserrent les tissus qui se développent alors moins rapidement; il est nécessaire par conséquent qu'ils ne soient pas trop nombreux.

DES INSTRUMENTS DU MARÉCHAL.

Le rogne-pied. C'est une lame de fer ou d'acier avec laquelle on enlève la partie la plus dure du bord inférieur de la paroi, et même la première couche de la sole.

Le boutoir. C'est un instrument tranchant qui a la forme d'une petite pelle; il sert à égaliser et à rafraîchir la corne avant de poser le fer.

Le brochoir. C'est le marteau qui sert à enfoncer les clous.

Les triquoises. Ce sont les tenailles qui servent à arracher les anciens clous et à couper les pointes des nouveaux.

La râpe. C'est une grosse lime que l'on emploie pour unir les rivets et la portion de la muraille qui est située entre les rivets et le fer.

RÈGLES GÉNÉRALES POUR BIEN FERRER.

Avant de faire l'emploi des différents fers que nous avons examinés, nous allons présenter les règles générales qui s'appliquent dans toutes les circonstances.

Le maréchal doit commencer par retirer l'ancien fer avec beaucoup de précautions, pour ne point endommager la corne; il pare ensuite le pied, c'est-à-dire qu'il enlève toute la corne qui est inutile, et de manière à ne point fausser l'appui du membre sur le sol. Il doit éviter dans cette opération de trop enlever de la sole, parce que non seulement il favoriserait un excès de nutrition dans cette partie, ce qui pourrait faire devenir le pied plat, mais la sole de corne, après avoir été trop amincie, ne protégerait plus suffisamment la sole de chair, qui serait dès lors exposée à se meurtrir sur les cailloux.

Le maréchal ne doit toucher à la fourchette que pour enlever les parties qui s'en détacheraient naturellement; il ne doit pas surtout évider les talons, car il disposerait ainsi le pied à se resserrer.

Cette première opération faite, le maréchal forge ou choisit un fer suivant le cas particulier qui se présente; il l'ajuste parfaitement au pied et s'assure qu'il pose bien à plat. Pour cela, il l'applique chaud pendant quelques secondes, et de manière à roussir seulement les parties de la corne qui n'auraient point été suffisamment parées. Il y a des maréchaux qui posent le fer sur la corne lorsqu'il est rouge, et l'y laissent assez long-temps pour la brûler et s'éviter la peine de la parer de nouveau; mais ce mode d'exécution est complètement vicieux, car il dessèche la corne et la rend dure et cassante.

Lorsque le fer s'applique parfaitement sur le pied, on l'y fixe au moyen de clous; et pour que ces derniers pénètrent dans la corne sans blesser le cheval, on les ajuste à l'avance, c'est-à-dire que le maréchal les redresse, les affile, et donne à leur pointe une légère direction qui les dispose à sortir plutôt qu'à pénétrer dans le pied. S'il arrivait qu'un clou se coudât, il faudrait exiger que le maréchal en remît un autre, dans la crainte que le même ne prît une fausse direction et n'allât piquer le pied. Cette action d'enfoncer les clous se désigne par l'expression de brocher; et les river, c'est les courber à leur sortie de la corne, et les couper de manière à ce qu'il en résulte un rivet ou crochet qui les fixe plus solidement. On dit aussi que les clous sont brochés en musique, lorsque les pointes sortent, les unes plus haut, les autres plus bas, chose qu'il faut éviter.

Enfin le maréchal enlève avec le rogne-pied les parties de corne qui dépassent le fer et celles qui auraient pu se détacher à la sortie des clous; il passe ensuite la râpe sur les rivets pour les unir, et sur la partie de la corne qui se trouve entre le fer et les rivets, pour parer son ouvrage.

Un ferrage exécuté d'après ces principes conservera le pied du cheval en bon état et pourra durer six semaines. Si au bout de ce temps les fers ne sont point usés, soit que le cheval n'ait point travaillé, soit qu'il n'ait travaillé qu'au manège ou sur un terrain mou, il est nécessaire de les enlever pour rafraîchir la corne, qui étant devenue trop longue, pourrait fatiguer l'articulation du boulet et provoquer le cheval à buter. Cette opération se désigne par l'expression de rassis, et doit être faite aux quatre pieds à la fois, ou au moins aux deux voisins, antérieurs ou postérieurs.

Pour compléter maintenant la théorie de la ferrure, nous allons passer en revue les principales circonstances qui peuvent se présenter et qui réclameraient une ferrure particulière. Ces circonstances sont dues, 1.° à la conformation du pied, 2.° à sa direction, 3.° à sa qualité, 4.° à la direction des membres, et 5.° à la conformation du cheval.

1.° *Ferrure* relative aux pieds défectueux par défaut de conformation.

PIEDS TROP GRANDS.

Ces pieds sont ordinairement le partage des chevaux du Nord, et de ceux qui ont été élevés dans des lieux bas et humides; ils sont mous et sujets à se déferrer. Il faut en parer toutes les parties avec ménagement, en diminuant un peu la circonférence de l'assiette, et employer un fer léger qui ne garnisse que très-peu en dehors et nullement en dedans.

PIEDS TROP PETITS.

Ceux-ci se remarquent plus particulièrement dans les chevaux de race et originaires des régions méridionales. On doit en parer la paroi, mais ne presque pas toucher à la fourchette, et bien moins encore aux arcs-boutants; on se sert d'un fer ordinaire sans ajusture qui garnisse le tour du pied, excepté du côté interne. La corne des petits pieds étant souvent dure et sèche, il est bon de l'enduire de temps en temps au pourtour de la couronne avec des substances grasses ou de l'onguent de pied.

PIEDS TROP LONGS EN PINCE.

Le but de la ferrure dans ce cas étant de diminuer l'accroissement de la pince, il faut, après l'avoir parée autant que possible, se servir d'un fer court et armé d'un pinçon en pince.

PIEDS TROP COURTS EN PINCE.

Il est nécessaire de ne parer pour ceux-ci que très-peu la pince, qui pèche déjà par trop de brièveté; mais pour en favoriser l'accroissement, il faut se servir d'un fer dont les éponges soient courtes et amincies, et la pince longue et sans ajusture, ce qui rejette l'appui en talon et permet à la pince du pied de s'allonger.

PIEDS A TALONS TROP HAUTS.

L'animal qui a les talons trop hauts est sujet à devenir rampin; le but de la ferrure pour ce cas particulier doit donc être de favoriser l'accroissement en pince et de le diminuer en talon. On y parviendra en parant fortement les talons afin de rejeter l'appui sur eux, et en se servant d'un fer long en pince et dont les étampures se rapprochent des éponges plus qu'à l'ordinaire.

PIEDS A TALONS TROP BAS.

Pour favoriser l'accroissement des talons que l'on ne

peut parer, puisqu'ils sont déjà trop bas, on pare seulement la pince et les quartiers, et l'on se sert d'un fer dont les étampures se rapprochent davantage de la pince que l'on tient courte ; par ce moyen la nutrition devient plus active du côté des talons.

PIEDS A TALONS SERRÉS DITS ENCASTELÉS.

Il faut parer considérablement les talons et les quartiers, mais ne pas toucher aux arcs-boutants ni à la fourchette. Il en résulte qu'en se servant d'un fer à éponges tronquées, les talons et les quartiers cèdent peu à peu et le sabot s'élargit.

2.° *Ferrure* relative aux pieds défectueux par la direction de la corne.

PIEDS RAMPINS.

Il est nécessaire pour ce genre de pieds de rejeter l'appui en talons. On y parviendra en parant à fond les quartiers et surtout les talons, et se servant d'un fer à pince épaisse et à éponges amincies.

PIEDS PLATS OU COMBLES.

Ces pieds prenant tout leur appui sur la face plantaire, il en résulte une irritation permanente qui augmente le défaut continuellement et qui produit une multitude d'accidents, comme la sole foulée et meurtrie, des ognons, des bleimes, etc. Le maréchal n'a pour but ici que d'éviter ces accidents, et doit se borner à garantir la sole, ce à quoi il parvient en se servant d'un fer plus ou moins couvert, selon la gravité du cas.

24

PIEDS PANARDS.

Pour ramener la pince qui se jette en dehors, il faut donner moins d'élévation au côté externe relativement au côté interne, par conséquent parer considérablement le premier, et se servir d'un fer qui ait une bosse au côté interne, si le défaut est très-apparent.

PIEDS CAGNEUX.

On applique à ces pieds les mêmes principes et les moyens inverses qu'aux précédents.

3.º *Ferrure* relative aux pieds défectueux par la qualité de la corne.

PIEDS GRAS OU MOUS.

Ces pieds n'ayant pas la densité convenable ne tiennent pas le fer solidement; il faut en conséquence ne se servir que de fers très-légers et de clous à lame délicate. On peut aussi les bassiner avec des astringents.

PIEDS MAIGRES OU SECS.

Ceux-ci ayant au contraire trop de dureté, il faut souvent les enduire avec des corps gras. On les pare considérablement, et l'on ne se sert, comme dans le cas précédent, que de fers légers, mais sans ajusture, et de clous très-déliés.

PIEDS DÉROBÉS.

C'est ainsi que l'on nomme ceux qui ont des parties de sabot enlevées. Il faut en enlever toute la mauvaise corne ou celle qui se détacherait, et se servir d'un fer léger, mais étampé seulement dans les parties qui doivent correspondre à la corne capable de supporter les clous.

PIEDS A FOURCHETTE GRASSE.

Il faut employer un fer suivant la conformation du pied, et bassiner souvent la sole et la fourchette avec des substances dessiccatives, telles que vinaigre, extrait de Saturne, etc.

PIEDS A FOURCHETTE MAIGRE.

Il faut parer la fourchette bien à plat et l'enduire avec des corps gras.

4.° *Ferrure* relative à la direction des membres.

CHEVAUX COURT–JOINTÉS.

Les paturons de ces chevaux ayant une propension bien marquée à se porter en avant, la ferrure doit tendre à les rejeter en arrière ; on abat en conséquence les quartiers, les talons et la fourchette, mais on ne touche pas à la pince, et on se sert d'un fer dont les éponges soient courtes et minces.

CHEVAUX LONG-JOINTÉS.

Il faut au contraire pour ces chevaux parer la pince et ménager les quartiers et les talons ; on se sert ensuite de fers dont les éponges soient épaisses et longues.

CHEVAUX BRASSICOURTS OU ARQUÉS.

Ces chevaux étant exposés à buter et à s'abattre sur les genoux, il est nécessaire de rejeter l'appui en talon et de soutenir le devant, ce que l'on obtiendra en parant considérablement les quartiers et les talons, et choisissant un fer à pince prolongée et tant soit peu relevée.

CHEVAUX QUI SE COUPENT.

La ferrure doit être relative à la forme, à la qualité et à la direction du pied, mais très-juste du côté interne.

CHEVAUX QUI FORGENT.

Il faut abattre les talons des pieds antérieurs et la pince des postérieurs, et employer des fers à éponges courtes pour les premiers.

5.º *Ferrures* relatives à certaines conformations du cheval.

CHEVAUX TROP LONGS.

Si le cheval est trop long, et que cet excès de longueur dépende à la fois de la poitrine, du corps et du bassin, il n'en résulte d'autres inconvénients que ceux que nous avons signalés dans la première partie ; mais si le défaut est dû à une trop grande longueur de la poitrine ou du bassin, le cheval forge presque toujours, parce que les membres correspondant à la partie la plus longue ont le pouvoir d'embrasser plus de terrain, et par conséquent de rester plus long-temps sur le sol que ceux qui correspondent à la plus courte. Pour éviter cet inconvénient, il faut donc chercher le moyen de diminuer le pouvoir des premiers et d'augmenter celui des seconds, et c'est la ferrure qui nous le fournit. En effet, supposons que ce soit la poitrine qui ait une trop grande longueur ; pour forcer les pieds antérieurs à quitter le sol un peu plus tôt, on leur tiendra les talons bas, et on se servira d'un fer à pince épaisse. Les talons alors quittant le sol plus tôt qu'ils ne le quitteraient s'ils étaient hauts, décident le lever du membre, et le cheval ne forge plus.

Si l'excès de longueur du cheval provient du bassin, il faut solliciter les jambes postérieures à accélérer leur poser et retarder en même temps celui des antérieures : ce qui s'obtient en laissant aux premières de hauts talons, et se servant au besoin de fers dont les éponges soient très-minces pour les pieds antérieurs et très-épaisses pour les postérieurs.

CHEVAUX TROP COURTS.

Ces chevaux sont également exposés à forger. Il faut, pour les en corriger, forcer les jambes de devant à embrasser plus de terrain en avant, et celles de derrière à en embrasser moins: résultat que l'on obtiendra en parant considérablement les talons des premières, et laissant ou donnant à ceux des deuxièmes la plus grande hauteur.

CHEVAUX TROP BAS DU DEVANT OU TROP HAUTS DU DERRIÈRE.

Il est évident qu'il faut, pour obvier par la ferrure aux inconvénients de ces deux conformations, ne rien retrancher des pieds antérieurs que l'on élève même au moyen d'un fer plus épais, tandis que l'on parera le plus possible les pieds postérieurs auxquels on n'appliquera que des fers très-minces.

CHEVAUX SOUS EUX.

Pour forcer les pieds antérieurs à se porter en avant, on en pare fortement les talons, et l'on touche le moins possible aux talons des pieds postérieurs, pour les forcer à se porter en arrière.

CONCLUSION SUR LA FERRURE.

Dans tous les cas que nous venons d'examiner, il ne faut jamais perdre de vue que ce n'est que par plusieurs ferrures successives que l'on arrivera à un résultat satisfaisant. Vouloir y parvenir trop promptement aurait non seulement l'inconvénient de beaucoup fatiguer le cheval, mais il pourrait en résulter de graves inconvénients pour lui et pour le cavalier.

En résumant tout ce que nous avons dit sur la ferrure, nous voyons qu'elle se réduit à parer l'ongle, toujours dans l'intention de procurer au cheval un appui franc et solide, et à y fixer un fer convenable ; que pour la bien exécuter, il faut par conséquent, 1.º enlever les anciens fers avec beaucoup de précaution, pour ne pas endommager la corne, 2.º parer le pied convenablement, 3.º ajuster un fer qui prenne parfaitement le contour du pied sans toucher à la sole, 4.º ne jamais poser le fer rouge sur la corne, qui se dessécherait et ne retiendrait plus le fer solidement, 5.º se servir de clous bien effilés et fabriqués avec un fer doux et liant, 6.º les brocher tous à la même hauteur, et 7.º ne râper la corne qu'entre le fer et les rivets.

SUITE

DE LA DEUXIÈME PARTIE.

II.ᵉ SUBDIVISION.

MÉDECINE VÉTÉRINAIRE.

Cette dernière partie du cours est, ainsi que nous l'avons déjà dit, la plus importante pour le vétérinaire ; et bien que nous n'osions pas espérer que beaucoup de personnes en fassent une étude assez approfondie pour en faire elles-mêmes l'application, nous croirions cependant ne pas atteindre le but que nous nous sommes proposé dans cet ouvrage, si nous la passions entièrement sous silence. Nous ne lui donnerons pas sans doute toute l'extension dont elle est susceptible, mais nous en développerons les principales théories et nous décrirons les diverses maladies du cheval avec assez d'étendue, pour que l'officier d'artillerie détaché dans les cantonnements ou en campagne puisse sans vétérinaire, à l'aide d'un bon maréchal, opérer et médicamenter avec succès les chevaux de sa batterie qui en auraient besoin.

CLASSIFICATION DES MALADIES.

Tous les médecins et vétérinaires qui ont écrit jusqu'à présent sur les maladies de l'homme et du cheval ne les ont pas classées de la même manière. Les uns ont fondé leur classification sur les causes connues ou présumées de ces maladies, les autres sur les symptômes qui les accompagnent le plus souvent ; d'autres les ont divisées en maladies aiguës et maladies chroniques, et d'autres encore en maladies internes et maladies externes.

Ces différentes classifications manquent plus ou moins de justesse, soit parce qu'il est souvent impossible d'assigner les causes premières de certaines maladies, soit parce que des maladies entièrement différentes sont le résultat des mêmes causes ou manifestent les mêmes symptômes, soit enfin parce qu'un assez grand nombre de maladies passent alternativement de l'état aigu à l'état chronique et de l'état chronique à l'état aigu, ou se répercutent de l'intérieur à l'extérieur, et réciproquement de l'extérieur à l'intérieur.

La méthode qui nous a paru la plus rationnelle est celle qui classe toutes les maladies d'après les organes ou systèmes d'organes intéressés, chaque organe ou chaque système d'organes étant susceptible de l'être avec augmentation ou ralentissement des propriétés vitales, différence qui conduit à la distinction des maladies inflammatoires ou aiguës et des maladies chroniques. On pourrait cependant reprocher encore à cette méthode de ne point classer avec exactitude toutes les maladies ;

car, non seulement il en est qui ne sont pas encore assez bien connues pour qu'on puisse avancer avec certitude qu'elles appartiennent plutôt à tel système d'organes qu'à tel autre, mais il en est aussi qui n'attaquent spécialement aucun système, ou qui semblent les attaquer tous à la fois, telles sont, par exemple, certaines fièvres.

Quoi qu'il en soit, et faute de pouvoir trouver mieux, nous adopterons cette méthode, et voici l'ordre que nous suivrons dans l'étude que nous allons faire de la médecine vétérinaire. Nous commencerons par traiter de l'état inflammatoire et de l'état chronique, nous parlerons ensuite des fièvres en général, et nous terminerons cette introduction par l'examen et le pansement des plaies. Nous passerons alors à la description raisonnée des maladies du cheval, et de ces descriptions nous déduirons les traitements qu'il convient de leur appliquer, soit pour les combattre et les guérir, soit seulement pour en pallier les effets destructeurs, lorsque tout espoir de guérison est perdu.

THÉORIE DE L'INFLAMMATION.

L'inflammation est une augmentation notable des propriétés vitales dans la partie qui en est le siège : je dis notable, car il se pourrait qu'il y eût augmentation de ces propriétés sans inflammation. Ainsi dans l'érection de la verge, il y a bien accroissement de vie et apparition des symptômes caractéristiques de l'état inflammatoire, afflux de sang, rougeur et chaleur; mais comme cette partie du corps n'éprouve aucune douleur, et qu'elle retombe dans sa mollesse, dans sa flaccidité naturelle, aussitôt que la cause qui a produit sa turgescence vitale a cessé, il n'y a pas inflammation. Il ne faudrait pas cependant que l'érection se prolongeât trop long-temps, car le sang, par son accumulation croissante dans cette partie, finirait bientôt par y déterminer la rupture des vaisseaux qui le contiennent, et l'irritation, de naturelle qu'elle serait d'abord, ne tarderait pas à devenir morbifique. Tout le monde sait, en effet, que le priapisme entraîne fréquemment à sa suite l'inflammation gangréneuse du pénis.

Toutes les parties du corps des animaux, à l'exception des poils et des productions épidermoïques, sont susceptibles de passer à l'état d'inflammation, mais toutes n'y passent pas avec la même facilité. Ainsi certaines parties, telles que la conjonctive, s'enflamment très-rapidement, en quelques minutes, tandis qu'il faut plusieurs jours à la pituitaire, et quelquefois des semaines entières aux tendons et aux os pour arriver au même degré d'irritation.

L'inflammation est générale ou partielle, suivant qu'elle s'étend à toutes les parties du corps ou qu'elle se borne à quelques-unes. Or, comme dans toute inflammation il y a engorgement des extrémités capillaires des vaisseaux sanguins qui s'y trouvent, on peut en général attribuer l'inflammation à tout ce qui entrave la libre circulation du sang, comme, par exemple, les contusions qui diminuent le ressort des vaisseaux chargés de son transport, les compressions prolongées qui l'arrêtent, les substances irritantes qui l'appellent en trop grande abondance dans les parties avec lesquelles elles sont en contact, une nourriture trop substantielle qui en augmente la quantité au delà des proportions voulues par la nature, un exercice trop violent qui l'échauffe, un repos absolu qui l'épaissit, une trop grande chaleur qui l'appelle à la peau, ou bien un froid excessif qui le refoule sur les organes intérieurs : telles sont les causes les plus ordinaires de l'inflammation. Toute inflammation doit par conséquent se manifester par une augmentation de rougeur, de chaleur et de sensibilité dans les parties enflammées, suivie du gonflement de ces mêmes parties par l'afflux du sang qui s'y porte. Le traitement de toute inflammation doit donc tendre à diminuer la trop grande abondance du sang, à le rafraîchir, à lui rendre sa fluidité, et à rétablir la régularité de son cours, ainsi que son égale répartition dans toutes les parties du corps. La diète, les saignées et les bains sont par conséquent les trois grands moyens à employer. Lorsque les inflammations ne sont que partielles, les bains peuvent être remplacés, et doivent l'être dans certains cas, par des cataplasmes qui seront émollients, astringents ou suppuratifs, suivant la nature ou le degré de l'inflammation, suivant aussi la terminaison qui se présente ou que l'on cherche à obtenir. Cette terminaison dépend de la durée de l'inflammation, de la cause qui l'a produite, de la nature du tissu enflammé, ainsi que de la constitution de l'individu malade; et suivant les phénomènes qui l'accompagnent, on dit qu'elle a lieu par résolution, par délitescence, par suppuration, par induration ou par gangrène.

La terminaison par *résolution* est la plus heureuse, et celle que l'on doit toujours tâcher d'obtenir; mais on ne pourra l'espérer que lorsque les symptômes inflammatoires, parvenus à un certain degré d'intensité, diminueront graduellement et finiront par disparaître entièrement, c'est-à-dire, lorsque l'inflammation sera récente, et qu'en même temps elle n'aura pas été assez considérable pour déterminer la rupture des vaisseaux sanguins de la partie enflammée.

Lorsque les phénomènes inflammatoires, au lieu de s'affaiblir graduellement, disparaissent subitement, on dit que la terminaison s'opère par *délitescence*, parce que l'inflammation se porte presque toujours alors sur une autre partie plus ou moins éloignée. Tous les soins, dans ce cas, doivent donc tendre, soit à la ramener sur la partie qu'elle attaquait primitivement, si le nouvel organe sur lequel elle se porte est plus important ou plus délicat que le premier, soit à favoriser son déplacement, si l'on reconnaît des inconvénients à la maintenir sur le point qu'elle occupait d'abord. La terminaison par délitescence réside donc dans le déplacement du siège de l'inflammation.

La terminaison par suppuration se présente lorsque, par suite de l'inflammation, les tissus attaqués sécrètent des matières morbifiques et surabondantes auxquelles on donne le nom de pus. Ces matières sont, ou le résultat de l'inflammation, ou le produit de sécrétions habituelles, mais modifiées, de la partie enflammée. Elles ne commencent à se former que lorsque l'inflammation est parvenue à un certain degré d'intensité, et elles s'écoulent par une ou plusieurs issues qui s'ouvrent naturellement, ou que le vétérinaire pratique lui-même.

La terminaison par suppuration est une des plus fréquentes et des plus heureuses; il est cependant nécessaire quelquefois de l'éviter, c'est lorsque l'inflammation s'est fixée sur un viscère, ou bien encore sur un organe dont la suppuration pourrait causer la perte.

La terminaison par *induration* a lieu toutes les fois que l'inflammation se prolonge, et qu'elle n'est pas assez forte pour déterminer la formation du pus. Il arrive alors de deux choses l'une: ou l'organe affecté n'a fait qu'augmenter de volume par un surcroît de nutrition et par l'interposition de certains fluides dans son tissu, ou bien cet organe a subi une modification dans sa texture intime. Dans le premier cas, lorsqu'il n'y a point eu d'altération dans le tissu de l'organe affecté, l'induration peut disparaître à la longue par suite du mouvement de la vie et de l'absorption des fluides interposés; mais dans le second, elle persiste et souvent même augmente de volume, parce que le nouveau tissu qui s'est formé se nourrit à sa manière et toujours plus activement que l'ancien: tels sont les squirres et les cancers.

L'inflammation se termine enfin quelquefois par *gangrène*, c'est-à-dire par la mort de la partie malade. Cette terminaison qui est la plus redoutable peut être occasionnée ou par une inflammation si rapide et si violente, que la vitalité de l'organe en est bientôt épuisée

et les tissus désorganisés, ou par une disposition naturelle ou accidentelle de ce même organe qui s'oppose à
son gonflement, lequel est nécessaire au développement
de l'inflammation. Dans ce dernier cas, la compression
qui s'exerce sur les nerfs de la partie malade y éteint
la sensibilité, ainsi que la vie qui en est la conséquence.

Les inflammations, lorsqu'elles n'attaquent que des
organes externes ou de peu d'importance, sont rarement
dangereuses; mais lorsqu'elles se fixent sur des organes
internes, sur des viscères, elles entraînent souvent la
mort de l'animal. Ces dernières sont plus particulièrement du ressort de la médecine; on les désigne par le
terme générique de *phlegmasie*, et chaque phlegmasie
reçoit un nom particulier tiré de l'organe affecté. Ainsi,
on appelle encéphalite l'inflammation de l'encéphale, pleurésie celle de la plèvre, gastrite celle de l'estomac, entérite celle des intestins, duodénite celle qui ne s'étend
qu'au duodénum, hépatite celle du foie, splénite celle
de la rate, néphrite celle des reins, etc. Ces diverses
inflammations passent très-souvent à l'état chronique, elles
deviennent alors moins douloureuses, et ne mettent plus
l'animal dans un danger aussi imminent de périr, mais
elles sont extrêmement longues à guérir, et persistent
même le plus souvent jusqu'à la fin de la vie, dont elles
abrègent nécessairement beaucoup la durée.

DES FIEVRES.

On donne le nom de fièvres à une multitude de maladies dont les symptômes les plus constants sont la
fréquence et l'irrégularité du pouls, avec une augmen-

tation de chaleur animale. Ces symptômes sont ordinairement précédés de frissons et suivis d'une grande
lassitude.

La fièvre se développe très-souvent dans l'homme sans
cause apparente ; mais chez le cheval, du moins d'après
toutes les observations faites jusqu'à ce jour sur des animaux morts de la fièvre, elle est toujours le résultat ou
d'une lésion organique, ou d'une grande irritation, ou
le symptôme précurseur de quelques maladies ; en sorte
que si dans la médecine humaine on peut admettre des
fièvres essentielles et des fièvres symptomatiques, dans
la médecine vétérinaire on ne doit en reconnaître que
de cette dernière espèce.

On s'aperçoit qu'un cheval a la fièvre, lorsque
les battements de son cœur et de ses artères sont
plus forts et plus rapides que dans l'état ordinaire.
L'animal paraît triste, inquiet et abattu ; son haleine est
brûlante, ses yeux enflammés, et une chaleur surnaturelle
se fait ressentir sur toutes les parties de son corps. Or,
d'après ce que nous venons de dire, que la fièvre dans
le cheval était toujours le résultat d'une lésion locale
ou d'une grande irritation, il est indispensable, toutes
les fois que les symptômes de cette disposition se font
apercevoir, de rechercher avec le plus grand soin quelle
peut en être la cause première, afin d'y apporter immédiatement les remèdes convenables ; et dans le cas où cette
cause première échapperait à toutes les investigations de
l'explorateur, on pourrait toujours traiter l'animal par
tous les moyens les plus propres à calmer l'effervescence
du sang, tels que la diète, les saignées et les délayants.

On aurait aussi l'attention de lui procurer un bon repos,
si la fièvre s'était déclarée à la suite d'une grande fatigue,
et un exercice modéré, si c'était au contraire après un
long repos. Quelle que soit au surplus la cause de la
fièvre, il est de la plus grande importance de ne point
apporter de retard dans son traitement; car non seulement alors elle devient beaucoup plus opiniâtre, mais
elle dégénère presque toujours et très-promptement en
inflammation locale, en entérite, fourbure, etc.

Nous n'ajouterons rien de plus à ces généralités sur
la fièvre, mais au fur et à mesure que nous décrirons
les maladies du cheval, nous ferons remarquer les fièvres
qui les précèdent, ou qui se manifestent pendant leur
durée ou à leur terminaison.

DES PLAIES.

On donne le nom de plaie à toute solution de continuité faite aux parties molles du corps par une cause
quelconque.

On distingue les plaies d'après l'état où elles se trouvent
et d'après les causes qui les ont produites : ainsi l'on
a des plaies simples, des plaies suppurantes, des plaies
contuses, des plaies envenimées, des plaies d'armes à
feu et des piqûres.

La plaie simple est celle qui a été faite par un instrument tranchant, avec ou sans perte de substance, susceptible de réunion immédiate sans suppuration, ou,
suivant l'expression consacrée, susceptible de réunion
par première intention. Pour obtenir cette réunion, il

faut commencer par raser le poil tout autour de la plaie, presser légèrement les bords pour faire sortir le sang extravasé, s'il y en a, enlever avec précaution les corps étrangers qui pourraient s'y trouver, laver soigneusement la plaie avec de l'eau tiède ou du vin chaud, quand elle est récente, ou bien avec une décoction émolliente, s'il y a déjà un commencement d'inflammation; on réunit ensuite les deux bords que l'on tient rapprochés à l'aide de bandelettes agglutinatives.

Les plaies deviennent *suppurantes* naturellement, lorsqu'elles sont négligées ou faites avec un instrument recouvert d'une substance irritante; elles le deviennent artificiellement, lorsqu'on a intérêt à les faire suppurer, comme, par exemple, lorsqu'elles sont très-profondes, et que l'on aurait à redouter en les fermant trop promptement qu'elles ne devinssent des foyers de matières purulentes. Dans cette appréhension, on y établit la suppuration en les pansant avec un onguent suppuratif, et on l'y entretient jusqu'à ce qu'elles donnent un pus de bonne nature, c'est-à-dire, jusqu'à ce que ce pus de l'état de sérosité roussâtre ou jaunâtre passe à celui de matière blanche, consistante et inodore; les bords de la plaie se recouvrent alors de bourgeons charnus et se réunissent insensiblement.

Le traitement des plaies suppurantes consiste à entretenir les propriétés vitales de la partie malade dans un certain degré d'irritation. On reconnaît que la suppuration est trop forte quand, au lieu de diminuer, elle augmente ou se prolonge; elle ne l'est point assez lorsque l'inflammation languit, et que les bourgeons charnus deviennent blafards et le pus séreux. On remédie à ces deux inconvénients, soit en diminuant, soit en augmentant l'intensité des applications stimulantes.

Les plaies contuses, produites par le choc des corps durs, sont apparentes ou non, suivant que la peau a ou n'a pas cédé à l'impression du coup. Le traitement qu'on y applique dépend de la gravité du mal.

Lorsque la contusion a été légère, les vaisseaux sanguins n'ont été que comprimés, ou quelques-uns seulement ont été rompus, en sorte qu'il n'y a point ou que très-peu de sang extravasé. La plaie dans ce cas peut se guérir par l'application de quelques lotions résolutives. Mais si le coup a été reçu avec assez de force pour qu'il y ait eu déchirement des parties sous-jacentes, l'inflammation se déclare promptement, et presque toujours alors la suppuration devient nécessaire. Toutefois, avant de songer à l'établir, on commencera par calmer l'inflammation, en appliquant sur la partie malade des cataplasmes émollients. Le plus souvent une saignée locale produit un excellent effet. L'inflammation calmée, la plaie rentre dans le cas des plaies simples ou suppurantes.

Parmi les plaies contuses, on remarque particulièrement celle de la nuque, celle du garrot et celle du poitrail.

La première que l'on appelle *mal de nuque, mal de taupe* ou *testudo*, s'annonce par une tumeur légère et peu douloureuse qui survient au sommet de la nuque entre les deux oreilles. Cette tumeur négligée peut devenir d'autant plus dangereuse, qu'elle attaque le ligament cervical et souvent les premières vertèbres du cou.

Le traitement de cette tumeur varie selon le degré où le mal est parvenu et selon la constitution de l'individu. Il faut, aussitôt que l'on en reconnait l'existence, mettre le cheval à la diète et à l'eau blanche, et le saigner s'il est d'un tempérament sanguin bien prononcé. Si l'abcès n'est que superficiel, on le recouvre de cataplasmes émollients et résolutifs, afin de calmer l'irritation et de forcer le sang à rentrer dans le torrent de la circulation. Mais s'il est profond, si le ligament cervical est attaqué, et qu'il y ait un commencement de carie des premières vertèbres cervicales, ce mal exige une opération chirurgicale qui ne peut être faite que par un homme de l'art.

Le *mal de garrot* ne diffère du précédent que par son siège et réclame le même traitement, avec cette différence, cependant, que lorsque le mal est profond et qu'il y a carie des apophyses épineuses des vertèbres, il est plus facile d'y appliquer le feu, parce que leur longueur les éloigne davantage de la colonne. Lorsque la carie est très-avancée, il vaut mieux les extirper. Quelle que soit, au surplus, l'intensité du mal de garrot, il ne faut jamais le négliger, car il entraine presque toujours les accidents les plus graves. Non seulement cette partie du corps est très-prompte à se gangréner, mais il arrive aussi que la carie des vertèbres, lorsqu'elle se forme, gagne en peu de temps les côtes et le scapulum.

L'anti-cœur ou *l'an-cœur* est une tumeur qui se développe à la pointe du sternum dans les chevaux de trait qui ont cette partie très-saillante. La pression permanente de la plate-longe qui s'appuie continuellement dessus y produit bientôt une inflammation considérable. Si l'on s'en aperçoit dès le principe, il suffit d'y appliquer des résolutifs, et d'ajuster la plate-longe de manière qu'elle ne repose plus sur la partie malade. Mais si le mal est ancien, il est de toute nécessité de mettre le cheval au repos, et de le traiter comme pour une plaie suppurante. Plus tard, lorsque l'on remettra le cheval au travail, on évitera que la même cause ne ramène le même mal, car la pointe du sternum finirait bientôt par en être attaquée, et la carie de cet os est une des plus difficiles à arrêter.

L'éponge et *le capelet* sont des tumeurs que l'on peut ranger aussi dans la catégorie des plaies contuses. La première est une grosseur qui se forme à la pointe du coude des chevaux qui se couchent en vache, par suite du frottement de l'éponge du fer sur cette partie. La première condition de guérison consiste à faire perdre au cheval l'habitude de se coucher de cette manière, et puis ensuite on tente la résolution, si la tumeur est nouvelle ; lorsqu'elle est ancienne, dure et adhérente, on l'extirpe.

Le capelet est une tumeur de la même nature qui se développe à la pointe du calcanéum à la suite d'un coup ou d'un frottement continuel. Le plus souvent ce n'est qu'une difformité produite par l'engorgement et l'épaississement de la peau; cependant il arrive quelquefois que la pointe de l'os ou la partie du tendon qui passe dessus ont été attaquées, et, dans l'un et l'autre cas, la tumeur devient dure et adhérente **et** fait boiter l'animal. Quand le mal est récent, que la tumeur soit dure ou non, les résolutifs suffisent ; mais s'il est ancien, ou si l'on craint qu'il n'augmente, on y applique des pointes de feu.

Les piqûres sont des plaies plus ou moins étroites, faites par la pointe d'un corps effilé ou par le dard d'un insecte ; le plus souvent elles sont le résultat de la brutalité des palefreniers ou gardes d'écurie qui frappent les chevaux avec des fourches ou des crocs à fumier.

Il y a des piqûres qui se guérissent très-promptement, et de ce nombre sont celles qui ne pénètrent que dans les chairs ; mais il en est qui sont suivies d'accidents très-graves, telles sont celles qui pénètrent dans les cavités splanchniques, dans les conduits naturels, dans les articulations, dans les tendons et les aponévroses, dans les ligaments, et dans le tissu réticulaire du pied. En général, les piqûres sont d'autant plus dangereuses qu'elles sont plus profondes, et que les corps vulnérants sont moins aigus et moins lisses.

Lorsque les piqûres ont peu de profondeur, et qu'elles ne pénètrent que dans des portions de muscles, elles se terminent par réunion, par première intention, comme les plaies simples ; mais lorsqu'elles sont profondes et qu'elles traversent une membrane aponévrotique, celle-ci s'opposant au gonflement nécessaire de la partie malade, il est indispensable de débrider la plaie, afin que l'inflammation puisse parcourir ses différentes périodes, et que les matières sécrétées puissent s'écouler.

Les piqûres des cavités splanchniques sont toujours très-dangereuses; car alors même qu'elles n'atteignent pas les viscères qui s'y trouvent renfermés, il y a toujours une grande inflammation produite par la perforation de la membrane séreuse qui tapisse l'intérieur de la cavité, et de laquelle résultent souvent des abcès, qui perçant intérieurement, peuvent causer la mort de l'animal.

Les piqûres artérielles nécessitent la compression ou la ligature de l'artère piquée. Ces piqûres arrivent le plus souvent à la temporale, à la carotide ou à la palatine, dans une saignée faite sans précaution, ou bien lorsque la pointe de la flamme est trop longue.

Les piqûres et les plaies *envenimées* ne diffèrent des précédentes que parce que le corps vulnérant, en même temps qu'il forme la plaie, y dépose une matière vénéneuse dont la présence occasionne une inflammation très-considérable. Le traitement général de ces sortes de plaies consiste à neutraliser le venin ou le virus. A cet effet, on les cautérise à fond, soit avec un fer chauffé à blanc, soit avec un caustique, tel que le beurre d'antimoine.

Quant aux piqûres de mouches, de taons, de guêpes et d'abeilles, qui tourmentent si horriblement les chevaux pendant le temps des chaleurs, il suffit, pour les en garantir, de les frotter avec des feuilles de rue, de noyer, ou de toute autre plante amère, avant de les conduire au travail. Quand ensuite les piqûres n'auront point été évitées, les chevaux seront conduits aux bains, ou bien, s'il n'y a point de rivière à proximité, on leur fera de fréquentes lotions d'eau salée ou vinaigrée. Ce moyen qui est simple a le double avantage de calmer promptement les douleurs et de prévenir l'inflammation et l'ulcération.

Enfin, la guérison des *plaies d'armes à feu* étant presque toujours douteuse et fort coûteuse, puisque l'animal blessé se trouve hors de service pendant un temps plus ou moins long, on ne la tente que rarement, et seulement lorsque l'accident présente peu de gravité. Jamais on n'entreprend la réduction d'un membre cassé, à moins que l'animal ne soit d'un grand prix et destiné à la reproduction.

Les seules plaies d'armes à feu dont nous ayons à nous occuper doivent donc se borner à des plaies peu considérables des extrémités, et à l'extraction des balles dans les chairs des autres parties.

La première chose à faire dans le pansement d'une blessure faite par une arme à feu, c'est de s'assurer que la balle est sortie de la plaie, et, dans le cas contraire, d'employer tous les moyens propres à l'en extraire, puis qu'alors la guérison devient plus certaine et plus prompte. La balle est sortie de la plaie toutes les fois qu'il y a deux ouvertures opposées; quand il n'y en a qu'une, la balle pouvant s'y trouver encore, il faut sonder la plaie afin de s'en assurer, et de la tirer, s'il est possible. Lorsque la plaie est profonde et la balle très-éloignée de l'ouverture, il est quelquefois plus facile de l'extraire par une contre-ouverture.

Quant aux balles qu'il est impossible de retirer sans danger, on doit les laisser et attendre que la suppuration vienne en faciliter la sortie.

On agira de la même manière à l'égard de tous les corps étrangers qu'elles entraînent quelquefois avec elles dans les chairs ; tels sont les bourres, les morceaux détachés de harnachement, les éclats de bois, etc.

Ces premières précautions prises, on panse la plaie de manière à établir la suppuration ; et comme les blessures d'armes à feu sont toujours très-douloureuses, en raison de l'ébranlement produit par le choc du projectile, et du déchirement, de la mortification des parties frappées, il faut, pour éviter la gangrène et le tétanos, entourer le cheval des plus grands soins, le mettre au repos et à la diète, et lui donner des boissons tièdes et des lavements émollients. Quelques évacuations sanguines contribuent aussi à prévenir le développement d'une inflammation trop intense. Il faut veiller à ce que le pus s'écoule facilement ; car, s'il séjournait trop long-temps dans la plaie, il pourrait non seulement y produire la gangrène, mais s'infiltrer aussi dans les lames du tissu cellulaire environnant, et déterminer la carie des os sous-jacents.

Enfin, toutes les fois que l'on aura des plaies à panser, il faudra le faire avec ménagement, promptitude et propreté : avec ménagement, pour ne point déchirer les cicatrices, et avec promptitude, pour ne point exposer long-temps les parties malades au contact de l'air. Quant à la propreté, elle contribue trop efficacement à hâter la guérison pour être négligée. Les plaies doivent être pansées régulièrement deux fois par jour, et même trois dans les grandes chaleurs. A chaque pansement, il est bon de les laver avec du vin chaud miellé, et de les visiter avec attention, pour reconnaître s'il ne se forme pas dans leur intérieur des brides ou des sinuosités qu'il faudrait détruire avec le bistouri, parce qu'elles pourraient s'opposer à la sortie du pus.

DESCRIPTIONS ET TRAITEMENTS

DES MALADIES DU CHEVAL.

PREMIÈRE CLASSE.

MALADIES DE L'APPAREIL LOCOMOTEUR.

Cette première classe comprenant toutes les maladies qui attaquent l'appareil locomoteur, et cet appareil se composant de plusieurs systèmes d'organes, nous la diviserons en autant de sections, dont chacune ne traitera que des maladies relatives au système qu'elle embrasse. Il en sera de même pour toutes les classes qui se rapporteront à des appareils composés de systèmes d'organes différents.

I.re SECTION.

MALADIES DES OS.

Les maladies des os sont peu nombreuses, et presque toujours le résultat d'agents extérieurs ; elles se bornent aux *exostoses*, aux *fractures*, à la *carie*, à la *nécrose* et au *rachitisme*.

Les *exostoses* sont des tumeurs osseuses qui se développent à la surface des os. Quelquefois ces tumeurs viennent naturellement, c'est alors une maladie particulière des os, dont on ignore encore les causes et les moyens de guérison ; mais le plus souvent elles sont le résultat d'un heurt, d'une chute, ou d'un travail excessif, qui déterminent dans le tissu même de l'os une inflammation pendant la durée de laquelle la tumeur se forme, croît et se durcit.

Les exostoses peuvent se présenter sur toute l'étendue du système osseux ; mais comme il en est cependant, et ce sont les plus communes, qui se présentent toujours sur les mêmes parties, on a cru devoir leur donner des dénominations particulières. Ainsi, l'on a nommé *ossalets* les exostoses qui se manifestent sur les os du genou; *suros* et *fusées*, celles qui se montrent sur les canons ; *formes*, celles des paturons ; *jardons* et *jardes*, celles que l'on remarque à la partie supérieure et postérieure des canons de derrière; *éparvin calleux*, l'exostose que l'on observe quelquefois à la face interne du jarret ; et *courbe*, celle qui vient à la face interne de la jambe. On appelle encore *ankylose* la soudure de quelques os articulaires ; ainsi, la soudure des os du genou, du jarret ou des vertèbres lombaires, forme l'ankylose du genou, du jarret ou des reins.

Quelle que soit au surplus la place qu'occupent les exostoses, le traitement est le même, et ne dépend que de la cause qui les a produites et du degré auquel elles sont parvenues.

Lorsque le mal est récent, que l'inflammation commence, on essaie de la dissiper par l'application de cataplasmes émollients. Si ce premier moyen suffit pour faire disparaître la tumeur, on le fait suivre de quelques lotions astringentes pour redonner du ton aux parties. Si au contraire la tumeur persiste, on emploie pour la résoudre les frictions spiritueuses ou mercurielles ; et dans le cas où ces frictions mêmes sont insuffisantes, on les remplace par le feu, dont l'application produit la résolution de la tumeur, ou du moins en arrête la croissance.

Quelques vétérinaires après avoir dissipé l'inflammation, et lorsque la tumeur est peu considérable, la font disparaître en la comprimant fortement pendant quelque temps avec un corps dur ; d'autres se décident à l'enlever mécaniquement ; mais ce dernier moyen ne peut être employé avec succès que lorsque la base de la tumeur est étroite et circonscrite.

Les *fractures* sont des solutions de continuité des os dont on ne tente que rarement la guérison, parce qu'indépendamment de l'incertitude de la réussite et du temps qu'il faut y consacrer, les dépenses occasionnées par les soins qu'elles réclament absorbent presque toujours la valeur réelle de l'animal.

La fracture des côtes se guérit très-facilement lorsque les organes de la respiration ne sont point attaqués ; il suffit presque toujours de laisser agir la nature, avec cette précaution, toutefois, d'entourer le thorax d'une large sangle assez serrée pour empêcher le déplacement. Si les bouts fracturés font saillie en dehors, il faut, pour les refouler vers le thorax, placer un coussinet sur la fracture et sous la sangle. Si les côtes sont enfoncées, le traitement devient plus compliqué et la guérison plus incertaine, parce qu'il est nécessaire alors de mettre les côtes fracturées à découvert, afin de pouvoir les replacer dans leur position naturelle, et qu'il est d'ailleurs très-difficile de les empêcher de s'enfoncer de nouveau. On remarque souvent que les bouts fracturés restent séparés, et comme l'animal n'en est pas moins propre au service, peut-être serait-il préférable d'enlever la partie enfoncée, lorsqu'il est impossible de la redresser.

La fracture de la hanche est aussi une des plus fréquentes. Lorsqu'elle se présente, il faut replacer la partie détachée dans sa position naturelle, mettre le cheval dans le cas de se mouvoir le moins possible, et le traiter comme pour une simple contusion. Mais il arrive bien rarement que cette partie détachée reste dans sa position naturelle; presque toujours la contraction des muscles qui la recouvrent la force à s'abaisser, et le cheval paraît avoir une hanche plus basse que l'autre. Quelques vétérinaires, dans l'impossibilité de prévénir cet inconvénient, prennent le parti d'extraire de suite cette partie abaissée. Quel que soit au surplus le traitement que l'on adopte, la fracture de la pointe de la hanche fait le plus souvent boiter l'animal, ou lui donne une allure difficile et fatigante.

Les trois phalangiens, bien que très-courts et très-denses, sont cependant susceptibles de se fracturer. Le premier, l'os du paturon, en raison de sa plus grande longueur, est celui qui en présente le plus souvent l'exemple. Cet accident est ordinairement le résultat d'un heurt, d'un choc violent, ou des efforts que le cheval fait pour dégager son pied d'un trou ou d'une ornière.

On reconnaît que c'est l'os du paturon qui est fracturé, lorsque l'animal ne pose plus le pied sur le sol dans la station, et que dans la marche l'appui ne se fait que sur les talons et sur le boulet, qui se fléchit ainsi jusqu'à terre. Dans la fracture des deux autres phalangiens, le cheval tient constamment le pied en l'air, et montre la plus grande peine à le poser et à le relever lorsqu'on le force à cheminer.

Ces trois fractures sont très-faciles à réduire et à guérir, particulièrement celle de l'os du pied. Ce dernier étant poreux et plus organisé que les deux autres, ne pouvant pas d'ailleurs éprouver de déplacement, le travail de la consolidation doit y être plus actif.

Le traitement de ces trois fractures est le même ; il suffit d'envelopper le pied d'une forte charge de poix et de résine et d'une ligature, pour maintenir les trois articulations dans l'immobilité : la nature se charge du reste. Il faut seulement avoir l'attention de laisser le cheval libre à l'écurie, et mieux encore dans les pâturages; car si on le tient attaché, il ne fait aucun mouvement de la jambe voisine sur laquelle il repose constamment, et peut devenir fourbu de cette jambe.

D'autres fractures, telles que celles de l'humérus, du tibia et des canons, se présentent aussi très-souvent, surtout dans les corps de troupes à cheval, où les chevaux ne sont point barrés dans les écuries, et par conséquent exposés, plus que partout ailleurs, à recevoir des coups de pied. Mais il est bien rare que l'on en tente la guérison, non seulement parce que cette guérison occasionne beaucoup de frais et demande beaucoup de temps, mais aussi parce qu'elle est toujours incertaine, et que lorsqu'elle réussit, l'animal conserve ordinairement de la faiblesse dans l'extrémité qui a été fracturée, si toutefois il n'en est pas boiteux pendant toute sa vie. Ce qui augmente particulièrement l'incertitude de la guérison de ces sortes de fractures, c'est la suspension qu'elles nécessitent, et que bien peu d'animaux peuvent endurer. Presque tous se débattent s'abandonnent alternativement sur les sangles qui les supportent, en sorte que, quels que soient les soins et les précautions que l'on prenne, la gangrène ne tarde pas à se manifester sur les parois de l'abdomen, irritées et enflammées par le frottement et la compression continuels des sangles. On n'entreprendra donc le traitement des fractures des membres que sur des chevaux d'un grand prix ou destinés à la reproduction, et lorsqu'ils seront jeunes, vigoureux, doux et patients.

On appelle *carie* l'ulcération du tissu osseux. Cette maladie qui affecte particulièrement les os courts et spongieux, ou les extrémités des os longs, est accidentelle ou constitutive. Elle est toujours précédée d'une irritation plus ou moins vive du tissu osseux, suivie d'une tuméfaction qui, au lieu de se durcir, reste molle et suinte un liquide puriforme, d'une couleur noirâtre et d'une odeur infecte. La carie est une décomposition de l'os qui, si l'on ne parvient point à l'arrêter, envahit insensiblement tout l'organe qu'elle attaque. Elle est d'autant plus grave et difficile à guérir, que l'os carié est plus profondément situé, que le siège du mal est plus étendu, et que la constitution de l'animal est plus altérée.

Si la carie est constitutive, si elle est la conséquence d'une altération quelconque du sang, de la morve, du farcin, ou d'une inflammation chronique ou aiguë du tissu osseux, il faut d'abord, par un traitement interne relatif à la cause première qui l'a produite, ramener l'organisme à l'état normal; il faut ensuite appliquer le traitement local, qui est le même dans tous les cas. Ce traitement consiste dans l'application de topiques émollients propres à détruire la surexcitation de l'organe affecté. Ce résultat obtenu, on cautérise à fond avec un fer chauffé à blanc, de manière à brûler radicalement toute la partie cariée. Il vaut mieux brûler plus que moins, et ne pas craindre de réappliquer plusieurs fois le fer. Cette cautérisation, en désorganisant les tissus affectés, produit dans la partie saine une réaction vitale, et le développement d'une inflammation favorable à la formation des bourgeons charnus qui précèdent la guérison. L'escarre produite par le feu est alors enlevée par la suppuration, et la cicatrisation s'opère. Si après la chute de l'escarre on aperçoit encore quelque partie cariée, il faut faire aussitôt une nouvelle application du feu.

Toutes les fois que l'on ne pourra pas employer le cautère actuel, soit parce que la carie affecte un os trop profondément situé, soit parce qu'elle est trop étendue, ou bien encore parce qu'elle se trouve dans le voisinage d'un organe important ou délicat, il faudra recourir à l'extirpation par le fer de la partie cariée, ou bien aux caustiques les plus énergiques.

La *nécrose* est pour les os ce qu'est la gangrène pour

les parties molles; c'est la mortification d'une partie ou de la totalité de l'os qu'elle attaque. La nécrose peut résulter d'une contusion profonde qui développe une inflammation si intense et si prompte, que le tissu osseux en est frappé de mort. Si l'os est mis à nu par le corps vulnérant, on reconnaît qu'il y a nécrose à la couleur noire qu'affectent la totalité ou quelques points seulement de la surface de la partie nécrosée. Dans ce cas, on peut détacher cette partie du corps de l'os à l'aide d'un instrument. Mais si, au contraire, elle est recouverte par les chairs et la peau, on est obligé d'attendre qu'elle se détache d'elle-même ; alors on en facilite la sortie en incisant la tumeur qui s'est formée à sa hauteur.

Enfin le *rachitisme* est une maladie dans laquelle les os, surtout le rachis, se tuméfient, se ramollissent, et se courbent d'une manière vicieuse. Cette maladie dont on ignore les causes et le traitement est assez rare dans le cheval, et ne se fait guère remarquer que sur les poulains qui habitent des lieux froids, humides et marécageux, qui respirent un air impur, qui sont mal pansés, mal nourris et privés d'exercice. Ce qu'il y aura donc de mieux à faire, lorsqu'elle se manifestera sur ces jeunes animaux, sera de les soustraire aux causes prédisposantes que nous venons d'énumérer. S'ils ne sont pas d'une constitution molle et lymphatique, ni issus de parents peu développés, mal conformés, ou affectés de vices farcineux et cancéreux, on pourra en espérer la guérison.

II.ᵉ SECTION.

MALADIES DES LIGAMENTS.

Les maladies des ligaments résultent toujours de causes accidentelles, telles que les mouvements brusques et trop étendus, les faux pas et les chutes. Les ligaments éprouvent alors des distensions plus ou moins fortes, des déchirements même dont les conséquences sont plus ou moins dangereuses. Ces accidents se désignent par les noms d'efforts, d'écarts et de luxations. On les traite en général par les résolutifs, lorsqu'ils sont récents; plus tard, lorsque l'inflammation s'est développée, il faut l'apaiser par des cataplasmes émollients auxquels on fait succéder les stimulants les plus énergiques, pour redonner de la force et du ton aux parties. Quand la maladie est passée à l'état chronique, le feu devient l'unique moyen de guérison.

Les efforts qui se présentent le plus fréquemment sont ceux du boulet, de l'épaule, des reins, de la cuisse et de la rotule. Les molettes et les vessigons sont des distensions des capsules synoviales.

L'effort du boulet, autrement dit *entorse* ou *mémarchure*, est dû à un faux pas, à une chute, ou aux efforts que le cheval fait pour dégager son pied pris entre deux pavés ou entre deux planches. Le mal s'annonce par un gonflement douloureux qui fait boiter l'animal, et qui augmente rapidement si l'on n'y porte promptement remède.

Lorsque l'on s'aperçoit de l'effort à l'instant même où le cheval vient de se le donner, il faut, si l'on peut, le faire entrer dans l'eau jusqu'au-dessus du boulet, et l'y laisser pendant une heure environ. S'il n'y a point de ruisseau ou de rivière à proximité, il faut alors lui placer le pied dans un bain d'eau froide, que l'on renouvellera constamment afin de le maintenir toujours froid. On saignera ensuite l'animal, soit à l'ars, soit au plat de la cuisse, et on le laissera pendant une huitaine de jours au repos, un peu plus ou un peu moins, suivant la gravité de l'effort, afin de donner le temps aux parties affaiblies de se fortifier.

Si l'on ne s'est point aperçu aussitôt de l'effort, et que l'inflammation ait eu le temps de se développer, il faut commencer par mettre le cheval à la diète et lui faire une ou deux fortes saignées générales, afin d'arrêter l'accroissement des symptômes inflammatoires ; il serait même avantageux de pouvoir faire une saignée locale et capillaire. Ainsi, dans le cas où l'on aurait une douzaine de sangsues à sa disposition, on pourrait, après avoir rasé le poil du boulet, les y appliquer, et mettre le pied dans un bain d'eau chaude, afin de favoriser l'écoulement du sang. Ces premières précautions prises, on applique des cataplasmes émollients que l'on continue jusqu'à ce que l'inflammation soit entièrement dissipée. Alors on passe aux frictions toniques et astringentes et aux bains d'eau froide. Si, malgré tous ces moyens, l'animal conserve de la faiblesse dans le boulet qui a été foulé, il ne reste d'autre ressource que d'y appliquer le feu.

L'effort de l'épaule prend le nom d'*écart*, lorsqu'il y a simplement distension des ligaments articulaires, et celui d'*entrouverture*, lorsqu'il y a déchirement de ces mêmes organes. Dans le cas de simple écart, on traite comme dans le cas précédent, mais s'il y a entrouverture, l'animal est perdu pour le service.

L'effort de la hanche ou *de la cuisse* réside dans la distension du ligament rond et de la capsule synoviale qui entoure l'articulation fémoro-coxale. On l'appelle encore *allonge*, et l'on dit qu'il y a luxation de la cuisse, lorsque la distension a été assez considérable pour avoir permis la sortie de la tête du fémur de la cavité cotyloïde. L'effort se traite de la même manière que l'entorse, et la luxation est incurable.

L'effort de la rotule se désigne sous le nom de luxation de la rotule, parce qu'il y a déplacement de cet os. Cet accident, qui arrive sans déchirement et presque sans douleur, se reconnaît non seulement au déplacement de la rotule qui est jetée en dehors de sa position naturelle, mais encore à l'impossibilité où se trouve alors le cheval de fléchir son membre; il le tient raide, et ne pouvant s'appuyer dessus, il le traîne après lui. Il faut dans ce cas forcer la rotule à reprendre sa place, et traiter comme dans les cas précédents. Si l'accident se répète après la guérison, il devient nécessaire de faire l'application du feu.

L'effort de reins ou *tour de reins* est une distension des muscles et des ligaments qui recouvrent les lombes; elle a pour cause les chutes, les écarts, les glissades, et les fortes charges que l'on fait porter aux chevaux. On traite comme précédemment, mais on ne parvient pas toujours à une parfaite guérison, parce qu'il arrive souvent que ce ne sont pas seulement les couches musculaires qui ont été distendues, mais aussi les tissus blancs que le traitement local ne peut atteindre que très-indirectement, en raison de leur profondeur. Dans ce cas, l'animal conserve une faiblesse dans les reins qui se reconnaît à une marche pénible et vacillante, au bercement de la croupe, et à l'écartement des jambes de derrière qui se détachent très-peu du sol.

Enfin les *molettes* et les *vessigons* sont des distensions des capsules synoviales. On les nomme molettes aux genoux et aux boulets, et vessigons aux jarrets. Les molettes sont attribuées à de grandes fatigues et à un repos absolu. Bien que de très-bons chevaux puissent avoir des molettes, cependant comme on les remarque plus particulièrement sur les chevaux vieux ou usés, et sur ceux dont les extrémités sont grêles, faibles et hors de leurs aplombs, elles tendent beaucoup à déprécier les animaux qui en ont. Les vessigons, quoique de même nature que les molettes, n'ont pas toujours les mêmes causes ; ils sont souvent le résultat de mouvements étendus et brusques, d'arrêts trop prompts et non prévenus, et d'un recul inconsidéré. Jusqu'à présent on ne connaît pas d'autre moyen de les faire disparaître que l'emploi du feu. On a bien essayé, préconisé même les frictions d'alcool camphré, mais ces frictions n'ont d'autre résultat que celui de cacher le mal pour un temps plus ou moins court. Ainsi, lorsque les molettes et les vessigons sont simples, en les frottant douze ou quinze fois par jour, et pendant plusieurs jours avec de l'alcool camphré, ou bien encore avec un mélange d'alun dissous dans de l'alcool, et laissant le cheval au repos, on parvient bien à les faire disparaître, mais quelques heures de travail suffisent pour les faire reparaître.

III.ᵉ SECTION.

MALADIES DES MUSCLES.

Les maladies des muscles sont également peu nombreuses et toujours la suite de lésions physiques. Quelques auteurs rangent, à la vérité, la paralysie et le tétanos dans la classe de ces maladies, mais nous pensons qu'il est plus rationnel de les mettre au nombre des affections nerveuses, puisque ce sont en effet le cerveau et les nerfs qui sont alors intéressés, et sur lesquels doivent se porter tous les soins et toutes les recherches du médecin.

D'après ce que nous avons exposé précédemment sur les plaies, il nous reste peu de choses à dire sur les maladies des muscles, car ces maladies se réduisent à des plaies, suite de contusions, de coupures ou de déchirements.

Lorsque la contusion d'un muscle est légère, elle se termine par résolution ; il suffit de bassiner la partie malade avec de l'eau saturée de sel ammoniacal ou de sel de cuisine ; mais si elle est forte, l'inflammation survient, et finit par une des terminaisons déjà décrites.

Lorsqu'un muscle a été coupé par un instrument tranchant, il faut s'empresser d'opérer le rapprochement des parties séparées, ce qui est souvent très-difficile, et quelquefois même impossible, en raison de la contractilité musculaire qui est alors augmentée par la douleur que l'animal éprouve. Il est rare que la section des muscles des extrémités ne rende pas le cheval boiteux pour toute sa vie, si même elle ne le rend toutà-fait impropre au service.

Les déchirements des muscles sont des accidents fort graves, mais qui heureusement ne se présentent que très-rarement ; ils sont beaucoup plus dangereux que les coupures, parce qu'ils occasionnent toujours des douleurs excessives qui provoquent souvent le tétanos. Il sera donc indispensable, pour prévenir cette terrible affection, d'ajouter au traitement prescrit pour les coupures l'emploi des saignées et des narcotiques.

La section ou la rupture des tendons est presque toujours incurable ; elle l'est infailliblement, et l'animal est définitivement perdu pour le service, lorsqu'il s'agit des tendons des extrémités.

IV.ᶜ SECTION.

MALADIES DU TISSU CELLULAIRE.

Les maladies du tissu cellulaire sont dues à des inflammations de ce tissu ; on les désigne par la dénomination générale de *phlegmon*, et par les noms particuliers de *furoncle, javart, testudo,* suivant la place qu'elles occupent.

De tous les tissus qui entrent dans la composition du corps des animaux, il n'en est aucun qui soit plus susceptible de s'enflammer que le tissu cellulaire. Les causes les plus ordinaires de cette inflammation sont les coups, les piqûres, les frottements et les compressions prolongées, en sorte que l'inflammation du tissu cellulaire est presque toujours locale. Quelquefois aussi le phlegmon est la suite d'une autre maladie, d'une inflammation générale de l'organisme, ou d'un sang trop abondant ou trop échauffé. Dans ces divers cas, les tumeurs phlegmoneuses se présentent indifféremment et sans causes apparentes sur toutes les parties du corps.

Le *phlegmon*, quelle qu'en soit la cause, se présente d'abord sous la forme d'une petite tumeur qui cause une forte démangeaison ; bientôt l'inflammation se déclare et fait de rapides progrès, la tumeur grandit, la chaleur devient plus forte, et les douleurs excessives. Lorsque les symptômes inflammatoires ont atteint leur plus haut degré d'intensité, le phlegmon reste pendant quelque temps stationnaire ; ils se dissipent ensuite par une des terminaisons indiquées précédemment.

La terminaison du phlegmon par délitescence ne se présente que très-rarement dans le cheval. On doit l'éviter avec soin, parce qu'elle est souvent dangereuse, tandis que l'on doit au contraire favoriser la terminaison par résolution, qui est la plus salutaire.

La suppuration est la terminaison la plus ordinaire du phlegmon ; elle s'annonce par la persistance des symptômes inflammatoires et par le ramollissement progressif de la tumeur. Celle-ci affecte d'abord la forme hémisphérique, puis elle s'allonge insensiblement, de manière à prendre celle d'un cône dont le sommet se dégarnit.

de poils, blanchit et finit par s'ouvrir, pour laisser échapper le pus qui s'est formé à l'intérieur.

Le traitement du phlegmon est le même que celui de toute inflammation. Aussitôt qu'il manifeste sa présence, il faut mettre le cheval à la diète et à l'eau blanche, lui faire quelques saignées locales et appliquer des cataplasmes, qui sont d'abord émollients, et résolutifs lorsque l'inflammation commence à se dissiper. Si l'inflammation, au lieu de diminuer, persiste, il faut remplacer les applications émollientes par des cataplasmes maturatifs, et entretenir une chaleur modérée sur la partie malade. Pour peu que l'abcès tarde à se faire une issue, on doit lui en pratiquer une, soit avec le bistouri, soit avec une pointe de feu, de manière que le pus puisse s'écouler facilement, et qu'il n'en séjourne point dans la plaie. Il ne faut pas toujours attendre que la plaie soit abcédée pour l'ouvrir ; car si elle avait, par exemple, son siège sous une aponévrose, cette membrane, qui est composée de fibres très-dures, offrant au pus une résistance qu'il ne pourrait vaincre, le forcerait à se répandre dans le tissu cellulaire environnant, circonstance qui produirait nécessairement de nouveaux accidents.

Les terminaisons par induration et par gangrène ne se présentent que rarement. On les traite par les méthodes indiquées précédemment.

Le *javart* proprement dit, ou *javart cutané*, n'est autre chose qu'un phlegmon aponévrotique situé sur les paturons. Il est dû à la malpropreté et se termine toujours par suppuration. On y applique ordinairement une pointe de feu pour faciliter la sortie du bourbillon, petite portion de tissu cellulaire frappée de mortification.

Le *javart tendineux* est celui qui se forme autour des gaines des tendons ou bien au-dessous de ces mêmes tendons, ce qui le rend beaucoup plus douloureux, plus long et plus difficile à guérir que le javart cutané ; il fait toujours boiter l'animal. On emploie pour le combattre les cataplasmes émollients et maturatifs que l'on continue tant que dure l'inflammation ; alors on le perce en pratiquant l'ouverture dans sa partie la plus déclive, afin que tout le pus puisse s'écouler ; il est bon même, toutes les fois que l'on panse la plaie, de la déterger par des injections d'eau tiède alcoolisée, et de la tenir constamment à l'abri de tout corps irritant.

DEUXIÈME CLASSE.

MALADIES DE L'APPAREIL DIGESTIF.

La classe des maladies de l'appareil digestif se compose de trois sections qui comprennent : la première, les maladies du tube digestif ; la seconde, celles des glandes qui concourent à la fonction de la digestion, et la troisième, celles des voies urinaires.

I.re SECTION.

On appelle *fève* ou *lampas* le gonflement inflammatoire de la membrane palatine. On remarque souvent cette indisposition dans les jeunes chevaux qui font des dents molaires, ainsi que dans ceux qui ont une nourriture trop substantielle. Le meilleur moyen de guérison doit par conséquent se borner à mettre le cheval à la diète et au repos. Il suffit aussi quelquefois de pratiquer une saignée locale, mais alors il faut toujours se servir d'un bistouri bien tranchant pour ne pas faire une plaie trop large, et opérer entre le milieu du quatrième et du cinquième sillon ; car, plus avant ou de côté, on risquerait de couper l'artère palato-labiale.

Le *glossanthrax* est une tumeur qui se présente assez souvent sur la langue des chevaux. Il est quelquefois accidentel, produit par la piqûre d'un insecte venimeux ; d'autres fois il est dû à des causes qui ne sont que présumées, telles que la mauvaise qualité des aliments, l'humidité des pâturages, les grandes chaleurs ou une grande sécheresse. Alors il est contagieux, et attaque un grand nombre d'animaux dont il cause souvent la mort. Il serait prudent, par conséquent, de mettre à l'écart tous les sujets qui en seraient atteints.

Le traitement du glossanthrax est fort simple. Aussitôt que l'on en reconnaît l'existence, on l'ouvre, on le scarifie, et on cautérise le fond de la plaie avec la pierre infernale ; on se sert ensuite d'eau vinaigrée et salée pour laver la partie malade. Le cheval est d'ailleurs tenu à la diète la plus sévère.

L'indigestion n'est point une maladie, c'est un trouble subit et passager des fonctions de l'estomac, dont la cause réside le plus souvent dans une trop grande quantité d'aliments ingérés. L'indigestion provient encore de ce que ces aliments sont d'une mauvaise qualité, durs et ligneux, ou mangés avec voracité, n'ayant pas été par conséquent suffisamment broyés et imprégnés de salive; enfin, une course rapide faite immédiatement après le repas peut causer une indigestion.

Le cheval qui a une indigestion porte la tête basse et bâille fréquemment, son pouls est dur et plein, sa peau sèche et d'une température moins élevée que dans l'état ordinaire; il appuie sa tête sur les corps qui sont à sa portée, ou bien il recule au bout de sa longe; il frappe aussi la terre avec ses pieds de devant et regarde souvent ses flancs.

Dès que les symptômes de l'indigestion se manifestent, il faut donner au cheval, d'heure en heure, une bouteille de vin à laquelle on ajoute un verre de bonne eau-de-vie; il est bon aussi de lui bouchonner le ventre, et de lui donner quelques lavements d'eau salée ou d'eau de savon, pour provoquer l'évacuation des intestins. On peut remplacer le vin par quelques bouteilles d'une in-fusion concentrée de plantes aromatiques, administrée également d'heure en heure.

Vertige abdominal ou symptomatique. Quand les moyens que nous venons d'indiquer ne produisent pas un effet salutaire, les symptômes augmentent bientôt d'intensité; les sens deviennent obtus, les yeux sont égarés, la respiration est courte et laborieuse, le cheval laisse tomber sa tête dans la mangeoire, ou la tient très-élevée, tirant fortement sur sa longe et se jetant brusquement ensuite sur le râtelier; bientôt il tombe dans une sorte de délire furieux, il se cabre, se renverse et se tue quelquefois, ou meurt au milieu des plus horribles souffrances.

Cependant cette maladie n'est pas toujours mortelle; elle ne l'est pas quand elle est prise à son début, ou qu'elle n'est pas trop intense. Il faut, à l'apparition des premiers symptômes, administrer les remèdes les plus propres à produire l'évacuation du tube intestinal, tels que les purgatifs en lavage et les lavements d'eau salée. Quand cette évacuation est assez avancée, alors et seulement alors, quelques émissions sanguines ne peuvent que produire un excellent effet.

La gastro-entérite est une inflammation de la membrane muqueuse de l'estomac et des intestins. Si l'inflammation se bornait à quelques parties de cette membrane, on l'appellerait *gastrite, entérite, duodénite,* etc., suivant que l'estomac seul, les intestins ou des portions d'intestins en seraient attaqués. Mais comme il est à peu près impossible pendant la vie de l'animal de préciser jusqu'où s'étend le siège de l'inflammation, et que d'ailleurs les symptômes et le traitement sont les mêmes, on désigne le plus généralement cette affection par le nom de gastro-entérite.

La gastro-entérite a pour cause tout ce qui peut irriter, enflammer la membrane muqueuse de l'estomac et des intestins, tels que les aliments irritants, échauffants, ou vénéneux. Elle se déclare d'abord d'une manière obscure par un malaise général et par une diminution progressive des forces et de l'appétit; puis, tout-à-coup, les symptômes inflammatoires se manifestent, l'animal éprouve de violentes douleurs abdominales, il ne mange plus ou se tourmente sans cesse, frappe le sol avec ses pieds et regarde souvent son ventre, se couche et se roule à terre ; les stercorations deviennent rares et comme brûlées, les urines rouges et huileuses ; toutes les forces vitales se concentrent sur le tube intestinal, toutes les autres parties tombent dans une faiblesse extrême, et l'animal ne tarderait pas à succomber, si l'on ne s'empressait de lui administrer les remèdes convenables. Il faut d'abord le mettre à une diète absolue, lui faire deux ou trois fortes saignées, lui donner, mais en petite quantité à la fois, des boissons mucilagineuses et adoucissantes, lui faire des fomentations émollientes, sur le ventre et sur l'épigastre, accompagnées de lavements de même nature. Dès que l'on reconnaît quelque amélioration dans l'état du malade, on lui donne un peu de nourriture que l'on augmente progressivement, et on lui fait faire quelques promenades en main. Enfin, quand tout annonce la fin de la maladie, on peut donner au cheval, mais en très-petite quantité, du vin miellé, pur ou coupé et presque froid, pour rétablir les forces de l'estomac sans risquer une rechute. Comme, ensuite, il reste souvent un certain degré d'irritation sur la muqueuse de l'estomac et des intestins, il est bon de mettre le cheval au vert, ou, si la saison est trop avancée, de le nourrir pendant quelque temps avec des carottes. Ces deux moyens réussissent parfaitement lorsque la maladie est passée à l'état chronique.

L'on reconnaît l'existence de la gastro-entérite chronique dans le cheval, lorsqu'il a peu d'appétit, qu'il digère mal et qu'il reste faible et dévoyé.

Il est des chevaux qui, quoique conservant tous les signes extérieurs de la santé et mangeant bien, se *vident* cependant au premier travail, et se fatiguent promptement ; ce sont ceux qui ont eu les intestins fatigués à la suite d'écarts de régime ou de longues abstinences. Il suffit, pour les guérir de cette affection, de leur administrer une alimentation de bonne qualité, d'entremêler quelques jointées de froment à leur avoine, et de leur faire avaler tous les jours deux ou trois bouteilles de vin ou de bonne bière. Ce régime continué pendant trois ou quatre semaines rendra aux organes digestifs le ton qui leur manque.

D'autres chevaux conservent des diarrhées permanentes. Il faut en rechercher la cause avec soin ; car cette diarrhée peut être ou la suite d'une irritation des intestins, ou le résultat d'une atonie des organes digestifs. Dans la première supposition, on traite le cheval par les tempérants, et dans la seconde par les toniques. Si les stercorations étaient peu fréquentes et mêlées de stries de sang, si l'animal perdait l'appétit et manifestait souvent le besoin de se désaltérer, s'il avait la peau sèche et adhérente, l'anus rouge et chaud, ce serait la *dyssenterie*. On le traiterait d'abord par les émollients et les adoucissants, auxquels on ferait succéder des infusions légères de plantes aromatiques.

Les *coliques* ou *tranchées* sont des affections du tube intestinal souvent dangereuses, et toujours annoncées par des mouvements désordonnés. L'animal s'agite, se tourmente, trépigne avec des signes d'impatience, se couche et se relève alternativement, regarde ses flancs et se couvre de sueurs froides. Les coliques ont pour causes les vents, les indigestions, les vers, ou un principe d'irritation.

Les *coliques venteuses* sont produites par des dégagements de gaz dans les intestins à la suite de mauvaises digestions. On les reconnaît facilement à la tension du ventre ainsi qu'aux borborygmes qui se font entendre. Si le cheval y est sujet, et si l'on présume que ces mauvaises digestions soient dues à un état de faiblesse de l'estomac ou des intestins, on l'en guérira en ne lui donnant pendant quelque temps que peu d'aliments, mais d'une excellente nature, et lui faisant avaler chaque jour deux ou trois bouteilles de vin ou de bonne bière. Si au contraire le cheval n'est point sujet aux coliques, que celle dont il souffre ne soit qu'accidentelle, produite par une substance indigeste ou par une mauvaise digestion, conséquence ordinaire d'un travail trop considérable ou trop rapide immédiatement après le repas, il suffit de lui administrer une once d'éther dans deux ou trois pintes d'une infusion émolliente.

Les coliques inflammatoires ou *tranchées rouges* sont dues à une inflammation violente et subite des intestins. On les reconnaît aux symptômes généraux cités précédemment, auxquels s'ajoutent des mouvements convulsifs de l'anus. Il faut faire sur-le-champ plusieurs saignées légères, donner des breuvages mucilagineux et force lavements émollients. C'est le seul moyen de prévenir la gangrène, qui, malgré tous ces soins, se déclare souvent et fait périr l'animal en moins de quarante-huit heures.

Les coliques vermineuses, outre les vers qui s'échappent quelquefois dans les excréments, ont des symptômes particuliers qu'il est bon de connaître : l'appétit du cheval est variable, il maigrit insensiblement, lèche les murs, et paraît trouver du plaisir à se frotter la lèvre antérieure ainsi que la queue qu'il agite continuellement. Il faut, pour ce genre de coliques, employer d'abord les calmants et les adoucissants, ensuite les vermifuges, tels que la poudre de gentiane, celle de racine de fougère mâle, les infusions de tanaisie, d'absinthe, etc. On peut employer aussi l'huile empyreumatique, ou la suie de cheminée.

II.ᵉ SECTION.

Les fistules salivaires sont des écoulements à l'extérieur de la salive, écoulements qui sont produits par l'ouverture accidentelle d'un conduit excréteur. Elles se présentent particulièrement aux parotides, sous la forme d'ulcération étroite, sinueuse et très-profonde. Le meilleur moyen de les guérir consiste à cautériser l'ouverture de la fistule avec la pierre infernale ; on peut aussi se servir d'une pointe de feu. Quel que soit au surplus le moyen que l'on emploie, on doit, jusqu'à ce que la plaie soit bien cicatrisée, ne donner pour toute nourriture au cheval que de la farine ou du pain mouillé, afin d'éviter une trop grande sécrétion de salive.

L'hépatite est une inflammation aiguë ou chronique du foie. Cette maladie, qui heureusement se présente assez rarement dans l'espèce chevaline, est assez difficile à reconnaître dans son principe, et ce n'est souvent que lorsqu'elle est portée à un certain degré, que l'on peut avoir la certitude de son existence. Alors les membranes muqueuses prennent une teinte jaunâtre, l'animal est triste, il a la tête lourde, les yeux ternes et abattus, et la bouche pâteuse. L'appétit se perd insensiblement, la soif se renouvelle à chaque instant, les excréments sont durs et foncés, les urines rares et chargées, et l'hypocondre droit douloureux.

Cette maladie est le plus souvent produite par un mauvais régime, ou par le passage subit d'un travail considérable à un repos absolu, et réciproquement. Elle est aiguë lorsque les symptômes marchent avec rapidité, et chronique lorsqu'ils sont permanents. Dans le premier cas, on débute par quelques saignées et l'on administre des breuvages amers et légèrement purgatifs, de manière à obtenir des évacuations peu abondantes mais continues. Dans le second cas, il faut administrer les stomachiques amers et donner à grande dose des infusions concentrées de plantes aromatiques. Tout cheval traité pour une hépatite doit être mis au vert aussitôt que la saison le permet.

L'ictère ou *jaunisse* est une infiltration de la bile dans le sang. Cette infiltration vient de ce que le foie sécrète une trop grande quantité de bile, ou bien de ce que l'estomac et les intestins étant malades, les digestions ne se font qu'imparfaitement. Une grande quantité de bile est alors absorbée par les chylifères qui la transportent dans le torrent de la circulation. L'ictère s'annonce par la tristesse, l'accablement et le dégoût; toutes les membranes muqueuses se colorent d'une teinte jaunâtre et verdâtre; le cheval est constipé; ses crottins sont secs et noirs, ses urines épaisses et verdâtres, son poil hérissé, et ses oreilles alternativement chaudes et froides. On débute par une ou deux petites saignées faites à la jugulaire et par plusieurs lavements émollients; le lendemain on purge l'animal, et on lui administre ensuite des boissons diurétiques, en même temps qu'on ne le nourrit qu'avec de la paille, de la farine d'orge et des carottes. Il est quelquefois nécessaire de répéter une ou deux fois la purgation.

III.ᵉ SECTION.

La néphrite ou l'inflammation des reins est une maladie très-grave et souvent mortelle. Elle se manifeste par tous les symptômes caractéristiques des coliques, et par une douleur que l'animal ressent dans la région lombaire, douleur que l'on reconnaît, dans la marche, à la gêne qu'éprouve le train de derrière. A l'écurie, le cheval recule sur sa longe, frappe la terre avec ses pieds, se campe en écartant considérablement les extrémités postérieures, et fait de fréquents efforts pour uriner; ses urines deviennent rares, troubles, sanguinolentes, et finissent même par disparaître entièrement. Lorsque ce dernier symptôme se présente, l'animal ne rend plus que quelques gouttes glaireuses qui sont le produit de la membrane muqueuse du canal de l'urètre, et la sueur qui suinte par tous les pores laisse échapper une odeur d'urine très-prononcée.

Dès que l'on reconnaît les premiers symptômes de la néphrite, il faut faire de fortes et fréquentes saignées, donner des breuvages délayants, des lavements émollients, et faire sur les reins des applications d'avoine ou d'orge bouillie. On pourra d'ailleurs employer avec succès les révulsifs, tels que les sétons aux fesses ; mais ces sétons seront ouverts avec un fer chaud, et on ne les entretiendra qu'avec un ruban, sans onguent vésicatoire, de peur que les cantharides qui entrent dans la composition de cet onguent ne se portent sur les voies urinaires qui en seraient vivement irritées.

La cystique, qui est l'inflammation de la vessie, présente absolument les mêmes symptômes que la néphrite, et se traite de la même manière. Il faut de plus chercher à vider la vessie, et l'on y parvient en introduisant la main dans le rectum, et faisant une légère pression que l'on renouvelle pendant quelques instants sur l'organe malade.

Lorsque, dans une longue course, on ne permet pas au cheval de s'arrêter pour uriner, il arrive quelquefois que la vessie, surchargée par la grande quantité d'urine qu'elle contient, perd tout-à-coup sa faculté contractile ; peu d'instants après l'animal tombe, et ses jambes de derrière sont comme frappées de paralysie. Cet accident est plus effrayant que grave. Il suffit de vider la vessie comme précédemment, et de donner en même temps des breuvages et des lavements un peu stimulants. Au bout de quelques jours la vessie reprend ses fonctions, et l'animal se relève.

L'ischurie ou rétention d'urine est une affection toujours très-grave et souvent mortelle dans le cheval, parce qu'il est presque impossible d'en connaître au juste la cause. La rétention d'urine peut être le résultat d'un calcul qui remplit le bassinet rénal, ou le produit de l'oblitération des uretères, de l'inflammation de la vessie, ou bien enfin du rétrécissement du canal de l'urètre. Comme elle n'est curable que dans le cas où elle est due à l'inflammation de la vessie, toutes les fois qu'elle se présente, on essaie les moyens employés pour la cystique. Si ces moyens restent sans succès, la fièvre ne tarde pas à se déclarer, et l'animal succombe dans des convulsions affreuses.

L'hématurie ou pissement de sang reconnaît pour cause tout ce qui tend à activer la circulation du sang dans les organes destinés à la sécrétion de l'urine, tels que les coups sur la région lombaire, les efforts de cette partie, les courses rapides et trop prolongées, et l'accumulation de l'urine dans la vessie, par l'impossibilité qu'éprouve le cheval d'uriner lorsqu'on ne lui permet pas de s'arrêter pour remplir ce besoin. L'hématurie est aussi causée par les grandes chaleurs, par les jeunes pousses d'arbres, ou par les plantes âcres que les chevaux mangent quelquefois lorsqu'ils sont abandonnés dans les pâturages.

Cette affection, prise à temps, offre peu de gravité. Il suffit ordinairement de mettre le cheval au repos et à la diète ; on lui administre en même temps des boissons délayantes et quelques lavements simples ; une ou deux saignées ne peuvent que produire un excellent effet. Dès que les symptômes inflammatoires ont disparu, on fait usage pendant quelques jours de breuvages styptiques, tels que l'infusion de camomille

ou de centaurée, les décoctions d'écorce de chêne ou
de marronnier.

TROISIÈME CLASSE.

MALADIES DE L'APPAREIL RESPIRATOIRE.

Les maladies de cet appareil sont toujours graves,
et deviennent promptement mortelles lorsqu'elles sont
négligées. Elles reconnaissent en général pour causes
les arrêts de transpiration produits par le passage subit
du chaud au froid, ou par l'ingestion d'une boisson
froide lorsque tout le corps est échauffé. Il peut arriver
qu'une partie ou la totalité des organes qui composent
cet appareil soit attaquée : de là les angines, les catharres, les pleurésies et les pneumonies.

Ire SECTION.

L'*angine* est une inflammation générale de l'arrière-
bouche et des premières voies aériennes produite le plus
souvent par un air froid et humide, lorsque l'animal
sort d'un lieu chaud, ou lorsque ayant très-chaud il
boit une eau très-froide, ou bien enfin lorsqu'il mange
des aliments très-irritants.

L'animal atteint d'une angine est triste et abattu,
il respire péniblement et refuse toute nourriture ; comme
il est très-altéré, il témoigne à chaque instant le désir
de boire, mais on remarque que le mouvement de
déglutition lui est très-douloureux ; souvent même le
larynx se contracte, et force les boissons à ressortir

par les naseaux. Il faut y porter promptement remède, car l'inflammation pourrait augmenter, et l'angine deviendrait gangréneuse, et par conséquent mortelle.

Lorsque l'angine est légère, le repos, la diète et quelques boissons mucilagineuses tièdes et légèrement nitrées suffisent pour la dissiper; mais lorsqu'elle s'annonce avec des symptômes rapides et violents, il faut débuter par une ou deux fortes saignées à la jugulaire, et mettre le cheval à une diète absolue. On rase ensuite tout le pourtour de la gorge que l'on enduit d'onguent maturatif; on applique par-dessus un cataplasme chaud que l'on recouvre d'une peau d'agneau ou d'un morceau de couverture de laine pour en conserver la chaleur. On donne pendant le traitement des boissons adoucissantes édulcorées et légèrement nitrées, et l'on dirige dans les naseaux des fumigations émollientes, pour opérer plus promptement le dégorgement des membranes muqueuses. Lorsque le cheval commence à jeter par les naseaux, les fumigations doivent être stimulantes.

Si, malgré ce traitement, l'angine se montre tenace, il faut employer les dérivatifs, les sétons aux fesses et aux ars; il est même quelquefois nécessaire de pratiquer la trachéotomie, c'est lorsque la difficulté de respirer, produite par l'épaississement des membranes muqueuses qui tapissent l'entrée des voies aériennes, devient assez grande pour que le cheval en soit suffoqué.

Catharre nasal ou *coryza*. On désigne par l'un de ces deux mots l'inflammation de la pituitaire produite par le passage subit d'un lieu chaud dans un lieu froid, ou bien par un séjour prolongé dans un lieu humide et froid. Le cheval qui en est atteint porte la tête basse et s'ébroue fréquemment. La pituitaire, qui est d'abord sèche, rouge et chaude, se ramollit successivement, et sécrète abondamment un liquide incolore et limpide qui tombe goutte à goutte. Cet état dure pendant quelque temps, après lequel le fluide devient plus épais et blanchâtre, tombant par flocons ou s'attachant au pourtour des ailes du nez. La maladie touche alors à son terme ; l'écoulement cesse peu à peu, et l'animal ne s'ébroue plus et reprend sa gaieté.

Le traitement de cette affection, qui est ce que nous appelons en termes vulgaires un rhume de cerveau, est extrêmement simple ; lorsque l'inflammation est légère, qu'elle ne s'étend pas au-delà de la pituitaire, il suffit de tenir le cheval chaudement pendant quelques jours ; mais lorsqu'elle est intense, qu'elle envahit les prolongements de la muqueuse qui tapisse l'intérieur des sinus frontaux, ce que l'on reconnaît à l'abondance des larmes que le cheval répand, il faut de plus le mettre à la diète pendant quelques jours et lui administrer des breuvages adoucissants. On peut même, pour hâter la guérison, lui faire respirer de l'eau de son tiède, pour calmer l'irritation de la membrane muqueuse et en faciliter le dégorgement.

Quelquefois l'inflammation s'étend à la trachée-artère et aux bronches, la maladie est alors plus grave, et prend indifféremment les noms de *catharre pulmonaire*, *bronchite*, *rhume de poitrine* et *morfondure*. Les symptômes sont les mêmes que précédemment,

mais il s'y joint une plus grande gêne dans la respiration, une toux sèche et fréquente, et quelques accès
de fièvre précédés de frissons; l'animal perd l'appétit
et ressent une grande lassitude. On le met, dans ee
cas, à la diète absolue; on lui fait une ou deux fortes
saignées, suivant l'intensité du mal; on lui administre
des breuvages adoucissants et légèrement nitrés, et des
lavements émollients pour entretenir la liberté du ventre.
Enfin, on dirige dans les naseaux des fumigations, qui
sont d'abord émollientes, pour adoucir l'inflammation,
puis stimulantes et acidulées, pour favoriser l'expulsion
des matières muqueuses qui peuvent embrasser les
bronches et la trachée.

Si le catharre nasal ou le pulmonaire persistait au-
delà d'une vingtaine de jours, comme il serait à craindre
qu'il passât à l'état chronique, il deviendrait nécessaire
de chercher à rétablir l'inflammation, et l'on y par-
viendrait au moyen de fumigations et d'injections
stimulantes. Ce résultat obtenu, on recommencerait
le traitement; mais pour éviter alors de retomber dans
le même cas, il faudrait établir des points de dérivation
à l'extérieur, tels que sétons ou vésicatoires.

La *pleurésie* est une inflammation de la membrane
séreuse, nommée plèvre, qui tapisse les parois internes
de la cavité thoracique et enveloppe les poumons. Cette
inflammation est presque toujours le résultat d'un arrêt
de transpiration; quelquefois elle est produite par une
chute ou par une forte contusion sur le thorax, mais
alors elle n'est que partielle, c'est-à-dire que l'inflammation ne s'étend pas sur toute la plèvre.

Les symptômes de la pleurésie débutent par des intermittences de chaud et de froid, par des tremblements partiels, et par un trouble notable dans la respiration qui devient plus fréquente, douloureuse et entrecoupée; l'animal ne se couche plus, et manifeste une sensibilité très-grande sur toutes les parties du thorax, si l'inflammation est générale, ou sur quelques-unes seulement, si elle n'est que partielle; il laisse entendre parfois une toux sèche et courte, mais ne jette pas ou ne jette que très-peu.

La pleurésie, lorsqu'elle n'est pas trop intense et qu'elle ne fait que commencer, est fort simple à traiter. Comme elle n'est due le plus souvent qu'à un arrêt de transpiration, il suffit pour l'arrêter de rétablir les fonctions de la peau, de tenir par conséquent le cheval très-chaudement, de le bouchonner vigoureusement, et de lui faire prendre quelques infusions chaudes de plantes sudorifiques. Mais lorsque l'inflammation est arrivée à un certain degré d'intensité, ce traitement ne suffit plus; il faut avoir recours à celui que nous avons indiqué pour le catharre pulmonaire, avec cette différence cependant que la marche de la pleurésie étant le plus souvent très-rapide, il est indispensable de répéter les saignées presque coup sur coup, et autant de fois que les forces de l'animal le permettent. Si l'on s'apercevait au contraire que la maladie suivît une marche trop lente, et parût incliner à l'état chronique, ce que l'on doit éviter avec le plus grand soin, au lieu de répéter les saignées, il faudrait réveiller les propriétés vitales, ce que l'on obtiendrait en donnant des excitants à l'intérieur et plaçant des vésicatoires sur les parties latérales du thorax.

La pleurésie, prise à temps, doit céder à un traitement d'une huitaine de jours. Il est de la plus grande importance d'obtenir dans le plus court délai le ralentissement de l'inflammation de la plèvre, car cette membrane, par son contact avec les surfaces costales et diaphragmatiques, pourrait y contracter des adhérences qui n'empêcheraient pas l'animal de vivre, mais qui le rendraient incapable de supporter le moindre travail un peu fort. Ce sont précisément ces adhérences qui constituent cet état du cheval que l'on désigne par le nom de vieille courbature. Il pourrait arriver aussi que la force des vaisseaux inhalants de la membrane enflammée n'étant plus en rapport avec celle des vaisseaux exhalants, l'excédant des produits exhalés se répandît dans les deux poches de la plèvre; l'animal, dans cet état, vivrait bien encore pendant un ou deux ans, mais il resterait constamment faible et souffrant. On reconnaît qu'il y a épanchement de sérosité dans les poches de la plèvre, à la gêne de la respiration, au battement continuel du flanc, et au bruit que fait entendre le liquide, lorsque l'on applique l'oreille contre les côtes. Enfin, si l'on ne parvient pas à modérer l'inflammation de la plèvre, si les symptômes inflammatoires augmentent au lieu de diminuer, la gangrène ne tarde pas à se manifester, et l'animal est perdu.

La pneumonie est l'inflammation des poumons, et la *pleuro-pneumonie* l'inflammation de la plèvre et des poumons. Ces deux affections, dont la deuxième n'est qu'un accroissement morbifique de la première, sont dues aux mêmes causes, à des arrêts considérables de transpiration, et présentent absolument les mêmes symptômes. Elles s'annoncent, comme la pleurésie, par des intermittences de chaud et de froid, des frissons, des tremblements, et par la gêne de la respiration. Bientôt tous les symptômes inflammatoires augmentent d'intensité; l'animal est en proie aux plus cruelles souffrances, il ne se couche plus, se tourne tout d'une pièce, et fait entendre des plaintes lorsque l'on cherche à lui soulever la tête; la toux, qui était rare, devient plus fréquente, douloureuse et sifflante, et les naseaux, fortement dilatés, laissent échapper un jetage abondant, visqueux et strié de sang.

Les pneumonies et les pleuro-pneumonies se terminent par résolution, par suppuration, par induration, par suffocation ou par gangrène. La terminaison par résolution est la seule favorable, la seule à laquelle tout traitement doit tendre, puisque les autres entraînent toujours, dans un terme plus ou moins prochain, la mort de l'animal.

Dès que les premiers symptômes de l'une de ces deux affections se présentent, il faut commencer par placer le cheval dans une écurie dont la température soit douce, le couvrir, le mettre à l'eau blanche et aux bols adoucissants, lui faire une ou deux saignées, et lui diriger dans les naseaux des fumigations émollientes. Quelques jours après, dès que l'on remarque une amélioration sensible dans l'état du malade, on supprime les boissons adoucissantes et les bols, et on les remplace par des boissons légèrement stimulantes et par quelques aliments de premier choix. Si, dès le second jour du traitement, on ne remarque pas une amélioration quelconque, si les symptômes inflammatoires ne diminuent pas, on réitère les évacuations sanguines, et l'on passe des sétons au poitrail et même au passage des sangles.

Lorsque la maladie ne se termine pas dans le délai ordinaire, du neuvième au vingtième jour, il faut, pour éviter qu'elle passe à l'état chronique, se servir des indications prescrites précédemment.

L'hydrothorax ou l'hydropisie de poitrine consiste dans une collection de sérosités qui se forment dans les cavités de la plèvre. Les symptômes de l'hydrothorax sont à peu près les mêmes que ceux de la pleurésie; cependant il n'y a point de toux, mais les membres s'engorgent, et l'on entend un bruit dans la poitrine qui indique la présence d'un liquide. Cette maladie est presque toujours incurable, parce qu'elle résulte ordinairement d'une affection chronique de la plèvre ou des poumons, parce qu'elle arrive lentement, et que le plus souvent, lorsqu'on en reconnaît l'existence, elle a fait déjà trop de progrès pour en obtenir la guérison. On pourra toutefois essayer les boissons diurétiques composées de térébenthine, de nitre et de cantharides.

II.ᵉ SECTION.

La gourme est une maladie qui, dans nos climats, attaque presque tous les jeunes chevaux depuis trois jusqu'à cinq ans, et qui se manifeste par une inflammation plus ou moins intense des glandes de la ganache

et des membranes muqueuses des cavités nasales et gut-
turales. On lui donne le nom de *gourme bénigne*, lorsque
l'inflammation n'est que légère, et celui de *gourme inflammatoire* ou *maligne*, lorsque cette inflammation est
portée à un haut degré d'intensité. Dans le premier cas,
le cheval éprouve d'abord quelques mouvements de
fièvre; il se dégoûte, perd l'appétit, et tombe dans une
espèce de somnolence. Au bout de quelques jours, les
glandes de la ganache se tuméfient, la pituitaire s'enflamme, le cheval tousse, et commence à jeter par les
naseaux une mucosité blanchâtre et grumeleuse; ce flux
augmente pendant quelques jours. Lorsqu'il est bien établi, le cheval reprend l'appétit et redevient gai. Cet état
dure plus ou moins, pendant une semaine ou deux,
après lesquelles la tuméfaction de l'auge diminue en
même temps que le flux cesse peu à peu, et finit par
disparaître entièrement. Quelquefois cependant, lorsque
le jetage par les naseaux n'a pas été considérable, les
glandes de la ganache, au lieu de revenir à l'état normal, augmentent de volume, s'abcèdent, percent et
laissent échapper une grande quantité de pus. Cette
suppuration dont la durée est très-variable, s'arrête naturellement et annonce la guérison complète de l'animal.

Il faut, à l'apparition des premiers symptômes de la
gourme, mettre le cheval à l'eau blanche tiède et à la
paille, et le tenir chaudement. Si les symptômes inflammatoires augmentent au lieu de diminuer, on retranche
la paille; si cela ne suffit, on pratique une ou deux
petites saignées, on passe deux sétons au poitrail, et
l'on ne donne pour toute alimentation que de l'eau

tiède miellée et blanchie avec un peu de farine d'orge. Quelquefois l'animal éprouve une grande difficulté de respirer, on lui dirige alors dans les naseaux des courants de vapeurs émollientes ; on lui donne des lavements, s'il est resserré ; et lorsque la tuméfaction des glandes de la ganache annonce qu'un abcès doit s'y former, on y applique des cataplasmes émollients dont on entretient la chaleur au moyen d'une peau d'agneau, placée la laine en dedans et de manière à entourer l'auge et la ganache.

Lorsque les jeunes chevaux ont été soumis à des travaux trop pénibles pour leur âge, ou bien encore lorsqu'ils ont éprouvé de grandes privations, les gourmes se présentent avec des symptômes bien différents de ceux que nous venons d'indiquer. Tout en eux annonce une grande faiblesse ; les membranes muqueuses des yeux et du nez sont pâles, le jetage ne s'établit que très-lentement, il ne devient même jamais abondant, et la ganache, au lieu de s'abcéder, s'engorge seulement et présente une légère infiltration. La maladie, que l'on appelle alors gourme *asthénique*, prenant ainsi une marche lente et chronique, il importe de ranimer toutes les propriétés vitales. En conséquence l'animal sera dans une bonne température et sera bien couvert, il recevra une nourriture peu abondante, mais de premier choix ; on lui donnera des opiats cordiaux et des breuvages toniques, des mélanges de miel et de poudres cordiales, du vin chaud miellé, des infusions de plantes aromatiques, et, pour peu que la respiration soit gênée, on dirigera dans les naseaux des fumigations aromatiques. Avec un pareil traitement, le jetage ne doit pas tarder à s'établir, ni l'abcès sous l'auge à se former, ou bien l'animal n'est plus susceptible de se rétablir et restera toujours languissant.

Cornage, sifflage ou *halley*. Nous n'avons qu'un mot à dire sur l'affection qui est connue sous ces trois dé‑nominations différentes. On entend par cornage, sifflage ou halley, le bruit plus ou moins éclatant que font entendre certains chevaux pendant un exercice un peu rapide. Ce bruit est le résultat d'une mauvaise confor‑mation des voies aériennes, telle que l'étroitesse des cavités nasales ou du larynx, une fausse position de la trachée‑artère ou des bronches ; il peut être aussi celui d'une tumeur osseuse, polypeuse ou sarcomateuse, qui obstruerait les mêmes voies ; enfin, quelquefois il n'est seulement que le symptôme d'une affection de l'appareil respiratoire. Dans ce dernier cas seul, il disparaît en même temps que la cause qui l'avait produit ; dans tous les autres, il est incurable.

QUATRIÈME CLASSE.

MALADIES DE L'APPAREIL CIRCULATOIRE.

Les veines, par leur nombre, leur position et l'usage de la saignée qui se pratique sur quelques‑unes d'elles, sont, parmi les organes de la circulation, les plus expo‑sées à être blessées, mais heureusement que les consé‑quences en sont peu dangereuses, non seulement parce qu'elles se suppléent facilement, mais encore parce que le sang qu'elles contiennent, moins précieux que celui des artères, se répare promptement, et que le plus souvent l'hémorragie que détermine la section d'une veine cesse d'elle-même ou par la moindre pression. Ce n'est que pour la rupture complète des veines d'un gros calibre que la ligature devient nécessaire.

On désigne par le nom de *trombus* l'inflammation locale qui se développe quelquefois à la suite d'une saignée ; cette inflammation entraîne l'oblitération momentanée et souvent continue de la veine. Les saphènes, les sous-cutanées du thorax et les temporales sont les plus exposées au trombus ; mais comme la saignée se pratique généralement sur les jugulaires, ce sont ces veines qui présentent le plus souvent des exemples de trombus. Ajoutons aussi que c'est le trombus des jugulaires qui est le plus dangereux. Le trombus a lieu du fait de l'opérateur, lorsque ce dernier, se servant d'une flamme trop longue, frappe de manière à percer la veine de part en part. Le sang qui s'écoule alors par l'ouverture postérieure se répand dans le tissu cellulaire environnant, où il devient corps étranger et détermine l'inflammation. Le même accident se présente lorsque l'ouverture faite à la veine est trop petite ; le sang ne s'écoulant qu'avec peine s'infiltre sous la peau, et produit encore l'inflammation des parties environnantes. Le trombus peut aussi résulter de l'emploi d'une flamme malpropre, ou bien de ce que le cheval se frotte sur le lieu de la saignée : la plaie s'envenime et l'inflammation se développe.

Le trombus, comme les plaies, se termine par résolution, par suppuration ou par induration, quelquefois même par gangrène. Quand il est récent, c'est-à-dire, quand il ne consiste encore qu'en un simple épanchement de sang dans le tissu cellulaire environnant, on peut en obtenir la résolution au moyen de lotions froides et astringentes ; mais s'il est ancien, si la tumeur a eu le temps de se former et de se durcir, il faut employer tous les moyens déjà indiqués pour le ramollir et le faire suppurer. On peut même, si l'on reconnait que la veine est oblitérée, et que le cours du sang y est définitivement interrompu, ouvrir le tissu malade, y passer un séton, ou le cautériser par le feu pour activer la suppuration. Lorsque ces moyens sont insuffisants et que l'induration persiste, il ne reste plus qu'à procéder à l'extirpation par le bistouri, ce que l'on fait après avoir préalablement opéré la ligature de la veine à son entrée dans la tumeur ainsi qu'à sa sortie.

Varice. C'est la dilatation surnaturelle d'une veine. Cet accident ne se remarque guère qu'à la saphène, près du jarret. Ce mal étant produit par un relâchement des tissus, on conseille assez généralement l'application des topiques fortement astringents et même celle du feu, mais tous ces moyens sont inutiles et dangereux ; et, comme en définitive la varice, peu incommode pour le cheval qui en est atteint, ne compromet jamais son existence, ce qu'il y a de mieux à faire, c'est d'user l'animal tel qu'il est. Seulement dans le cas où la varice devient douloureuse à la suite d'un travail trop actif ou trop prolongé, on y applique des cataplasmes émollients pendant quelques jours que le cheval reste au repos.

28

Les blessures des artères sont toujours plus graves que celles des veines, parce que les artères étant situées plus profondément, il est plus difficile de les atteindre pour les panser. Quand les artères blessées ou coupées sont d'un très-petit calibre, la blessure se ferme d'elle-même et l'hémorragie s'arrête, mais lorsqu'elles ont une certaine grosseur, il faut s'empresser d'en pratiquer la ligature.

On entend par *anévrisme* la dilatation des cavités du cœur ou d'une portion d'artère, avec diminution d'épaisseur des parois. Les causes de l'anévrisme ne sont pas encore bien connues; on les rapporte cependant à tout ce qui tend à activer avec violence la circulation, tel que l'abus des aliments excitants et les courses rapides. Jusqu'à présent on n'a pas encore pu établir des symptômes positifs de l'anévrisme dans le cheval, mais on a constaté la présence de cette affection sur des chevaux frappés de mort au milieu de courses, et dont l'autopsie cadavérique a laissé voir la rupture du cœur ou de l'aorte par suite de la dilatation et de l'amincissement des parois de ces deux organes.

CINQUIÈME CLASSE.

MALADIES
DE L'APPAREIL DE LA REPRODUCTION.

I.re SECTION.

MALADIES DE L'ORGANE REPRODUCTEUR DU MALE.

L'hématocèle est un engorgement du scrotum à la suite d'un coup. Si l'on s'en aperçoit aussitôt, et que les testicules ne soient point affectés, on peut en obtenir la résolution au moyen de cataplasmes astringents ; mais pour peu que la tumeur soit ancienne, il vaut mieux, pour éviter les accidents subséquents qui sont toujours fort graves, opérer de suite la castration.

L'hydrocèle est un amas de sérosités infiltrées dans le tissu cellulaire qui réunit les enveloppes testiculaires. On opère encore dans ce cas la castration, ou, si l'on tient à conserver pour la reproduction l'animal qui en est affecté, il faut faire la ponction pour évacuer le liquide infiltré, et puis, pour éviter une nouvelle infiltration, injecter dans la cavité qui s'est formée une liqueur irritante, susceptible d'en enflammer les parois et de les faire adhérer entre elles.

Le sarcocèle est un gonflement squirreux ou cancéreux du testicule. Il est ordinairement le résultat d'une inflammation passée à l'état chronique. Cette affection étant fort grave, et tous les moyens indiqués jusqu'à ce jour étant presque toujours restés sans succès, ce qu'il y a de mieux à faire, c'est d'opérer la castration.

Le pneumatocèle est un autre gonflement produit par le développement d'un gaz dans les enveloppes testiculaires. On reconnaît l'existence du pneumatocèle à la crépitulation qui se fait entendre à la pression de la main. C'est peu de chose, et la ponction suffit.

Le phimosis est l'impossibilité où se trouve la verge de sortir du fourreau, impossibilité qui provient du rétrécissement du prépuce, et quelquefois, dans les chevaux hongres, de la diminution de la longueur du pénis à la suite de la castration. Il est nécessaire de parer à cet inconvénient, car l'humeur sébacée que sécrète la surface interne du fourreau s'accumulant alors dans les replis de la peau, y acquiert des propriétés irritantes qui peuvent déterminer l'inflammation, et par conséquent la tuméfaction de la tête de la verge. Il faut d'abord détruire la cause première qui produit le phimosis, c'est-à-dire, inciser le prépuce s'il est trop étroit, ou bien en couper le bout si la verge est trop courte, et lotionner avec des décoctions de plantes émollientes, autant pour empêcher l'inflammation qui pourrait y survenir, que pour calmer celle qui existerait déjà.

Quand, au contraire, le membre ne peut plus rentrer dans son fourreau, ce qui a lieu lorsqu'une inflammation subite s'y développe, on dit qu'il y a *paraphimosis*. Cette affection se remarque plus particulièrement sur les chevaux entiers; elle est le résultat des coups de pied, de fouet ou de bâton, qu'ils reçoivent quelquefois quand ils sont en érection et prêts à saillir une jument. Le pénis qui a une très-grande sensibilité s'enflamme aussitôt, augmente de poids et de volume, et ne peut plus rentrer dans son fourreau; quelquefois même il ballotte entre les jambes de manière à gêner les mouvements. Si l'inflammation est prise à temps, on suspend la verge au moyen d'un suspensoir; on y entretient des cataplasmes émollients, et l'on tient le cheval au régime. Mais si l'inflammation est portée au plus haut degré d'intensité, et que la gangrène soit à craindre, il vaut mieux en faire l'amputation. A cet effet, et pour éviter l'hémorragie, on introduit une canule métallique dans le canal de l'urètre, et on lie le pénis avec une ficelle au-dessus de l'endroit malade ; on serre la ligature tous les jours davantage, jusqu'à ce que la partie à emporter se détache de l'autre.

Quelquefois l'amputation de la tête du pénis devient nécessaire, c'est lorsqu'il s'y est formé des excroissances considérables connues sous le nom de *verrues, porreaux* ou *fics*, qui, par leur poids, entraînent le membre hors du fourreau, ou laissent suinter une humeur d'une odeur désagréable.

II.ᵉ SECTION.

MALADIES DES ORGANES REPRODUCTEURS DE LA FEMELLE.

Descente de matrice. Quelquefois, à la suite d'un part laborieux, la matrice se rapproche de l'ouverture de la vulve. Il suffit, pour la replacer, de la repousser avec la main que l'on introduit dans le vagin.

Renversement de la matrice. Mais si la matrice s'est déplacée au point d'apparaître au dehors, il faut prendre plus de précautions. On commence par faire une forte saignée, puis on lave avec du vin chaud la partie de la matrice qui est à découvert ; on place ensuite l'animal garni d'un harnais sur un plan incliné, de manière que la croupe se trouve plus élevée que l'avant-main ; les viscères de l'abdomen se portant alors en avant, on remet avec la main la matrice à sa place. On termine l'opération par l'application d'un tampon que l'on soutient au moyen de l'avaloire montée à la hauteur convenable.

Nymphomanie, fureurs utérines. C'est ainsi que l'on

désigne une surexcitation des organes reproducteurs de la femelle. Cette surexcitation se manifeste par l'érection continuelle du clitoris, par l'inflammation de la membrane muqueuse du vagin, et par la sortie par jets de la mucosité qu'elle sécrète. La jument qui est atteinte de fureurs utérines éprouve sans cesse le besoin de se rapprocher de l'étalon, besoin qui, s'il n'est pas satisfait, se change en une véritable fureur.

Les causes les plus ordinaires de la nymphomanie sont: un tempérament ardent, une nourriture échauffante ou trop substantielle, un défaut absolu d'exercice, et la cohabitation avec des mâles. Un exercice soutenu, un régime rafraîchissant, la diète ou quelques émissions sanguines sont les moyens de guérison les plus habituels. Quand l'irritation est portée à un très-haut degré, il faut de plus avoir recours aux antiaphrodisiaques, aux lavements émollients et aux bains froids de plusieurs heures.

SIXIÈME CLASSE.

MALADIES DE L'APPAREIL SENSITIF.

Les *commotions* du *cerveau* et de la *moëlle épinière*, résultat de chutes ou de coups, ont presque toujours des conséquences funestes, et d'autant plus sûrement que les symptômes en sont plus difficiles à saisir. Cependant, lorsque l'un de ces deux organes a été fortement ébranlé, on remarque un engourdissement général, une sorte de torpeur, et quelquefois une paralysie partielle ou générale. Le traitement, en pareil cas, consiste d'abord à faire disparaître l'état d'engourdissement, et l'on y parvient au moyen des stimulants les plus prompts et les plus énergiques, tels que les frictions avec l'huile volatile de térébenthine par-dessus un fort pansage à l'étrille, et les fumigations ammoniacales; ensuite on a recours aux évacuants et aux saignées pour prévenir l'inflammation des organes affectés. Lorsque la commotion a été légère, l'animal reprend au bout de quelques jours l'usage de ses sens et des parties qui avaient été paralysées; mais lorsqu'elle a été violente, l'organe cérébral ou ses enveloppes s'enflamment, les accidents se multiplient, et la mort ne tarde pas à suivre.

Nous avons déjà décrit le vertige abdominal ou symptomatique, nous allons maintenant parler du *vertige essentiel* ou *idiopathique*. C'est une inflammation de l'encéphale ou de ses membranes, et souvent du tout à la fois. Les symptômes sont les mêmes, et commencent par des étourdissements, des bâillements fréquents, et une somnolence continuelle. La tête devient lourde; à l'écurie, le cheval l'appuie sur sa longe, ou sur les murs ou les mangeoires, et la porte basse en marchant; il a les yeux ouverts, brillants et agités, mais il n'y voit pas ou n'y voit que confusément. Tantôt il est comme frappé d'immobilité, et tantôt il entre en fureur, frappe sa tête sur tout ce qui l'entoure, se cabre, se renverse, et quelquefois se donne ainsi la mort. Ces accès qui durent deux, trois et jusqu'à six heures, sont ordinairement précédés de sueurs générales ou partielles; l'animal a le regard furieux, la respiration fréquente et laborieuse, et manifeste l'envie de mordre.

L'encéphalite suit une marche si rapide, qu'elle est presque toujours mortelle. Elle se termine le plus souvent en trois jours, ou par résolution, ou par épanchement et mort. La résolution est donc la seule terminaison qu'il faille chercher à obtenir, et l'on y parvient par le moyen de saignées promptes et copieuses, de vésicatoires aux tempes, de sétons aux fesses et à l'encolure, et de lotions d'eau froide sur la tête. Lorsque l'inflammation commence à se dissiper, on donne à l'animal des boissons rafraîchissantes tièdes et légèrement nitrées, et l'on a soin d'entretenir la liberté du ventre par de fréquents lavements émollients.

Apoplexie foudroyante. Cette terrible affection, qui résulte d'un épanchement séreux ou sanguin dans les cavités du cerveau, se remarque assez souvent dans l'espèce chevaline. Elle reconnaît pour cause une nourriture trop abondante, trop succulente ou trop échauffante, le défaut d'exercice, les travaux forcés dans les grandes chaleurs, l'abus de la copulation dans les chevaux entiers, et la chaleur et le manque d'air dans les écuries. Comme il est presque impossible de prévoir cet accident qui frappe le cheval comme un coup de foudre, il faut éviter avec soin tout ce qui peut y donner lieu. Lorsque ensuite l'accès non prévu se manifeste, il faut, sans perdre un instant, placer l'animal, s'il est possible, dans un lieu frais; lui faire d'abondantes lotions d'eau froide sur la tête, et de fortes saignées à la jugulaire; appliquer des sétons aux fesses avec le fer chaud, pour les rendre plus prompts dans leurs effets, et donner des lavements irritants et purgatifs.

Épilepsie. Cette maladie dont la nature et les causes, sauf l'hérédité, ne sont pas encore bien connues, se manifeste par des accès périodiques d'autant plus rapprochés et plus intenses qu'elle est plus ancienne.

L'épilepsie se déclare subitement. Le cheval qui en est attaqué est tout-à-coup frappé d'étourdissement ; il perd l'usage de ses sens, chancelle, tombe, et paraît éprouver les plus cruelles convulsions ; il bave, il écume, et pousse des cris plaintifs ; ses membres sont raides, ses yeux sont saillants et pivotent dans leur orbite. Ces accès durent trois ou quatre minutes, quelquefois plus. Lorsqu'ils sont terminés, le cheval se relève, se secoue, urine, et reprend son calme ordinaire. On remarque cependant qu'il conserve pendant plusieurs jours l'air souffrant et stupide.

L'épilepsie n'est point une maladie mortelle par elle-même, mais elle est toujours très-fâcheuse et déprécie entièrement l'animal qui en est affecté, non seulement parce qu'elle le rend impropre à beaucoup de services, mais aussi parce que jusqu'à présent on ne connaît aucun moyen de la guérir, ni même d'en pallier les effets.

Rage, hydrophobie. Cette maladie qui se manifeste spontanément chez les carnivores, est toujours le résultat d'une morsure chez les herbivores. Il n'y a pas encore d'exemple que ces derniers l'aient communiquée. Le cheval qui est devenu enragé est triste et dégoûté. Lorsqu'un accès le saisit, il frappe d'abord du pied, hennit, secoue la tête et se livre à des mouvements désordonnés ; ses yeux sont rouges et étincelants, son poil se hérisse et sa bouche se couvre d'écume ; il s'agite avec fureur, mord sa mangeoire et se jette sur tout ce qui l'entoure; quelquefois il a horreur des boissons, quelquefois il en boit jusqu'au moment de mourir.

Dès que l'on s'aperçoit qu'un cheval a été mordu par un animal carnivore enragé, il faut d'abord bien laver les morsures, les presser pour en faire sortir la bave qui peut y être restée, et cautériser ensuite profondément, sans négliger même les plus petites égratignures. On peut encore, par excès de précaution, enduire les brûlures d'onguent vésicatoire, afin d'y établir une suppuration que l'on entretient jusqu'à ce qu'elle donne un pus de bonne nature; alors on bassine les plaies avec des astringents pour les cicatriser.

L'immobilité est une affection particulière au cheval dont le siège n'est pas encore bien connu. Quelques vétérinaires prétendent cependant qu'elle résulte d'une gêne que l'animal éprouve dans la colonne vertébrale, et qui se manifeste avec douleur toutes les fois qu'il est obligé de rejeter son avant-main sur son arrière-main ; aussi remarque-t-on que le cheval immobile se refuse à reculer, ou ne le fait qu'avec peine, de même qu'il se refuse à descendre lentement une pente un peu rapide. On reconnaît encore l'existence de l'immobilité en croisant les deux jambes de devant du cheval. La douleur qu'il parait devoir éprouver en rejetant l'avant-main sur l'arrière pour les décroiser, lui fait préférer cette position, même lorsqu'on lui met le doigt dans l'oreille ou qu'on lui marche sur la couronne.

Il existe une variété de l'immobilité qui est assez commune chez les chevaux allemands, particulièrement chez ceux du bord du Rhin; on la désigne dans le pays par le nom de *koller*. Le cheval qui en est atteint a une physionomie toute particulière, un air hébété, stupide. A l'écurie, il prend le foin, le mâche, suspend cette action pendant quelques instants et la recommence ensuite. Dehors et abandonné à lui-même, il recule en tournant sans cesse la tête à droite ou à gauche. Monté ou attelé, il se défend d'abord, marche ou trotte pendant quelques instants, puis s'arrête tout à coup; alors il paraît insensible aux coups, et se refuse absolument à avancer. Cette affection disparaît presque entièrement en hiver; mais elle reparaît au printemps, et les symptômes en sont d'autant plus apparents, que les chaleurs sont plus fortes et que le cheval est exposé aux rayons du soleil. On présume qu'elle est due à une gêne qui, au lieu de se manifester dans la colonne vertébrale, comme dans le cas de l'immobilité, aurait son siège dans le cerveau.

Le koller et l'immobilité sont incurables et rangés au nombre des cas rédhibitoires.

Tétanos. Le tétanos est une maladie fort grave et presque toujours mortelle. Elle consiste dans une contraction spasmodique et permanente de tous les muscles, ou seulement de quelques-uns, sans alternative de relâchement. Cette contraction peut commencer par les muscles d'une région quelconque, mais le plus ordinairement elle se présente d'abord aux muscles des mâchoires, pour s'étendre ensuite à ceux de l'encolure et de toutes les parties du corps.

Le tétanos est attribué aux douleurs aiguës et pro-

longées, à celles particulièrement qui résultent de la castration, des plaies d'armes à feu et de clous de rue
profondément pénétrants ; il peut aussi provenir du passage subit d'un lieu très-chaud dans un lieu très-froid,
et de l'immersion, lorsque le cheval est en sueur. Dans
certaines localités où le tétanos se présente fréquemm-
ment sans motif connu, on l'attribue à la fraîcheur et à
la crudité des eaux de puits dont on abreuve les chevaux.

Les premiers symptômes du tétanos sont assez obscurs. Ils résident dans une certaine raideur de l'encolure, dans le rapprochement des mâchoires et la
contraction permanente de quelques muscles. Si l'on est
assez heureux pour les reconnaître à temps, il faut
saigner le cheval, lui passer des sétons, et lui administrer des boissons narcotiques et antispasmodiques ; mais
si le mal est plus avancé, si les mâchoires sont serrées,
ou si le pharynx est déjà contracté, et que le cheval
ne puisse plus rien avaler, il faut redoubler les saignées,
donner des bains généraux de vapeurs émollientes, et
remplacer les boissons devenues impossibles par des
lavements fortement opiacés. Dans un grand nombre de
circonstances, on a joint à ce traitement les effusions
d'eau froide ou les applications de glaces sur la tête, et
l'on s'en est bien trouvé.

SEPTIÈME CLASSE.

MALADIES DE L'ORGANE DE LA VISION.

Amaurose ou *goutte sereine*. Cette maladie est attri-
buée à la paralysie du nerf optique. Les yeux qui en

sont affectés conservent toute leur transparence, mais la rétine qui n'est autre chose que l'épanouissement du nerf optique ayant perdu toute sensibilité, l'animal n'y voit plus.

L'amaurose peut être complète ou incomplète, n'affecter qu'un seul œil ou les affecter tous les deux. Lorsqu'elle est incomplète, l'animal y voit encore, mais d'une manière confuse, et, dans ce cas, on en reconnaît l'existence à la grande dilatation de la pupille qui conserve néanmoins la faculté de se contracter. Lorsqu'elle est complète, cette dernière faculté n'existe plus, et la vue est totalement perdue. Jusqu'à présent on ne connait point de remède à cette maladie.

Fluxion périodique. La fluxion périodique est une phlegmasie qui attaque tantôt un seul œil, tantôt les deux yeux à la fois, et dont la conséquence, après plusieurs accès, est la perte totale de la vue. Cette maladie se manifeste par une inflammation générale de l'œil et de ses parties environnantes. Les humeurs de l'œil se troublent, les paupières se tuméfient, se ferment en partie, et les larmes coulent en abondance. Cet état dure plus ou moins, huit, dix et même quinze jours, au bout desquels les symptômes inflammatoires se dissipent peu à peu; l'humeur aqueuse reprend sa transparence, mais une espèce de nuage blanchâtre se condense dans la partie inférieure de la chambre antérieure. Alors l'œil se trouble, perd de nouveau sa transparence, la reprend quelques jours après, et redevient enfin aussi clair qu'il était avant ce premier accès. Mais il n'en est pas de même après les suivants. A mesure qu'ils se renouvellent, le cristallin perd de sa limpidité, et finit par devenir tout-à-fait opaque; alors l'œil est entièrement perdu. Ces accès se renouvellent à des époques indéterminées.

Les causes de la fluxion périodique ne sont pas encore bien connues; cependant, comme l'on remarque que cette singulière affection n'attaque que les jeunes chevaux, de trois à cinq ans, rarement au-delà, on l'attribue assez généralement au passage de la nourriture verte à la nourriture sèche, au séjour dans des écuries basses, humides, trop chaudes et malpropres, et dans lesquelles on laisse fermenter les fumiers.

Les traitements suivis jusqu'à ce jour sont presque toujours restés sans succès, et n'ont eu d'autre résultat que de retarder la perte de la vue. Ils consistent à mettre le cheval à la diète et à l'eau blanche, à entretenir la liberté du ventre par des lavements émollients et de légers purgatifs, et à faire de fréquentes lotions émollientes sur les yeux malades. Lorsque l'inflammation est très-considérable, on pratique une ou deux petites saignées à la jugulaire, et on passe des sétons à la partie supérieure de l'encolure et aux joues.

Cataracte. On entend par ce mot l'opacité du cristallin, et l'opération de la cataracte consiste soit à extraire entièrement ce corps de l'œil, soit à le faire sortir de son chaton pour le plonger dans l'humeur vitrée, où il se déprime insensiblement et finit par disparaître entièrement. La première méthode est dite par extraction, et la seconde par abaissement.

Bien que ces deux opérations, faites avec soin et par

des hommes habiles, aient souvent réussi, cependant, comme la vue ne redevient jamais parfaitement bonne, et qu'une mauvaise vue rend le cheval peureux, ombrageux, et par conséquent dangereux, il serait peut-être préférable qu'il devint aveugle, et de renoncer ainsi à une guérison imparfaite.

Ophthalmie. C'est une inflammation de la conjonctive qui s'étend quelquefois à toutes les parties, tant constituantes qu'environnantes de l'œil. Elle reconnait pour causes les contusions, les corps étrangers, tels que la poussière, les grains de sable et les brins de fourrage qui s'introduisent entre les paupières et le bulbe ; le contact subit d'un air très-froid ; l'impression directe ou réfléchie d'une lumière trop vive ; les gaz qui se dégagent des fumiers, et enfin toutes les émanations irritantes.

La première indication à observer dans le traitement de l'ophthalmie consiste à éloigner toutes les causes qui ont pu la produire. On met en outre le cheval à la diète et à l'eau blanche, on préserve l'œil malade du contact de l'air en le recouvrant de cataplasmes émollients, et si l'affection est très-intense, on saigne le cheval. Lorsque l'inflammation ne s'étend pas au-delà de la conjonctive, quelques jours de diète et de repos et quelques sangsues appliquées sur les paupières suffisent pour guérir l'animal.

Onglet. C'est une espèce d'ophthalmie, mais il n'y a que le corps clignotant qui soit enflammé. On applique le traitement précédent, et lorsqu'il reste sans effet, lorsque la troisième paupière se conserve en travers de l'œil, on se trouve réduit à l'enlever avec un instrument tranchant.

N. B. Les maladies des organes de l'audition, de l'olfaction et de la gustation se présentent si rarement dans le cheval, que nous regardons comme inutile d'en parler ici. Nous dirons simplement que la surdité qui est celle dont la guérison offrirait le plus d'intérêt, surtout dans les chevaux de selle, est encore regardée comme incurable. Non seulement l'organe est déjà presque entièrement perdu lorsqu'on en reconnaît l'existence, mais il est facile en outre de concevoir l'impossibilité d'appliquer un traitement rationnel à une affection dont on ignore la cause. Or, la surdité peut être de naissance, de même qu'elle peut provenir d'une chute, d'une inflammation chronique du tympan, de son épaississement, de la paralysie du nerf auditif, ou seulement même de vieillesse.

HUITIÈME CLASSE.

MALADIES DE L'APPAREIL CUTANÉ.

Cors et *durillons.* Ce sont des callosités qui se forment sur les parties du corps les plus sujettes à être fortement et longuement comprimées, telles que le dos, les côtes et le poitrail, qui supportent en partie les frottements et la pression du harnais.

Lorsque la peau n'est qu'engorgée, le mal se dissipe de lui-même, en faisant cesser la cause qui le produit; s'il persiste cependant, il faut de plus bassiner la partie malade avec de l'eau-de-vie camphrée étendue d'eau.

Mais si le cor est formé, il devient indispensable de l'extirper avec un instrument tranchant ; on applique ensuite sur la plaie le traitement indiqué pour les plaies suppurantes.

Ebullition. C'est une éruption de petits boutons qui se manifeste ordinairement au printemps sur toutes les parties du corps, et particulièrement à l'encolure, aux épaules et aux fesses. Si l'éruption n'est pas considérable, quelques jours de repos et de régime suffisent pour la faire disparaître ; mais si les boutons sont très-nombreux et que l'animal en soit incommodé, on pratique une ou deux petites saignées. Il arrive quelquefois alors que les membres postérieurs s'engorgent. On fait disparaître cet engorgement au moyen de frictions sèches et spiritueuses.

Dartres. Les dartres sont des phlegmasies chroniques de la peau qui se présentent sous la forme de plaques plus ou moins larges et arrondies. Ces plaques sont formées, dans le principe, par la réunion de petits boutons rouges, pustuleux ou vésiculeux, et recouverts plus tard par une poussière farineuse, par des croûtes et des écailles, ou, quelquefois aussi, par une sécrétion ichoreuse, en sorte que l'on distingue deux espèces de dartres, les unes sèches et farineuses, et les autres vives et humides.

Les *dartres sèches* et *farineuses* sont faciles à guérir : de bons aliments, une habitation saine, beaucoup de propreté et quelques onctions adoucissantes y parviennent infailliblement ; mais il n'en est pas de même des *dartres vives* et *humides*, qui, toujours opiniâtres, persistent souvent pendant toute la vie. Au nombre des traitements indiqués, nous avons reconnu en maintes circonstances l'efficacité du suivant : préparer le cheval par la saignée et la purgation, enlever la matière ichoreuse qui recouvre les parties malades de la peau avec de l'eau de lessive tiède, bassiner ensuite deux ou trois fois par jour avec de l'extrait de Saturne étendu d'eau, et terminer le traitement par une ou deux purgations.

Gale. Il y a deux sortes de gale : la gale par acares et la gale organique. La première est la moins dangereuse ; elle consiste en une multitude de pustules très-petites et très-rapprochées qui causent une très-grande démangeaison. Ces pustules, en se desséchant, forment une espèce de poussière qui, attentivement examinée au soleil, présente une multitude de petits animaux transparents et luisants auxquels on a donné le nom d'acares. Lorsque cette gale ne fait que commencer, des soins de propreté, des bains et des frictions à base de soufre suffisent pour la guérir ; mais lorsqu'elle est moins récente, comme il y a une plus grande irritation, on est obligé de commencer par assouplir la peau en la bassinant pendant quelques jours avec des lotions émollientes ; on y applique ensuite les topiques que l'on fait suivre de quelques purgatifs, afin de rappeler à l'intérieur les fluides que l'irritation avait attirés trop abondamment vers la peau. Enfin, lorsque la gale est trop long-temps négligée, elle s'enfonce dans la peau dont elle change la nature des tissus : c'est ce qui constitue la *gale organique.* Parvenu à ce point, il est bien rare qu'elle soit curable, et tous les efforts de l'art ne tendent le plus souvent qu'à empêcher le mal de faire de nouveaux progrès.

La gale a bien quelque analogie avec les dartres, mais elle en diffère essentiellement par sa situation, par son étendue et la forme de ses efflorescences. Les dartres se trouvent plus particulièrement sur les parties de la peau qui adhèrent de plus près aux os, tandis que la gale attaque de préférence celles qui sont plus chargées de chair. Les premières sont superficielles et ne présentent jamais d'acares, tandis que la seconde, qui est toujours plus profonde, en présente le plus souvent.

La gale affecte assez souvent la partie supérieure de l'encolure où s'implante la crinière ; on lui donne alors le nom de *roux-vieux*. Cette affection est extrêmement rebelle, et réclame avant tout une extrême propreté.

NEUVIÈME CLASSE.

MALADIES CONTAGIEUSES OU PRÉSUMÉES ORGANIQUES.

Morve. Cette maladie qui fait de si grands ravages dans les régiments, est peut-être celle sur laquelle les vétérinaires ont le plus disserté sans pouvoir s'entendre. Les uns prétendent qu'elle est contagieuse, les autres qu'elle ne l'est pas ; les uns en placent le siège sur la pituitaire, d'autres dans les poumons ; il en est qui la comparent à la syphilis, tandis que d'autres veulent absolument que ce soit une véritable phthisie pulmonaire. Nous ne nous permettons pas de prononcer sur ces différentes opinions, nous rapporterons simplement ce que nous avons observé sur un grand nombre de chevaux, et ce qui se fait dans les régiments.

La morve se présente le plus généralement à l'état chronique ; elle parcourt alors ses différentes périodes avec beaucoup de lenteur, tandis qu'à l'état aigu elle les parcoure avec une effrayante rapidité : souvent elle emporte le cheval en moins de huit jours.

Les symptômes qui caractérisent la morve variant continuellement à mesure que cette maladie s'éloigne de son début, pour plus de commodité dans les régiments et en même temps pour mettre plus d'ordre dans les idées, on suppose qu'elle parcourt trois périodes caractérisées par trois séries de symptômes différents.

Pendant la première période, autrement dit le premier degré de la morve, il se fait par les naseaux un écoulement blanchâtre et fluide plus ou moins abondant ; les glandes de la ganache sont légèrement engorgées, le plus souvent il n'y en a qu'une, et presque toujours alors l'écoulement n'a lieu que par le naseau correspondant. Du reste l'animal ne paraît nullement se mal porter, et pourrait fort bien continuer son service ; mais par mesure de prudence, on le met en *observation*.

Au deuxième degré, le flux est plus épais et d'une couleur jaunâtre, et s'attache aux bords de l'ouverture des naseaux ; la pituitaire devient pâle et blafarde, mais elle n'offre aucune trace de lésion ; la glande ou les glandes de la ganache passent à l'état d'induration et deviennent même adhérentes. L'animal présente bien encore tous les signes extérieurs de la santé, mais on le fait passer aux *douteux*.

Enfin, au troisième degré, l'écoulement devient successivement purulent, grisâtre, verdâtre et strié de sang. Des ulcères chancreux se forment sur la pituitaire, la rongent, rongent aussi la cloison cartilagineuse qui la soutient, et de cette manière établissent une communication entre les deux cavités nasales. Les os du chanfrein se boursouflent, les yeux deviennent chassieux, les jambes s'engorgent, le poil se pique, le cheval se dégoûte, tombe dans le marasme et ne tarde pas à succomber. Dans les régiments, dès que ce troisième degré de la maladie se manifeste, que les chancres apparaissent sur la pituitaire, le cheval est déclaré *morveux* et abattu.

Nous avons assisté à l'ouverture d'un très-grand nombre de chevaux morveux, dont les uns étaient morts naturellement, et les autres avaient été abattus. Chez les premiers, qui généralement n'avaient atteint que le premier ou le deuxième degré de la morve, nous avons trouvé le plus souvent les poumons et la pituitaire en très-bon état, quelquefois la pituitaire en bon état, mais les poumons malades, ulcérés ou tuberculés, tandis que chez ceux qui avaient atteint le troisième degré, les poumons étaient toujours ou du moins presque toujours remplis d'ulcères et plus ou moins désorganisés ; en sorte que nous sommes porté à croire que le siège de la morve peut être ou sur les poumons, ou sur la pituitaire, ou bien sur les deux organes à la fois, et que lorsqu'il est sur les poumons, presque toujours il finit par s'étendre jusque sur la pituitaire.

Quant à la contagion ou à la non-contagion de la morve, voici notre opinion. D'après les observations rapportées par plusieurs auteurs, et d'après celles que nous avons été à même de faire ou de recueillir, nous pensons que la morve est contagieuse dans certains cas, et qu'elle ne l'est pas dans d'autres. Or, comme dans l'état actuel de nos connaissances, il est impossible de reconnaître quels sont les cas où elle n'est pas contagieuse, nous pensons qu'il faut la considérer comme s'il était prouvé qu'elle le fût, et agir toujours en conséquence.

Il n'en est pas de même des causes de la morve. On croit les connaître aujourd'hui, du moins les observations recueillies de tous côtés à cet égard ne se sont point encore démenties. On a remarqué que cette terrible maladie attaquait plus particulièrement les chevaux d'un tempérament lymphatique, ceux qui sont nés ou élevés dans des pays bas, froids et humides, et ceux qui ont subi l'opération de la castration. On a remarqué aussi qu'elle se développait plus fréquemment sur les animaux qui ont un mauvais régime, qui habitent des écuries malsaines, basses, humides et malpropres; sur ceux qui sont entassés dans des locaux trop petits, et privés de la quantité d'air nécessaire au grand nombre d'animaux qu'ils contiennent; sur ceux qui sont soumis à de trop grandes fatigues, journellement exposés à toutes les vicissitudes atmosphériques; sur ceux enfin qui sont mal pansés, et pour lesquels on ne prend pas toutes les précautions nécessaires pour entretenir et favoriser les fonctions transpiratoires de la peau.

Long-temps on a regardé la morve comme incurable, mais il n'en est plus de même aujourd'hui. Lorsqu'elle est prise à temps, qu'elle n'est pas invétérée, on peut en obtenir la guérison par le traitement suivant : donner au cheval une alimentation peu abondante, mais de première qualité, favoriser la transpiration insensible par des pansages à fond et souvent répétés, tenir le cheval dans une température douce à l'écurie, et l'exercer à un travail modéré, mais un peu rapide, lui administrer des boissons diurétiques et sudorifiques, et lui faire respirer pendant quelque temps des fumigations qui seront d'abord émollientes, et puis ensuite aromatiques et stimulantes.

Farcin. Le farcin est une maladie qui se manifeste par des boutons plus ou moins grands et plus ou moins nombreux que l'on remarque sur toutes les parties du corps, et notamment sur l'encolure, les épaules, les côtes et les fesses. Tantôt ces boutons sont placés très-irrégulièrement et très-éloignés les uns des autres, tantôt ils sont rangés en chapelet et suivent le trajet des veines et des lymphatiques, des jugulaires, de la thoracique externe, de la saphène et de plusieurs autres.

On distingue deux espèces de farcin : le farcin bénin et le farcin malin. Dans le premier, les boutons sont situés sous la peau, tandis que dans le second, ils existent dans le tissu même de cet organe.

Lorsque dans le farcin bénin les boutons sont peu nombreux et placés irrégulièrement, l'animal en est fort peu affecté ; il continue à boire et à manger, et remplit ses fonctions comme à l'ordinaire. Des soins, de la propreté, une bonne nourriture et quelques exercices modérés suffisent le plus souvent pour faire disparaître les boutons et guérir l'animal ; mais lorsque ces boutons suivent le trajet des veines, la guérison est beaucoup plus difficile. Il est alors presque toujours nécessaire de les faire suppurer, et souvent l'on n'y parvient qu'en les ouvrant ou même en les brûlant. On prépare en outre le cheval par la diète et les saignées, et on lui administre plus tard les préparations sulfureuses et antimoniales combinées avec les amers et les fortifiants.

On peut appliquer ce traitement au farcin malin ; mais comme alors les boutons s'ouvrent facilement, il suffit ordinairement, pour les amener à l'état de suppuration, de les frictionner avec de l'onguent mercuriel gris. Quand les boutons sont très-profonds, il est presque toujours nécessaire de les ouvrir par le feu.

Cette deuxième espèce de farcin est beaucoup plus rebelle que la première, lorsque surtout elle se jette sur les extrémités ; rarement alors l'animal en guérit. C'est aussi la seule qui soit réellement contagieuse.

Les causes du farcin sont à peu près les mêmes que celles de la morve : c'est le passage subit d'une vie laborieuse à une inaction absolue, une nourriture trop abondante sans exercice, les foins trop nouveaux, ceux de mauvaise qualité, et particulièrement les foins rouillés, un long séjour dans des écuries froides et humides,

enfin le défaut de pansage et la malpropreté qui ralentissent les fonctions du système exhalant.

Charbon. Le charbon est une maladie contagieuse ;
il se manifeste par une ou plusieurs tumeurs inflammatoires qui se développent spontanément ou par contagion
sur diverses parties du corps. Presque en même temps
apparaissent les symptômes d'une inflammation générale.
La fièvre se déclare, les yeux sont ardents, le regard
farouche, le poil hérissé, la respiration laborieuse et
le pouls irrégulier ; l'animal s'agite, chancelle, tombe,
et meurt dans des convulsions effrayantes. Quelquefois
cette fièvre, dite fièvre charbonneuse, se déclare sans
apparition de tumeurs. Les symptômes en sont encore
plus terribles ; l'animal succombe ordinairement en quelques heures.

Jusqu'à présent on ignore les causes du charbon ; on
présume seulement qu'il est dû à l'épaississement et à
l'inflammation du sang, résultat de grandes fatigues
pendant les plus fortes chaleurs de l'année, ou d'une
mauvaise alimentation.

La rapidité de la marche du charbon ne permet pas
d'avoir recours aux moyens ordinaires pour calmer les
inflammations ; il faut employer de suite les agents les
plus énergiques, cautériser les tumeurs par le feu, tracer
des raies de feu à l'entour pour les cerner, passer des
sétons avec le fer chaud et faire d'abondantes saignées.
Les plaies seront pansées avec des plumasseaux chargés
d'onguent épispastique et caustique, jusqu'à ce qu'elles
donnent un pus de bonne nature. Le charbon est une mala-

die d'autant plus terrible, qu'elle laisse rarement le temps d'attendre le vétérinaire. Elle se communique aux hommes.

Eaux aux jambes. Cette affection est encore au nombre de celles dont la nature n'est pas encore bien connue ; seulement on remarque qu'elle attaque de préférence les chevaux de race commune, ceux qui ont été élevés dans des prairies basses et marécageuses, qui ont les pieds plats et larges, les extrémités grosses et chargées de poils, ceux qui ont mal jeté leurs gourmes ou qui sont d'un tempérament lymphatique. Lorsqu'elle apparaît sur des chevaux distingués, on remarque que ces chevaux sont tenus malproprement dans les écuries, ou qu'ils marchent habituellement dans des boues âcres. On est donc porté à croire que cette maladie est organique dans certains cas et accidentelle dans d'autres. Quelle que soit au surplus sa nature, elle s'annonce d'abord par l'engorgement des paturons et le hérissement du poil de cette partie, symptômes qui se dissipent au moindre travail dans les premiers jours, quoique accompagnés d'une douleur très-vive. Mais au bout de quelques jours, un suintement s'établit à la face postérieure du paturon, gagne ensuite la partie antérieure, et monte progressivement jusqu'au-dessus du boulet. La matière suintée est d'abord séreuse et limpide, mais bientôt elle devient grisâtre, fétide et corrosive. Parvenue à ce point, la maladie reste pendant quelque temps stationnaire, et puis ensuite passe à l'état chronique, ou conserve l'état inflammatoire. Dans le premier cas, la douleur disparaît et l'engorgement diminue ; dans le second, toute la partie de l'extrémité malade jusqu'au genou ou au jarret s'engorge, devient dure et douloureuse, la peau se durcit et s'épaissit, et finit par se désorganiser. C'est alors que se forment ces excroissances que l'on appelle *verrues*, *porreaux* et *grappes*. L'animal, dans cet état, souffre beaucoup ; il boite et tient la jambe souffrante haute à l'écurie ; sa corne se détériore, elle devient tendre et mollasse, et le rend en très-peu de temps impropre au service.

Tels sont les phénomènes qui accompagnent cette cruelle affection. Quelquefois elle attaque les quatre membres à la fois, mais le plus ordinairement elle n'en attaque que deux, les deux antérieurs ou les deux postérieurs, et de préférence ces derniers. Lorsqu'elle n'est qu'accidentelle, elle cède facilement aux traitements employés, surtout quand elle est récente ; mais lorsqu'elle est organique, elle est beaucoup plus opiniâtre, et souvent même paraît périodiquement tous les hivers.

Quand les eaux sont nouvelles et accidentelles, il suffit de mettre pendant quelques jours le cheval à la diète et à l'eau blanche, de faire de fréquentes lotions émollientes sur les parties malades pour dissiper l'inflammation, et de les bassiner ensuite avec du vin pour leur redonner du ton. Des pansages réguliers et une grande propreté achèvent la guérison.

Mais lorsque les eaux sont organiques, ce traitement ne suffit plus. Il faut, dans ce dernier cas, préparer le cheval, selon la gravité du mal, par la diète, la saignée et quelques lavements émollients. Pendant ce temps, on achève de calmer l'inflammation des parties malades, si elle subsiste encore, et on essaie de détourner les humeurs qui se portent sur les extrémités en multipliant les pansements de la main et en administrant des boissons diurétiques et diaphorétiques. Si, malgré l'emploi de tous ces moyens, le suintement persiste, il devient nécessaire de donner quelques purgatifs à l'animal ; on bassine en même temps les extrémités avec des substances légèrement astringentes et même répercussives. Quand enfin il n'y a plus de suintement, et que les plaies ou crevasses sont bien guéries, on applique le feu sur les extrémités qui ont été malades : c'est le meilleur et peut être le seul moyen de prévenir la réapparition de la maladie.

Crevasses, mules traversines. Quelquefois il se forme des crevasses sur les paturons des chevaux qui travaillent sur des terrains rocailleux ou dans des boues âcres qui se fixent aux jambes, et que l'on n'a pas le soin d'enlever au retour à l'écurie. Ces gerçures font éprouver une certaine douleur au cheval, mais elles offrent peu de gravité, et cèdent facilement au traitement qui est fort simple, et qui consiste à préserver le bas des jambes des corps qui pourraient les irriter, à les bassiner plusieurs fois par jour avec des décoctions de mauve ou de graine de lin, et, dans les intervalles, de graisser les parties gercées avec de l'onguent populéum.

Les crevasses négligées dégénèrent bientôt en eaux aux jambes.

Pousse. Voici encore une maladie qui se présente très-fréquemment, et sur laquelle on a aussi beaucoup disserté sans pouvoir tomber d'accord, ni sur sa nature, ni sur son siège, ni sur le traitement à lui opposer.

On avait espéré que l'on obtiendrait quelques lumières à cet égard en faisant un grand nombre d'ouvertures sur des chevaux morts poussifs, mais ces ouvertures ont présenté des différences si grandes et si variées, qu'il n'a pas été possible d'en conclure la moindre chose. Ainsi, les unes ont montré des adhérences de la plèvre pulmonaire avec les parois du thorax ou du diaphragme; les autres des abcès, des cicatrices ou des tubercules dans la substance même du poumon; souvent on a observé des amas séreux dans les sacs des plèvres ou du péricarde; d'autres fois, c'étaient des altérations du cœur, une dilatation plus ou moins considérable de l'aorte; quelques vétérinaires assurent même n'avoir trouvé aucune trace de lésion sur des animaux morts poussifs. Il n'est donc pas encore possible, dans l'état actuel de l'art, d'avoir une opinion bien arrêtée sur la nature et le siège de la pousse. Mais il n'en est pas de même sur les symptômes qui caractérisent cette affection. Ils sont tellement apparents, que les yeux les moins exercés savent les reconnaître.

La pousse s'annonce ordinairement par une petite toux sèche, rare dans les commencements, mais qui devient ensuite plus fréquente et même quinteuse. Quelque temps après, on remarque une légère altération dans les mouvements du flanc; ils sont plus agités et les naseaux sont plus ouverts, lorsque le cheval est soumis à un exercice un peu rapide. Peu à peu cette altération augmente; elle devient telle, qu'elle se fait apercevoir à l'écurie. L'inspiration se fait en un seul temps, mais l'expiration se fait en deux; en sorte que le flanc s'élève graduellement, et retombe en marquant un temps d'arrêt au milieu de sa chute.

Les observations multipliées qui ont été faites sur les chevaux devenus poussifs prouvent que cette maladie a pour causes une nourriture trop abondante sans exercice, ou trop échauffante et continuellement sèche, des travaux trop forts et des courses trop rapides. Elle attaque plus particulièrement les chevaux d'un tempérament sanguin, grands mangeurs et bons travailleurs, et l'on a cru remarquer qu'elle se présentait plus souvent sur les chevaux entiers et les juments que sur les chevaux hongres.

Jusqu'à présent on ne connaît point de traitement contre la pousse; on ne peut qu'en retarder les progrès lorsqu'elle ne fait que commencer. Dès que l'on reconnaît à un cheval une prédisposition à la pousse, il faut lui supprimer entièrement le foin, et ajouter de temps à autre à sa paille et à son avoine, qui doivent être de première qualité, un peu de nourriture verte, de la luzerne ou du trèfle en été, et des carottes en hiver. Une ou deux petites saignées et quelques jours de barbotage contribuent singulièrement à diminuer, pendant un temps très-court, à la vérité, les symptômes de la pousse.

Quelques personnes prétendent que la pousse n'est point héréditaire, mais un grand nombre de cultivateurs ont cru remarquer que les chevaux provenus de juments ou d'étalons poussifs n'atteignent jamais l'âge de dix ans sans le devenir aussi.

Quant à la durée de cette maladie, elle est encore

indéterminée. On a vu des chevaux poussifs faire un excellent service pendant de longues années ; il est même à présumer qu'elle n'abrégerait que fort peu la vie du cheval, si l'on abusait moins de ses services, ou si on ne l'employait qu'à des allures lentes.

DIXIÈME CLASSE.

MALADIES DU PIED.

Nous avons réservé pour cette dixième et dernière classe toutes les affections du pied dont le siège se trouve au sabot même ou dans le sabot. La plus grande partie de ces affections provenant d'accidents particuliers, nous ne chercherons pas à les ranger plutôt dans tel ordre que dans tout autre, et nous les décrirons au fur et à mesure qu'elles se présenteront.

Atteintes. C'est ainsi que l'on appelle les contusions que le cheval se fait lui-même au bas de la jambe avec le fer d'un autre pied, ou qu'il reçoit d'un cheval marchant derrière lui ou à ses côtés. On dit atteinte lorsque la contusion est au-dessous du boulet, et nef-ferrure quand elle est au-dessus.

Si l'atteinte est légère, il suffit de la bassiner avec de l'eau froide et d'en éloigner ou d'en éviter la cause ; mais si elle est forte et se fait sentir profondément, on doit commencer par appliquer quelques cataplasmes émollients, et pratiquer ensuite des ouvertures propres à l'écoulement du pus qui se serait formé. On termine le traitement de la même manière que pour les plaies suppurantes.

Enchevêtrure. C'est une entamure transversale que le cheval se fait au pli du paturon, lorsqu'il se prend et s'embarrasse dans la longe de son licol. On traite les enchevêtrures comme les plaies. Elles sont plus difficiles à guérir lorsqu'elles sont profondes et vont jusqu'au tendon fléchisseur du pied, mais elles ne sont dangereuses qu'autant qu'on les néglige, et que la malpropreté ou le trop grand mouvement irrite la plaie.

Javart cartilagineux. Ce javart résulte d'un choc violent ou d'une piqûre; il est aussi quelquefois la suite de l'inflammation et de l'ulcération des parties environnantes, comme en général de toutes les parties négligées du pied.

Le javart cartilagineux débute ordinairement par une inflammation qui se manifeste à la couronne. Si l'on ne parvient pas à la calmer assez promptement, ou si on ne l'aperçoit que trop tard, lorsqu'il y a déjà formation de pus, ce pus, en séjournant près du cartilage latéral, l'enflamme, l'ulcère et le carie. Il faut alors avoir recours à la cautérisation ou à l'extirpation. Le premier de ces deux moyens n'est employé que lorsqu'il n'y a que quelques points du cartilage qui soient cariés, parce que, dans ce cas particulier, quelques pointes de feu suffisent; mais si le cartilage était fortement attaqué, comme l'emploi trop étendu de la cautérisation par le feu pourrait devenir dangereux en raison de la délicatesse des parties environnantes, il faut procéder à son extirpation totale. A cet effet, le cheval étant abattu, on commence par placer une forte ligature dans le paturon, afin de prévenir l'hémorragie; on enlève ensuite tout le quartier du sabot, on soulève la peau qui recouvre le cartilage, et l'on extirpe entièrement ce dernier, en l'enlevant par morceaux à l'aide de la feuille de sauge. Si la carie s'était étendue jusque sur l'os du pied, il faudrait enlever également toutes les parties cariées de cet os. Cette première opération terminée, on déterge avec de l'alcool camphré étendu d'eau, on rabat ensuite la peau sur les parties mises à nu, et l'on recouvre le quartier dont on a enlevé la corne d'étoupes imbibées d'eau alcoolisée; enfin, l'on enveloppe tout le pied d'étoupes de manière à ce qu'il soit partout également comprimé, et l'on place une bande.

La levée du premier appareil se fait cinq ou six jours après l'opération, un peu plus tôt dans les temps chauds, et un peu plus tard quand il fait froid. On dispose, à cet effet, tous les objets nécessaires au nouveau pansement, et après avoir enlevé la bande, on met le pied dans un bain d'eau tiède, pour détacher plus facilement les étoupes sans irriter les plaies. Les pansements suivants seront plus ou moins fréquents, selon que la suppuration sera plus ou moins abondante.

Javart encorné. Le javart encorné est celui qui a son siège sous la corne. Ce javart survient le plus ordinairement à l'un des quartiers. Il se manifeste par une douleur vive qui fait boiter l'animal, et par un gonflement inflammatoire de la partie de la couronne qui l'avoisine.

Le javart encorné n'est pas plus difficile à traiter que le javart simple dont nous avons déjà parlé; mais il est bien plus important de ne point apporter le moindre retard dans son traitement, car la corne qui est un corps dur s'opposant au développement naturel de l'inflammation, le mal prend de l'étendue, le pus se forme, et par son infiltration dans le tissu feuilleté, finit bientôt par opérer la distension du sabot et du pied.

Lorsque le javart encorné se trouve près de la couronne, on en favorise la maturation par les moyens déjà indiqués, le bourbillon ne tarde pas à sortir ; mais lorsqu'il est plus bas, plus profond, il faut, après avoir ramolli la corne par des applications émollientes, enlever toute la partie du sabot qui recouvre le mal, de manière à n'avoir plus à traiter qu'une simple plaie.

Fourbure. C'est ainsi que l'on désigne l'inflammation générale du tissu réticulaire du pied. Cette inflammation parcourt ses différentes périodes tantôt avec rapidité, tantôt avec lenteur, d'où naît la distinction de fourbure aiguë et de fourbure chronique. La fourbure s'annonce ordinairement par une grande lassitude, qui est accompagnée de fièvre lorsque l'affection est aiguë. Bientôt après les symptômes inflammatoires apparaissent. On les reconnaît à la chaleur considérable du pied et à la douleur qu'éprouve l'animal, douleur qui le force à ne s'appuyer que sur les autres membres, lorsqu'il n'y en a qu'un de fourbu. Quand il y en a deux, si ce sont les antérieurs, il se tient campé du devant ; si ce sont au contraire les postérieurs, il se tient entièrement sous lui du derrière. Enfin, quand il est fourbu des quatre pieds, il a dans la station les jambes très-écartées, et, dans la marche, il pose les extrémités sur le sol de manière à ne faire son appui qu'en talon. La corne ne tarde pas à se détacher du tissu réticulaire, et poussée par la nouvelle corne qui se forme, elle se jette en avant et prend une direction irrégulière. L'os du pied, qui est également poussé, mais en sens contraire, se renverse de manière que son bord inférieur s'abaissant en pince, détermine un croissant sur la sole.

Les causes de la fourbure sont bien connues : ce sont les marches forcées, les travaux excessifs long-temps continués, les courses longues et rapides sur des terrains durs, un long repos après de longs voyages, l'appui continuel sur un pied lorsque le voisin est malade, une trop grande quantité d'aliments excitants, l'abus des graines nouvellement récoltées, l'usage inconsidéré de l'orge en grains ou des céréales vertes, les boissons trop froides, et enfin les ferrures trop courtes et comprimantes.

Dès que l'on reconnaît les premiers symptômes de la fourbure, il faut enlever le fer avec précaution, et ne le rattacher qu'avec quatre clous, de manière que le pied soit à son aise, procurer au cheval une bonne litière, le saigner et le mettre à la paille et à l'eau blanche nitrée. Si ces premiers soins ne suffisent pas pour dissiper l'inflammation, on bouchonne le cheval fortement et fréquemment pour activer les fonctions de la peau, on fait prendre des bains locaux de rivière, s'il y a possibilité, et, dans le cas contraire, on les remplace par de fréquentes lotions résolutives et astringentes. Enfin on termine le traitement par des frictions dérivatives d'huile de térébenthine sur les genoux ou sur les jarrets, suivant les pieds malades.

Seimes. Les seimes sont des fentes qui se forment sur la corne, et qui partant de son bord supérieur, descendent en suivant la direction de ses fibres. Ces fentes peuvent survenir dans toute l'étendue de la muraille. Celles qui se forment en pince sont dites seimes en pied de bœuf, et l'on appelle seimes quartes celles qui sont en quartiers.

Quand une seime est récente et superficielle, il suffit ordinairement de graisser le sabot près de la couronne pour la faire disparaître ; mais lorsqu'elle est déjà ancienne et profonde, il faut enlever la corne de ses deux bords en creusant jusqu'au vif, et panser la plaie comme une plaie simple.

Bleime. C'est une meurtrissure de la sole produite ordinairement par le choc des pieds sur les cailloux pendant la marche, ou par la compression prolongée d'un corps dur qui se loge entre le fer et la sole.

Lorsque la meurtrissure n'est que légère, la bleime n'a aucune suite ; on ne la reconnaît même que plus tard aux stries de sang que l'on découvre lorsque l'on pare la sole. Mais quand la contusion ou la pression a été forte, il en résulte une inflammation qui cause de la douleur et fait boiter l'animal ; la suppuration s'y établit bientôt, soulève la corne, et produirait les accidents les plus graves si l'on n'y remédiait pas très-promptement.

Lorsque l'abcès est très-circonscrit, il faut n'enlever que la corne nécessaire pour le mettre à découvert ; mais s'il occupe toute l'étendue du pied, il faut le dessoler entièrement, et panser dans les deux cas comme on l'a indiqué pour les plaies simples. Pour rendre les pansements plus faciles, on adapte au pied malade un fer à planche et à coulisse.

Cerises. Ce sont des excroissances charnues qui viennent sur les plaies de la sole de chair. Lorsqu'elles sont petites et que la plaie est de bonne nature, on les fait disparaître par une simple compression ; si elles sont plus considérables, on les enlève avec un instrument tranchant, et dans le cas de plaie de mauvaise nature, on les cautérise par le moyen des caustiques.

Ognon. C'est une exubérance qui se remarque à la sole, et qui est produite par une exostose de la face plantaire de l'os du pied. Cette affection est incurable, mais on peut y remédier par la ferrure, en employant un fer couvert et bombé qui recouvre l'ognon et l'empêche de poser sur le sol.

Sole foulée. Lorsque le cheval marche long-temps sans fer sur un terrain dur, ou bien encore lorsque la sole repose sur un fer qui n'a point assez d'ajusture, il en résulte une foulure plus ou moins forte. Si l'on reconnaît de suite le mal, il faut chercher à éviter l'inflammation, et l'on y parvient facilement au moyen des applications résolutives, telles que l'eau froide, la suie de cheminée délayée dans du vinaigre, etc. ; mais s'il est trop tard, si l'inflammation existe déjà, il faut commencer par la calmer, et la traiter ensuite comme une plaie simple.

Sole desséchée et brûlée. La sole peut être desséchée et même brûlée par l'application d'un fer trop chaud. Dans le premier cas, quelques jours de repos pendant lesquels on applique des cataplasmes suffisent pour calmer la douleur et redonner de la souplesse à la sole; mais dans le second, la sole de chair devenant suppurante, il est nécessaire de dessoler le pied; on le panse alors comme précédemment.

Fourchette échauffée. C'est une légère altération de la fourchette, qui consiste dans le suintement d'une humeur puriforme et noirâtre qui s'amasse et séjourne dans le vide de la fourchette. Cette altération se présente particulièrement sur les pieds négligés, et lorsque les chevaux habitent des écuries humides dont on ne renouvelle pas la litière assez souvent.

Quand l'affection est récente, il suffit, pour la faire disparaître, d'éviter les causes qui l'ont déterminée, c'est-à-dire, de parer convenablement le pied et de le tenir propre et sec; mais quand elle est ancienne, et que la fourchette a déjà un commencement de désorganisation, il faut, après avoir abattu toutes les parties qui suintent, bassiner avec de l'eau fortement vinaigrée ou chargée d'acétate de plomb.

Fourchette pourrie. Cette affection n'est qu'une dégénérescence de la précédente. La fourchette devient insensiblement molle, filandreuse, et laisse échapper une humeur noire et fétide. On la pare jusqu'au vif, et l'on fait des lotions comme ci-dessus.

Crapaud. Cette maladie qui commence toujours par les deux précédentes, se manifeste par le suintement d'une humeur fétide et par la formation d'une substance cornée qui pousse des racines dans toutes les parties du pied, y compris l'os. Quand la maladie est arrivée à ce dernier degré, elle est incurable, et l'on n'a d'autre ressource qu'à user l'animal dans l'état où il est, en le ferrant toutefois de manière que les parties malades ne soient point blessées par le sol. Le crapaud n'est pas non plus curable, lorsqu'au lieu d'être le résultat de la malpropreté et d'un long séjour sur les fumiers, il est le produit d'un vice organique. Il est par conséquent très-important, avant d'entreprendre aucune opération à cet égard, de tâcher de découvrir le degré du mal et sa cause première.

Si le crapaud est accidentel et qu'il offre encore quelques chances de guérison, on commence par dessoler le pied ; on enlève ensuite avec une feuille de sauge toutes les parties filandreuses, à quelque profondeur qu'elles soient. Cette première opération terminée, on fixe au pied malade un fer à planche et à coulisse, puis on panse le pied avec des étoupes sèches, ou seulement imbibées d'eau alcoolisée, de manière que la compression soit égale sur toutes les parties.

Au bout de cinq jours la suppuration étant établie, on lève le premier appareil. Si l'on remarque une nouvelle végétation de filaments cornés, on les supprime au moyen de l'instrument tranchant, et l'on a soin, dans le deuxième pansement, de recouvrir les bourgeons charnus de petits plumasseaux chargés d'onguent égyptiac. Ces nouveaux pansements seront renouvelés tous les jours, et puis on les éloignera successivement au fur et à mesure que la plaie se cicatrisera. Pendant tout le temps que durera le traitement, le cheval sera nourri modérément et souvent promené au pas.

Piqûres et clous de rue. Les piqûres sont extrêmement douloureuses, et produisent les accidents les plus graves si l'on n'y porte promptement remède. Le pus qui se forme au fond de la plaie n'ayant point une issue suffisante, se propage bientôt dans toutes les parties du pied, et soulève le sabot qui ne tarde pas à tomber.

Les piqûres peuvent être faites par des clous de rue ou par tout autre corps pointu sur lequel le cheval pose son pied en marchant, ou bien encore par un des clous qui servent à fixer le fer au sabot, soit que ce clou prenne une fausse direction lorsque le maréchal l'enfonce, soit que l'étampure soit trop éloignée de la rive externe. Ces différentes piqûres présentent les mêmes résultats, et le traitement à leur appliquer ne dépend que de la profondeur à laquelle le corps vulnérant a pénétré, ainsi que du temps qui s'est écoulé depuis le moment de leur introduction jusqu'à celui de leur sortie.

Si l'on s'aperçoit de suite que le cheval a été piqué, il faut d'abord arracher le clou quand il est resté dans le pied; on prévient ensuite l'inflammation par des cataplasmes émollients que l'on renouvelle fréquemment. L'accident se dissipe en peu de jours. Mais si le mal est déjà ancien, si le tissu réticulaire est déjà enflammé, et que la suppuration soit inévitable, il faut opérer le pied. A cet effet, on enlève toute la corne qui environne la blessure, on taille aussi dans le tissu réticulaire de manière à mettre à découvert le fond de la piqûre, et la plaie étant ainsi ramenée à l'état de plaie simple, on la panse comme à l'ordinaire.

Si le clou a pénétré dans l'os du pied, comme alors il y a presque toujours une exfoliation de la partie attaquée de l'os, il faut entretenir une plaie grande et large, pour que cette exfoliation qui devient corps étranger puisse se détacher et tomber. Il faut aussi disposer les étoupes dans la plaie de manière à prévenir des compressions irrégulières sur la surface de la blessure.

CONCLUSION.

Le cheval soumis à l'état de domesticité est encore sujet à une multitude d'indispositions et de petits accidents dont nous n'avons point parlé, mais qu'avec un peu d'habitude on reconnaîtra facilement, et auxquels on appliquera les soins convenables.

Il est indispensable d'apprendre à saisir de suite lorsque le cheval est malade. Pour y parvenir, il faut examiner avec soin et pendant quelque temps les chevaux de l'infirmerie. Les symptômes généraux qui dénoncent la présence des maladies et des accidents se graveront dans la mémoire, et l'œil s'accoutumera bien vite à les reconnaître.

En général, le cheval malade a l'œil morne, les oreilles penchées et la tête basse, le poil hérissé, terne ou piqué, la respiration gênée, les flancs creux et cordés, battant irrégulièrement, plus ou moins fortement.

Le cheval malade paraît inquiet et agité ; il regarde souvent ses flancs, tantôt l'un, tantôt l'autre, et se lève et se couche fréquemment. Sa bouche est sèche et brûlante ; sa langue est rouge, ou bien elle est pâle et chargée de matières saburrales. Ses urines sont rares, épaisses et très-odorantes ; ses excréments ou secs et brûlés, ou liquides et fétides, quelquefois même sanguinolents. Enfin, l'appétit et le sommeil augmentent ou diminuent considérablement.

Lorsque quelques-uns de ces symptômes apparaîtront, on sera sûr que le cheval est malade ou indisposé ; il faudra dès lors en rechercher la cause, et faire l'application des principes établis dans cette dernière subdivision du traité.

FIN DE LA 2.ᵉ PARTIE.

APPENDICE.

GÉNÉRALITÉS.

Pour atteindre plus sûrement le but que nous nous sómmes proposé dans cette dernière partie du traité, nous croyons devoir la faire suivre d'un aperçu très-succinct de pharmacie vétérinaire, aperçu dans lequel nous nous bornons à faire connaître les effets et la composition des principaux médicaments employés dans le traitement des maladies du cheval. Quant à la manipulation, nous en abandonnons le soin au pharmacien. L'officier qui se trouvera dans le cas d'employer un médicament, lui en enverra tout simplement la formule.

On donne le nom de médicaments à toutes les substances, simples ou composées, qui jouissent de la propriété de modifier l'état actuel des organes.

Les médicaments sont internes ou externes. Les premiers sont pris à l'intérieur, et les deuxièmes appliqués à l'extérieur.

On appelle médicaments officinaux ceux qui sont tout préparés dans les pharmacies d'après des formules constantes, et médicaments magistraux ceux que le pharmacien prépare au moment même du besoin et d'après la formule du vétérinaire.

On distingue encore les médicaments d'après leurs effets thérapeutiques ; ainsi, les uns sont toniques, fortifiants, stimulants, etc., et les autres émollients, relâchants, laxatifs, purgatifs, etc.

Les toniques sont des médicaments dont l'action générale sur l'économie animale tend à augmenter l'énergie des organes. Ils rendent les contractions du cœur plus fortes sans être plus fréquentes, les digestions plus rapides et plus complètes, et les matières fécales plus consistantes et mieux élaborées.

Les médicaments toniques sont composés de substances qui jouissent elles-mêmes de la propriété d'être toniques. Ces substances sont tirées du règne minéral et du règne végétal. On cite parmi les premières le peroxide de fer, le sous-carbonate et le sulfate de fer et le tartrate de potasse, et, parmi les deuxièmes, le quinquina, le sulfate et l'acétate de quinine, la gentiane, la petite centaurée, la chicorée sauvage et l'aunée.

Les fortifiants sont des substances dont l'effet lent et progressif est de nourrir l'animal et de réparer ses forces épuisées par une action trop long-temps prolongée. Ils comprennent les restaurants, les cordiaux, les analeptiques et les stomachiques.

Les excitants ou stimulants ont la propriété d'augmenter l'énergie et la rapidité des fonctions vitales. Dès qu'ils entrent dans le torrent de la circulation, les contractions du cœur deviennent plus rapides et plus fortes, la respiration plus accélérée, et la chaleur animale plus grande. Ils diffèrent des toniques en ce que leurs effets sont plus prompts et de moindre durée.

Les excitants ou stimulants agissent sur toute l'économie ou seulement sur des organes isolés ; de là des excitants généraux et des excitants spéciaux.

Les excitants généraux tirés du règne minéral sont : l'hydrochlorate, l'acétate et le sous-carbonate d'ammoniaque, les arséniates de potasse, de soude et de fer, les chlorures de soude et de fer, et les eaux minérales acidules gazeuses. Le règne végétal donne la cannelle, la vanille, la muscade, le girofle, le piment, le poivre, l'absinthe, la camomille romaine, la menthe, la sauge, la lavande, le thym, la térébenthine, etc.

Les excitants spéciaux forment cinq classes :

1.º Les excitants qui agissent sur le système rénal. On les nomme diurétiques, parce qu'en agissant particulièrement sur les reins, ils les stimulent et augmentent ainsi la sécrétion des urines. L'urée parmi les substances animales, les sous-carbonates, les bi-carbonates et les acétates de potasse et de soude parmi les substances minérales, ainsi que la bugrane, l'aloès et la pariétaire parmi les végétales, sont les diurétiques le plus généralement employés.

2.º Les excitants qui agissent sur la peau. On les nomme sudorifiques ou diaphorétiques, parce qu'ils augmentent la transpiration cutanée. Les sudorifiques le plus généralement employés sont les préparations sulfureuses et ammoniacales, les racines d'ellébore et d'angélique, les fleurs de sureau, la salsepareille, le bois de gaïac et la thériaque dans le vin.

3.º Les excitants qui agissent sur les organes de la génération. On les nomme emménagogues et aphrodisiaques; tels sont le safran, la rue odorante, la sabine et les cantharides.

4.º Les excitants qui agissent sur le système glandulaire, comme l'iode, le mercure et la chaux.

5.º Enfin les excitants dont l'action se porte spécialement sur le système nerveux. On les nomme antispasmodiques et narcotiques.

Les antispasmodiques fortifient le système nerveux en même temps qu'ils régularisent son action, apaisent les douleurs et calment l'agitation; tels sont les éthers, le camphre, les fleurs d'oranger, les fleurs et feuilles de tilleul, etc.

Les narcotiques ou stupéfiants exercent une espèce d'engourdissement du système nerveux et particulièrement du cerveau. Cet état est caractérisé par la diminution de la vue, l'affaiblissement du système musculaire, un sommeil plus ou moins profond, ou plus ou moins agité. Parmi les narcotiques on cite l'opium, la morphine, la belladone, le laurier-cerise, etc.

Les anodins, les calmants, les adoucissants et les émollients ne diffèrent que par des nuances si faibles, qu'on les réunit ordinairement. Ils ont la propriété de calmer les irritations et d'apaiser les douleurs. Lorsque leur emploi a principalement pour but de calmer les irritations de poitrine, on les nomme béchiques ou pectoraux; tels sont les poudres d'aunée, de réglisse et d'iris, la gomme arabique, le miel, l'huile d'amandes douces, etc.

Les tempérants, les rafraîchissants et les antiphlogistiques ont la propriété de ralentir, de modérer la trop grande activité des organes; tels sont le nitrate de potasse, la crème de tartre, les acides acétique et sulfurique fortement étendus d'eau, la chicorée, l'oseille, la laitue, la farine d'orge et de seigle, etc.

Les émétiques sont des substances qui excitent les contractions de l'estomac et des muscles abdominaux, provoquant par conséquent les vomissements; tels sont le tartrate de potasse et d'antimoine, le sulfure d'antimoine et le kermès minéral.

Les purgatifs déterminent à la surface interne des intestins une irritation passagère d'où résultent des sécrétions plus ou moins abondantes, et des évacuations alvines plus ou moins fréquentes et liquides. On cite parmi les purgatifs tirés du règne minéral les sulfates de soude, de magnésie et de potasse, et parmi les substances végétales le jalap, la coloquinte, l'aloès, l'ellébore blanc et la rhubarbe. En général, les purgatifs minéraux agissent avec moins de violence que les végétaux.

Les laxatifs ou relâchants produisent également des évacuations alvines, mais c'est par suite de l'action relâchante qu'ils exercent sur les surfaces internes des intestins, ou de la grande quantité de liquide qu'ils introduisent dans le corps. Leur emploi prolongé finit bien par purger, mais par purger sans secousse et sans contraction. La magnésie, la crème de tartre, la casse, le miel et la manne sont d'excellents laxatifs.

Les astringents sont des substances qui, mises en contact avec les tissus, y déterminent une sorte de resserrement fibrilaire en même temps qu'ils y exercent une action tonique. Pris à l'intérieur, ils diminuent les sécrétions intestinales et resserrent l'animal. On leur donne plus particulièrement les noms de restrinctifs ou styptiques, lorsqu'ils sont appliqués à l'extérieur.

Les substances astringentes le plus généralement employées dans la médecine vétérinaire sont : la noix de galle, les écorces de chêne et de grenadier, la racine de bistorte, les préparations de fer, l'acétate de plomb, et les sulfates de zinc et d'alumine.

Les caustiques, par leur action chimique sur les substances animales, désorganisent les parties du corps avec lesquelles elles sont mises en contact. On appelle escarotiques celles qui agissent fortement, et cathérétiques celles dont l'action est moins énergique. On cite parmi les premiers la potasse, la soude caustique, le nitrate d'argent, les acides sulfurique, nitrique et muriatique, le sublimé corrosif, etc., et, parmi les seconds, l'alun calciné, le sulfate de cuivre et le nitrate de mercure.

Les rubéfiants ou épispastiques appliqués sur la peau y déterminent une inflammation passagère. Lorsque leur action se prolonge, elle provoque une sécrétion de sérosités qui s'amassent sous l'épiderme, le détache du derme, et produit une ampoule. On se sert des épispastiques pour déplacer une irritation fixée sur un organe important, ou pour l'appeler au dehors lorsqu'elle est interne; ils prennent alors le nom de révulsifs.

La moutarde, l'euphorbe et les cantharides sont les rubéfiants les plus employés.

Les expectorants sont des substances qui favorisent la sécrétion et l'expulsion des matières visqueuses qui, dans certaines affections, obstruent les poumons.

Les carminatifs enfin sont celles qui favorisent l'expulsion des gaz qui se dégorgent dans les voies digestives.

MÉDICAMENTS INTERNES.

BOISSONS ET BREUVAGES.

On appelle boissons les liquides que l'animal prend par lui-même, et breuvages ceux qu'il ne prend qu'à l'aide de moyens coercitifs. L'eau pure, l'eau miellée ou nitrée, l'eau gommeuse, l'eau blanchie, l'eau de guimauve ou d'orge, sont des boissons. Les infusions et les décoctions, auxquelles on ajoute presque toujours quelques substances pour les rendre plus actives ou modérer leurs effets, forment des breuvages.

On pourrait fort bien, pour faire une infusion ou une décoction, ne se servir que d'une seule plante; mais le plus souvent on emploie le mélange de plusieurs de celles qui jouissent des mêmes propriétés, parce que l'expérience a prouvé qu'il résultait de ce mélange une action plus prompte et plus énergique. Les diverses collections de plantes jouissant des mêmes propriétés forment ce que l'on appelle les *espèces*. Ces diverses collections se trouvent toutes formées dans les pharmacies, sous les dénominations d'espèces amères, espèces astringentes, espèces émollientes, espèces cordiales, vermifuges, sudorifiques, etc.

Voici maintenant la composition des principaux breuvages que l'on peut être dans la nécessité d'administrer au cheval.

Breuvage amer.

℞ Espèces amères. . . . . 2 onces.
Extrait de gentiane. . . . . » gros.

31

Breuvage astringent.

℞ Espéces astringentes. . . . . 1 once 1/2
Miel. . . . . 2 onces.

Breuvage adoucissant.

℞ Tétes de pavot blanc. 6
Gomme arabique en poudre. . . . . 2 onces.
Huile d'olive. . . . . 5 onces.
Miel blanc. . . . . 4 onces.

Breuvage béchique.

℞ Espèces béchiques. . . . . 2 onces.
Gomme arabique en poudre. . . . . 1 once.
Miel blanc. . . . . 4 onces.

Breuvage cordial.

℞ Espèces cordiales. . . . . 4 onces.
Alcool vulnéraire. . . . . 2 onces.

Breuvage carminatif.

℞ Espèces carminatives. . . . . 5 onces.
Ether sulfurique. . . . . 2 onces.

Breuvage diurétique.

℞ Nitrate de potasse purifié. . . . . . 2 onces.
Miel. . . . . 6 onces.

Breuvage diaphorétique.

℞ Thériaque. . . . . 3 onces.
Camphre. . . . . 1 gros.
Sous-carbonate d'ammoniaque. . . . 1 once.
Vin rouge. . . . . 1 litre 1/2

Breuvage purgatif ordinaire.

℞ Aloès en poudre. . . . . 1 once.
Sulfate de magnésie. . . . . 2 onces.
Anis en poudre. . . . . 4 gros.

Breuvage vermifuge.

℞ Espèces vermifuges. . . . . 4 onces.
Muriate de soude. . . . . 2 onces.

Breuvage vulnéraire.

℞ Espèces aromatico-vulnéraires. . . . 2 onces.
Tartrate de fer. . . . . 4 gros.

LAVEMENTS.

Lavement adoucissant.

℞ Graine de lin. . . . . 2 onces.
Fécule de pomme de terre. . . . . . 1 once.

Lavement astringent.

℞ Espèces astringentes. . . . . 6 onces.

Lavement émollient.

℞ Espèces émollientes. . . . . 3 poignées.
Graine de lin. . . . . 1 once.

Lavement carminatif.

℞ Fleurs de camomille romaine. . . . 1 poignée.
Fleurs de mélilot. . . . . 1 poignée.
Semence de fenouil . . . . 1 once.
Têtes de pavot blanc. 6

Lavement vermifuge.

℞ Espèces vermifuges. . . . . 4 onces.
Savon vert. . . . . 2 onces.
Huile empyreumatique. . . . . . . 1 once 1/2.

Lavement purgatif.

℞ Espèces émollientes. . . . . 2 poignées.
Feuilles de séné. . . . . 2 onces.
Miel. . . . . 4 onces.

ÉLECTUAIRES ET OPIATS.

Les électuaires et les opiats sont des médicaments de consistance molle, auxquels on donne plus particulièrement le nom d'électuaires lorsqu'ils sont officinaux, et celui d'opiats lorsqu'ils sont magistraux. Les uns et les autres se composent de certaines poudres et de miel. Ces poudres sont faites de racines et d'écorces, et on réunit celles qui jouissent des mêmes propriétés, comme on le fait de certaines feuilles et fleurs, pour former les espèces.

Electuaire contre la toux, administré à la dose de 3 onces.

℞ Poudre béchique incisive. . . . . . . 10 parties.
 Kermès minéral. . . . . 2 parties.
 Miel. . . . . 20 parties.
 Vin rouge. . . . . quantité suffisante.

Electuaire cordial, administré à la dose de 2 onces.

℞ Terre sigillée. . . . . ⎫
 Pierre d'écrevisse préparée. . . . . ⎬ de chaque 3 parties.
 Cannelle. . . . . ⎭
 Ecorce d'orange. . . . . ⎫
 Feuilles de dictame. . . . . ⎪
 Sandal citrin. . . . . ⎬ de chaque 1/2 partie.
 Safran oriental. . . . . ⎪
 Myrrhe. . . . . ⎭
 Miel blanc. . . . . 32 parties.

Electuaire fortifiant, administré à la dose de 4 onces.

℞ Racine de bistorte. . . . . ⎫
 Id. de gentiane. . . . . ⎪
 Id. de consoude. . . . . ⎬ de chaque 1 partie.
 Ecorce de grenade . . . . ⎪
 Id. de cannelle. . . . . ⎪
 Roses rouges. . . . . ⎭

Gomme arabique. . . . . } de chaque 3 parties.
Bol d'Arménie préparé. . . . . . .

Racine de galanga. . . . . 2 parties.

Extrait d'opium. . . . . 6 parties.

Miel dépuré. . . . . 48 parties.

Vin rouge. . . . . quantité suffisante.

Opiat astringent, administré à la dose de 4 onces.

♃ Poudre astringente. . . . . 1 livre.

Miel. . . . . 2 livres.

Eau. . . . . quantité suffisante.

Opiat béchique adoucissant, administ. à la dose de 4 onces.

♃ Poudre de guimauve. . . . . 4 onces.

Id. de réglisse . . . . 4 onces.

Extrait de pavot. . . . . 2 onces.

Huile d'olive.. . . . . 4 onces.

Miel. . . . . 1 livre.

Opiat béchique incisif, administré à la dose de 4 onces.

♃ Poudre de guimauve. . . . . 4 onces.

Id. de réglisse. . . . . 4 onces.

Id. d'aunée. . . . . 2 onces.

Soufre sublimé. . . . . 2 onces.

Kermès minéral. . . . . 3 onces.

Miel. . . . . 24 onces.

Opiat cordial, administré à la dose de 6 onces.

♃ Poudre cordiale.. . . . . 4 onces.

Miel . . . . 4 onces.

Vin rouge. . . . . quantité suffisante.

Opiat tonique, administré à la dose de 6 onces.

♃ Extrait de gentiane . . . . 1 once.

Poudre de quinquina. . . . . 2 onces.

Id. de cannelle . . . . 1 once.

Id. de noix vomique. . . . . . . 4 gros.

Oxide brun de fer . . . . 2 onces.

Miel . . . . 1 livre.

BOLS OU PILULES.

Les bols ou pilules sont des opiats de consistance solide et de forme arrondie que l'on fait avaler au cheval au moyen d'un petit instrument nommé piluliaire. Cet instrument n'est autre chose qu'un cylindre de bois tendre de 18 ou 20 lignes de diamètre sur 18 ou 20 pouces de longueur, qui reçoit un piston destiné à chasser les pilules au fond de l'arrière-bouche du cheval.

Pilules béchiques adoucissantes.

℞ Blanc de baleine . . . . **1** once.
Gomme arabique . . . . **1** once.
Fleur de soufre. . . . . **1** once.
Extrait de pavot . . . . **4** gros.
Miel, quantité suffisante pour faire 6 pilules.

Pilules purgatives.

℞ Aloès succotrin en poudre . . . . . **1** once 1/2.
Tartrate acidule de potasse **1**
Anis en poudre. . . . . **4** gros.
Miel, quantité suffisante pour faire 4 pilules.

Pilules vermifuges et purgatives.

℞ Aloès succotrin en poudre. . . . . . **1** once.
Rhubarbe indigène. . . . . **4** gros.
Sulfure noir de mercure. . . . . . . **1** once.
Sirop de nerprun, quantité suffisante pour faire 8 pilules.

Pilules antifarcineuses, pour 6.

℞ Assa fœtida larmeleux . . . . **5** onces.
Sulfure de mercure. . . . . **2** onces.
Muriate de chaux. . . . . **5** gros.
Poudre de galanga . . . . **1** once.
Onguent mercuriel double . . . . . **2** onces.

MASTIGADOURS.

Les mastigadours sont des opiats que l'on renferme dans des enveloppes de toile, et que l'on suspend dans la bouche du cheval pour l'obliger à mâcher et provoquer ainsi la salivation ou la succion.

Mastigadour adoucissant.

℞ Poudre de guimauve. . . . . 1 once.
　Id. de réglisse. . . . . 1 once.
　Id. de gomme arabique. . . . . 1 once.
Miel. . . . . 1 once.

Mastigadour appétissant.

℞ Assa fœtida larmeleux . . . . 1 once.
Muriate de soude . . . . 1 once.
Mastic en poudre . . . . 1 once.
Galanga en poudre . . . . 1 once.

Mastigadour tempérant.

℞ Poudre de guimauve. . . . . 1 once.
　Id. de réglisse. . . . . 1 once.
Tartrate acidule de potasse . . . . . 5 onces.

MÉDICAMENTS EXTERNES.

LOTIONS.

Les lotions ne sont autre chose que des bains partiels destinés à laver, déterger les plaies, ramollir les engorgements, répercuter les humeurs, prévenir l'extravasion du sang, etc.

Lotion astringente.

℞ Espèces astringentes. . . . . 1 livre.
Acétate de plomb liquide. . . . . . 4 onces.
Eau. . . . . 5 litres.

Lotion émolliente.

℞ Espèces émollientes. . . . . 6 poignées.
Semence de lin. . . . . 2 onces.
Têtes de pavot. 12
Eau.. . . . . 5 litres.

Lotion fortifiante.

℞ Espèces aromatiques. . . . . 4 poignées.
Eau.. . . . . 3 litres.
Alcool à 22°. . . . . 1/2 litre.

Lotion résolutive.

℞ Alcool vulnéraire . . . . 1/2 litre.
Acétate de plomb liquide. . . . . . 6 onces.
Muriate d'ammoniaque. . . . . . . 2 onces.
Eau. . . . . 4 litres.

Lotion antipsorique.

℞ Feuilles de nicotiane. . . . . 2 parties.
Muriate de soude. . . . . 3 parties.
Savon vert. . . . . 2 parties.
Eau . . . . 52 parties

INJECTIONS.

Les injections sont destinées à remplacer les lotions dans les cavités naturelles, telles que les fosses nasales, le canal de l'urètre, etc., et quelquefois dans les ulcères fistuleux.

Injection astringente.

℞ Espèces astringentes . . . . 4 onces.
Eau, quantité suffisante pour avoir un litre de décoction.
Miel.. . . . . 4 onces.
Sulfate d'alumine. . . . . 1 once.
Alcool de Rabel. . . . . 4 gros.

Injection émolliente.

♃ Espèces émollientes . . . . 2 poignées.
Graine de lin. . . . . 1 once.
Eau . . . . 1 litre.

Injection détersive.

♃ Vin rouge . . . . 20 parties.
Alcool vulnéraire . . . . 4 parties.
Id. camphré. . . . . 4 parties.
Teinture d'aloès. . . . . 4 parties.

COLLYRES.

On donne le nom de collyres à des médicaments externes que l'on emploie dans les maladies d'yeux.

Collyre astringent.

♃ Eau distillée de rose. . . . . 1 litre.
Sulfate de zinc. . . . . 1/2 gros.
Sulfate d'alumine. . . . . 1/2 gros.
Sulfate de cuivre . . . . 1/2 gros.
Acétate de plomb. . . . . 2 gros.
Eau, quantité suffisante pour dissoudre.
Alcool camphré. . . . . 2 gros.

Collyre émollient.

♃ Infusion de fleurs de mauve. . . . . 1/2 livre.
Id. de fleurs de sureau. . . . . 1/2 livre.
Muriate d'ammoniaque . . . . 2 gros.

Collyre fortifiant.

♃ Sulfate de zinc. . . . . 1/2 gros.
Iris de Florence en poudre. . . . . 2 gros.
Tutie préparée . . . . 2 gros.
Alcool vulnéraire . . . . 4 gros.
Eau . . . . 2 litres.

Collyre antiophthalmique.

♃ Beurre frais. . . . . 1 once.
Oxide gris de zinc. . . . . 1/2 gros.
Oxide de mercure rouge. . . . . . 20 grains.
Camphre. . . . . 6 grains.

CATAPLASMES.

Les cataplasmes sont des médicaments que l'on applique à l'extérieur pour calmer les irritations, apaiser les inflammations, ramollir et dissoudre les tumeurs, ranimer et fortifier les parties faibles. On leur donne le nom de topiques lorsqu'ils se préparent à froid.

Cataplasme émollient.

♃ Poudre émolliente composée. . . . . 6 poignées.
Eau, quantité suffisante pour obtenir une consistance un peu ferme.
Ce cataplasme devient maturatif en ajoutant 4 onces d'onguent basilicum.

Cataplasme adoucissant.

♃ Mie de pain de froment . . . . . . 4 poignées.
Farine de lin. . . . . 2 poignées.
Décotion de 10 têtes de pavot, en quantité suffisante.
Safran gâtinais en poudre. . . . . . 4 gros.

Cataplasme résolutif.

♃ Farine de lin. . . . . 4 poignées.
Poudre de ciguë . . . . 2 poignées.
Muriate d'ammoniaque. . . . . . . 4 onces.
Vinaigre. . . . . quantité suffisante.

Cataplasme excitant.

♃ Poudre aromatico-vulnéraire. . . . . 4 poignées.
Résine en poudre. . . . . 2 onces.
Teinture de cantharides. . . . . . 4 onces.
Vin rouge . . . . quantité suffisante.

Cataplasme rubéfiant.

℞ Poudre de moutarde. . . . . 6 poignées.
   Id. d'euphorbe. . . . . 1 once.
   Id. de cantharides . . . . 1 once.
  Vinaigre. . . . . quantité suffisante.

Sinapisme simple.

℞ Farine de moutarde et vinaigre très-fort, quantité suffisante.

ONGUENTS.

Les onguents sont des médicaments de consistance molle que l'on applique sur des parties malades. On les emploie fréquemment dans la médecine vétérinaire.

Onguent basilicum (maturatif et suppuratif).

℞ Poix noire. . . . . 10 parties.
  Colophane. 8
  Cire jaune. 8
  Suif. 2
  Huile d'olive. 35

Onguent populéum (émollient et calmant).

℞ Bourgeons secs de peuplier noir. . . 6 parties.
  Feuilles récentes de pavot. . . . . . 2 *idem.*
   Id. de jusquiame noire. . . . . 2 *idem.*
   Id. de bardane. . . . . 2 *idem.*
   Id. de belladone. . . . . . . 2 *idem.*
   Id. de morelle noire. . . . . . 10 *idem.*
  Axonge. . . . . 56 *idem.*

Onguent égyptiac (détersif).

℞ Oxide de cuivre brut. . . . . . . 4 parties.
  Oxide blanc d'arsenic. . . . . . . 1 *idem.*
  Acide acétique. . . . . 4 *idem.*
  Miel. . . . . 8 *idem.*

Onguent de laurier (fortifiant).

♃ Huile de laurier pure. . . . . 4 parties.

Axonge de porc. . . . . 3 *idem*.

Suif de mouton. . . . . 2 *idem*.

Onguent d'althæa (résolutif et adoucissant).

♃ Huile d'olive. . . . . 4 parties.

Id. de lin . . . . 4 *idem*.

Semence de fenugrec. . . . . . . 2 *idem*.

Cire jaune. . . . . 2 *idem*.

Poix-résine. . . . . 2 *idem*.

Térébenthine. . . . . 2 *idem*.

Onguent antipsorique.

♃ Mercure cru. . . . . 6 parties.

Soufre sublimé. . . . . 6 *idem*.

Cantharides en poudre. . . . . . . 2 *idem*.

Axonge. . . . . 30 *idem*.

Onguent mercuriel double.

♃ Mercure très-pur. . . . . 10 parties.

Axonge. . . . . 10 parties.

Onguent vésicatoire.

♃ Poix noire. . . . . 4 parties.

Poix-résine. . . . . 4 *idem*.

Cire jaune. . . . . 3 *idem*.

Huile d'olive. . . . . 12 *idem*.

Cantharides en poudre. . . . . . . 6 *idem*.

Euphorbe en poudre . . . . 2 *idem*.

Onguent de pied.

♃ Térébenthine. . . . . 8 onces.

Axonge de porc. . . . . 1 livre.

Suif de bœuf. . . . . 1 livre.

Graisse d'oie . . . . 4 onces.

Cire jaune. . . . . 4 onces.

FIN.

TABLE DES MATIÈRES.

CONNAISSANCE DU CHEVAL.

INTRODUCTION.

PREMIÈRE PARTIE.

PREMIÈRE SUBDIVISION.

SUITE DE LA PREMIÈRE PARTIE.

DEUXIÈME SUBDIVISION.

CONSERVATION DU CHEVAL.

DEUXIÈME PARTIE.

HYGIÈNE VÉTÉRINAIRE.

SUITE DE LA DEUXIÈME PARTIE.

DEUXIÈME SUBDIVISION.

MÉDECINE VÉTÉRINAIRE.

(509)

APPENDICE.

MÉDICAMENTS INTERNES.

MÉDICAMENTS EXTERNES.

FIN DE LA TABLE.

Nomenclature du Squelette du Cheval.

<table>
<tr><td rowspan="3">Tête</td><td>Crâne</td><td>1</td><td>L'Occipital</td></tr>
<tr><td></td><td>2</td><td>Le Frontal</td></tr>
<tr><td></td><td>3</td><td>Le Pariétal</td></tr>
</table>

Tête	Crâne	1. L'Occipital
		2. Le Frontal
		3. Le Pariétal
		4. Les Temporaux
		Le Sphénoïde et l'Ethmoïde invisibles
	Mâchoire antérieure	5. Le Nez canal
		6. Les Lacrymaux
		7. Les Zygomatiques
		8. Le grand Maxillaire
		9. Le petit Maxillaire
		Le Vomer, les Palatins et les ptérygoïdiens invisibles
		Les Dents incisives, molaires et canines
	Mâchoire postérieure	10. Le Maxillaire
		l'Os hyoïde invisible sous la langue
Tronc	Colonne vertébrale	11. Les vertèbres cervicales et atlas, b axis
		12. Les vertèbres dorsales
		13. Les vertèbres lombaires
		14. Le Sacrum
		15. Les coccygiens
	Coxal	16. L'Iléon
		17. Les Ischions
		18. Les Pubis
	Côtes	19. Les côtes sternales
		20. Les côtes asternales
	Sternum	21. Le Sternum
		22. Le scapulum, c apophyse acromion
		23. L'Humérus
Membres	Membres antérieurs	24. Le cubitus et apophyse olécrane
		25. Les Carpiens ou l'os du genou, e sus-carpien
		26. Le grand métacarpien ou os du canon
		27. Le petit métacarpien ou péroné
		28. Le Sésamoïde
		29. La 1re phalange ou os du paturon
		30. La 2e phalange ou os de la couronne
		31. La 3e phalange ou os du pied
		32. Le petit Sésamoïde et nerviculum sous l'os du pied
		33. Le fémur
	Membres postérieurs	34. La rotule
		35. Le Tibia
		36. Le Péroné
		37. Les Tarsiens ou os du jarret, f calcaneum
		38. Le grand métatarsien
		39. Le petit métatarsien
		Le reste disposé comme celui des membres antérieurs

Lith. de Lacour à Metz.

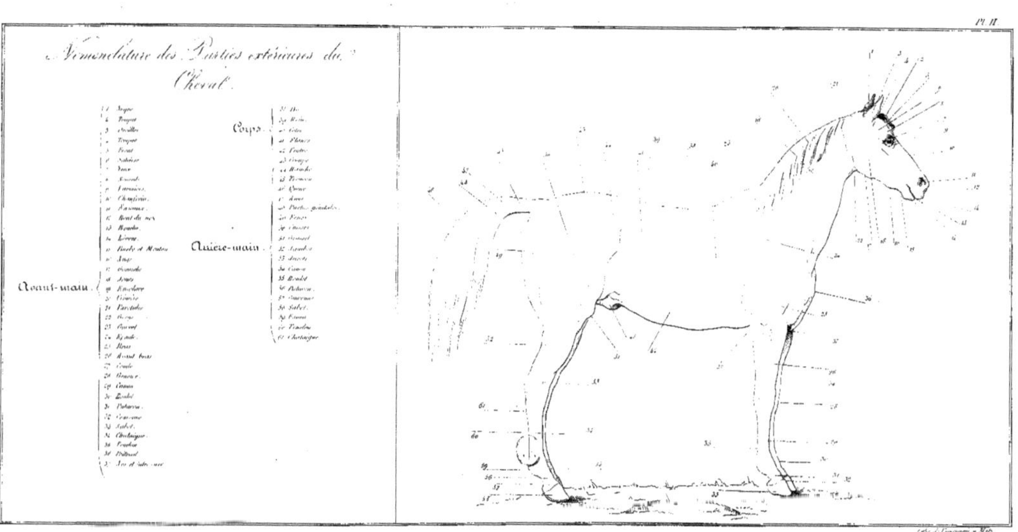
Nomenclature des Parties extérieures du Cheval.

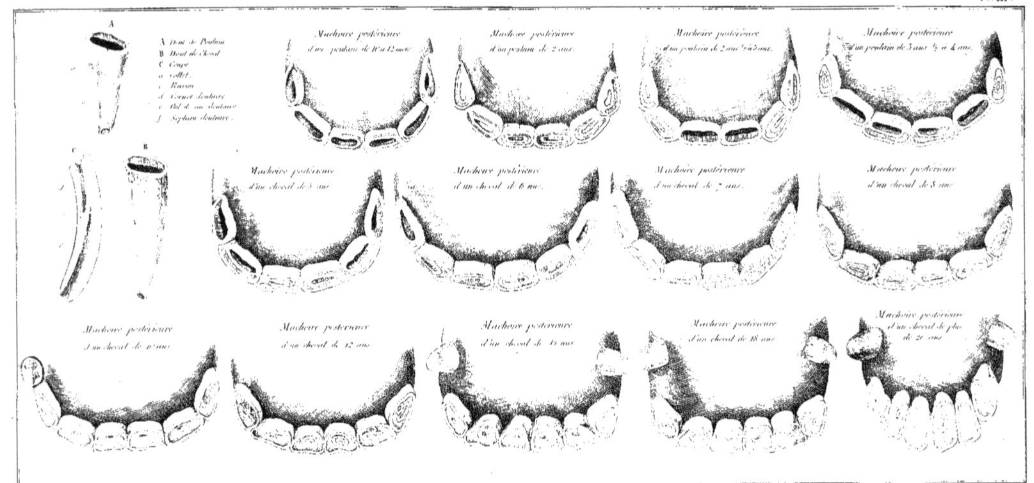
A
A Dent de Poulain
B Dent de Cheval
C Coupe
a collet
b Racine
d Cornet dentaire
e Œil de ... dentaire
f Septum dentaire
C B
Machoire postérieure
d'un poulain de 10 à 12 mois.
Machoire postérieure
d'un poulain de 2 ans.
Machoire postérieure
d'un poulain de 2 ans ½ à 3 ans.
Machoire postérieure
d'un poulain de 3 ans ½ à 4 ans.
Machoire postérieure
d'un cheval de 5 ans.
Machoire postérieure
d'un cheval de 6 ans.
Machoire postérieure
d'un cheval de 7 ans.
Machoire postérieure
d'un cheval de 8 ans.
Machoire postérieure
d'un cheval de 10 ans.
Machoire postérieure
d'un cheval de 12 ans.
Machoire postérieure
d'un cheval de 15 ans.
Machoire postérieure
d'un cheval de 18 ans.
Machoire postérieure
d'un cheval de plus de 20 ans.

Nomenclature des différentes parties du Mors.

A. Mors de bride

Embouchure { a. canons. b. liberté de langue

Branches { d. ... de la branche. e. ... de la branche. f. fer du banquet. i. banquet. j. ... k. anneau porte-rêne. o. ... r. Touret d'anneau porte-rêne. n. Œil de la branche. o. Œil de perfore. p. ... q. crochet. t. Barre ou chainette. .. Mailles et mailletons. l. bossettes

B. Branche sur la ligne
C. Branche ...
D. Branche hardie

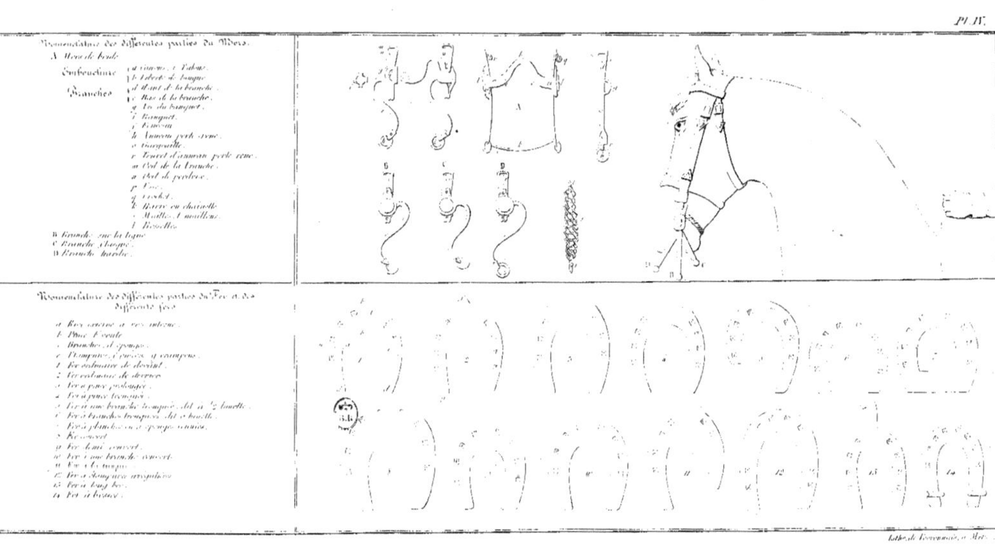

Nomenclature des différentes parties du Fer et des
différents fers

a. Fer ... à ses intérieur.
b. Pince f ...
c. Branches et éponges
e. l'étampure, ... y compris.
f. Fer ordinaire de devant.
g. Fer ordinaire de derrière.
h. Fer à pince ...
i. Fer à pince tronqué.
j. Fer à une branche tronquée dit à ½ lunette.
k. Fer à branches tronquées dit à lunette.
l. Fer à planches ou à éponges réunies.
m. Fer couvert.
n. Fer demi couvert.
o. Fer à une branche couvert.
p. Fer à la turque.
q. Fer à étampures accipitaires.
r. Fer à bout ...
s. Fer à biseaux.

Lith. de Fonrouge, à Metz.

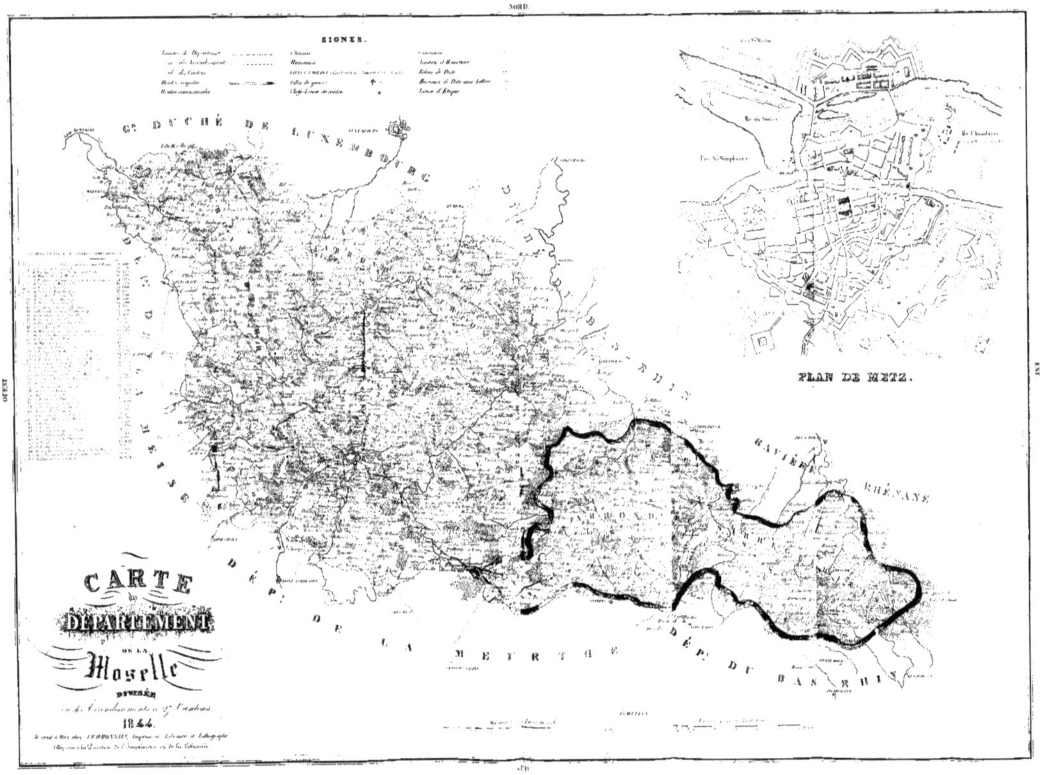

SIGNES.
NORD
OUEST
EST
SUD
G.ᵈᵉ DUCHÉ DE LUXEMBOURG
PLAN DE METZ.
CARTE
DU
DÉPARTEMENT
DE LA
Moselle
DIVISÉE
en 4 Arrondissements et 27 Cantons
1844.